全国技工教育规划教材
职业教育·道路运输类专业教材

Tumu Gongcheng Shitu

土木工程识图

（道路桥梁类）

（第2版）

杨翠花　主编

人民交通出版社股份有限公司
China Communications Press Co.,Ltd.

内 容 提 要

本书是职业教育道路运输类专业教材，与《土木工程识图习题集（道路桥梁类）》配套使用。主要内容包括：制图基础知识，投影基本知识，形体的投影，轴测投影，剖面图和断面图，公路工程图的识读，桥梁工程图的识读，涵洞工程图的识读，隧道工程图的识读，共9个单元。

本书可作为全国交通类职业院校公路与桥梁及相关专业的教学用书，也可作为行业从业人员培训教材或参考用书。

本书有配套课件及习题答案，教师可通过加入职业教育教学研讨群（QQ561416324）获取。

图书在版编目（CIP）数据

土木工程识图：道路桥梁类／杨翠花主编．—2版．—北京：人民交通出版社股份有限公司，2019．6

ISBN 978-7-114-15375-4

Ⅰ．①土…　Ⅱ．①杨…　Ⅲ．①土木工程—建筑制图—识图—中等专业学校—教材　Ⅳ．①TU204

中国版本图书馆CIP数据核字（2019）第047076号

全国技工教育规划教材

职业教育·道路运输类专业教材

书　　名：土木工程识图（道路桥梁类）（第2版）

著 作 者：杨翠花

责任编辑：刘　倩

责任校对：刘　芹

责任印制：张　凯

出版发行：人民交通出版社股份有限公司

地　　址：（100011）北京市朝阳区安定门外外馆斜街3号

网　　址：http://www.ccpcl.com.cn

销售电话：（010）59757973

总 经 销：人民交通出版社股份有限公司发行部

经　　销：各地新华书店

印　　刷：北京印匠彩色印刷有限公司

开　　本：787×1092　1/16

印　　张：12.25

字　　数：280千

版　　次：2011年3月　第1版
2019年6月　第2版

印　　次：2023年12月　第2版　第5次印刷　总第14次印刷

书　　号：ISBN 978-7-114-15375-4

定　　价：40.00元

第2版前言

本书是公路与桥梁专业的一门实践性较强的专业基础课教材,主要讲述公路工程图样绘制方法和识图规律。其主要任务是通过制图理论的学习和有关实践活动,培养学生的空间想象能力和构思能力,了解国家有关道路制图标准,掌握公路工程施工图识读与绘制的基础知识和基本技能,为学习后续专业技能课打下基础。

本书在编写中采用了《道路工程制图标准》(GB 50162—1992)等有关标准,并附有常用道路工程图例。为适应目前中等职业教育的现状,使学生能适应岗位需要,突出教材的实用性,做到理论联系实际、深入浅出,力求图文并茂、简捷清晰、通俗易懂。

全书主要内容包括制图基本知识和公路工程施工图两大模块,共分9个单元。为便于教学,使学生增加学习兴趣、开阔视野、拓宽相关知识面,本书各单元前插入了知识链接、想一想、练一练,单元后附有单元小结、自我检测,将“教、学、做”一体化教学模式贯穿始终。另外,编者还编写了习题集、教学课件,与本书配套使用。

修订后的教材具有以下优点:部分不常用的知识点已删除,更加实用;内容、文字描述更加简练、准确;相关知识点增加了二维码,学生可以用手机扫码观看相关视频,使教学内容更加直观、生动,有利于学生提前预习、课后复习,帮助学生加深对知识点的理解和记忆,调动学生学习的积极性、主动性,提高教学质量和效果;在公路工程施工图中,采用了新技术规范,并增加了桥梁工程中应用广泛的箱梁工程图部分,使其更加贴近实际工程项目。

本书由河南省交通高级技工学校杨翠花、翟战立编写。编写分工为:课程导入、单元1~5由杨翠花编写;单元6~9由翟战立编写。全书由杨翠花统稿并担任主编。

由于编者水平有限,书中存在疏漏和不妥之处,敬请读者批评指正。

编　者

2019年3月

第1版前言

本书根据中等职业学校"土木工程识图(道路桥梁类)"教学大纲,按照教育部中等职业教育课程改革国家规划新教材编写的指导思想和有关原则进行编写。

"土木工程识图(道路桥梁类)"是公路与桥梁专业的一门实践性较强的专业基础课,主要讲述公路工程图样绘制方法和识图规律。其主要任务是通过制图理论的学习和有关实践活动,培养学生的空间想象和构思能力,了解国家有关道路制图标准,掌握公路工程施工图识读与绘制的基础知识和基本技能,为学习后续专业课打下基础。

本书在编写中采用了《道路工程制图标准》(GB 50162—1992)等最新标准,并附有常用道路工程图例。为适应目前中等职业教育的现状,使学生能适应岗位需要,注意突出教材的实用性,做到理论联系实际、深入浅出,力求图文并茂、简洁清晰、通俗易懂。

全书主要内容包括制图的基础知识和道路与桥梁工程图的识读两大模块,共11个单元。为便于教学、激发学生的学习兴趣、拓宽相关知识面,本书各单元前制定了学习目标,工作任务中插入了知识链接、想一想、练一练,单元后附有单元小结、自我检测,将教、学、做一体化教学法贯穿始终,另外还编写了习题集、教学课件与本书配套使用。

本书由河南省交通高级技工学校杨翠花主编,河南省交通高级技工学校贾新征主审。编写分工为:绪论、单元1~单元7由杨翠花编写;单元8~单元11由河南省交通高级技工学校翟站立编写。

由于编者水平有限,书中的疏漏和不妥之处,敬请读者批评指正。

编　者

2011年3月

目　　录

课 程 导 入

看一看

图 0-1 路线平面图、图 0-2 路线纵断面图、图 0-3 路基横断面图、图 0-4 桥梁总体布置图、图 0-5 桥台构造图、图 0-6 桥墩构造图、图 0-7 钢筋结构图、图 0-8 涵洞构造图、图 0-9 隧道洞门图。

a)

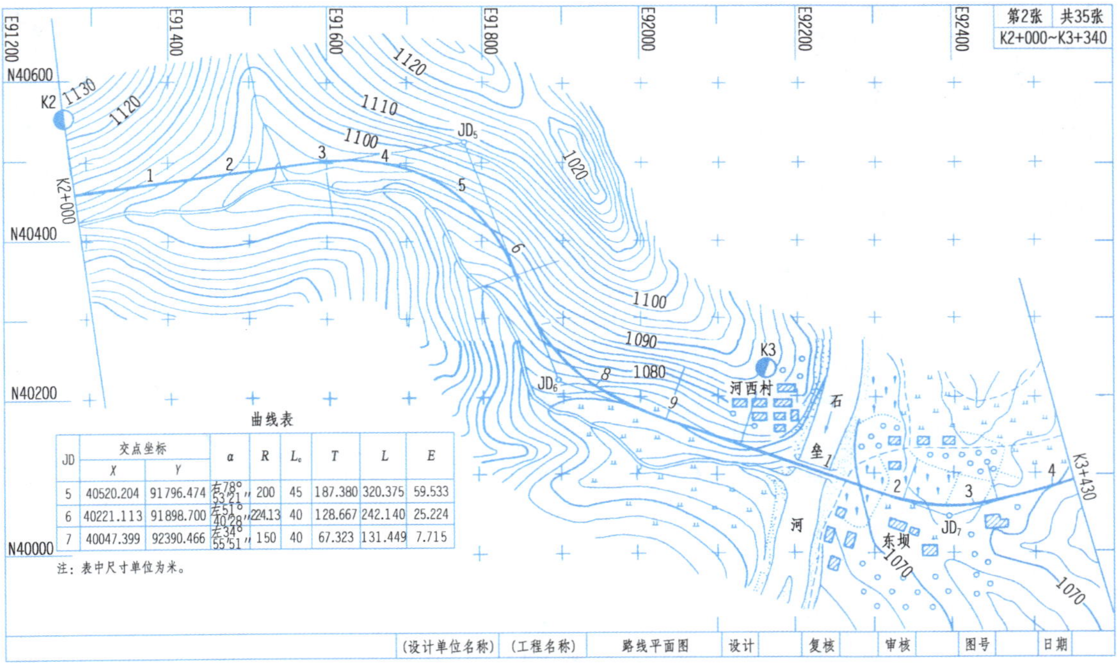

曲线表

JD	交点坐标 X	交点坐标 Y	α	R	L_c	T	L	E
5	40520.204	91796.474	右78°53′21″	200	45	187.380	320.375	59.533
6	40221.113	91898.700	左51°40′28″	224.13	40	128.667	242.140	25.224
7	40047.399	92390.466	左34°55′51″	150	40	67.323	131.449	7.715

注：表中尺寸单位为米。

b)

图 0-1　路线平面图

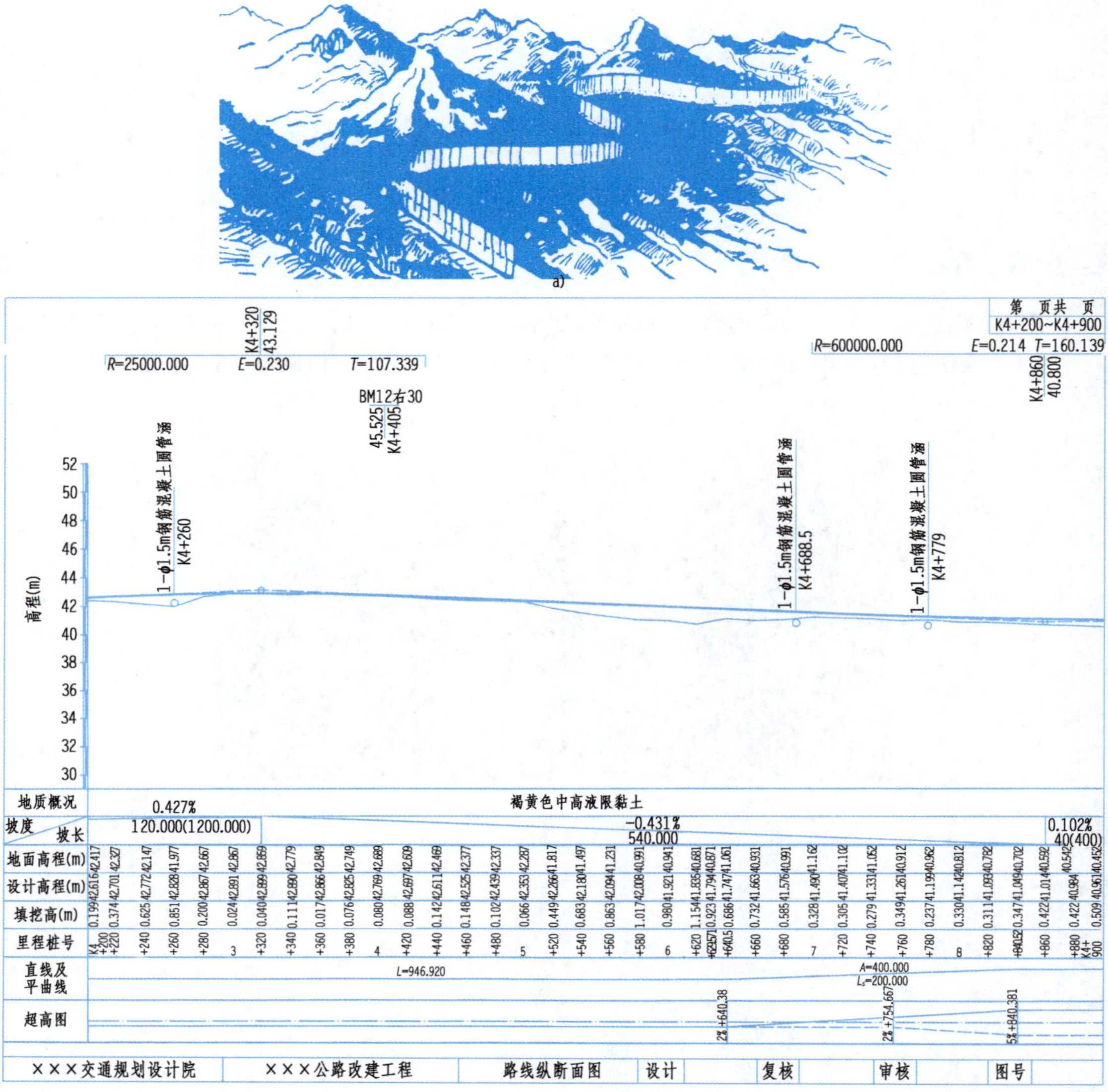

图 0-2　路线纵断面图(单位:m)

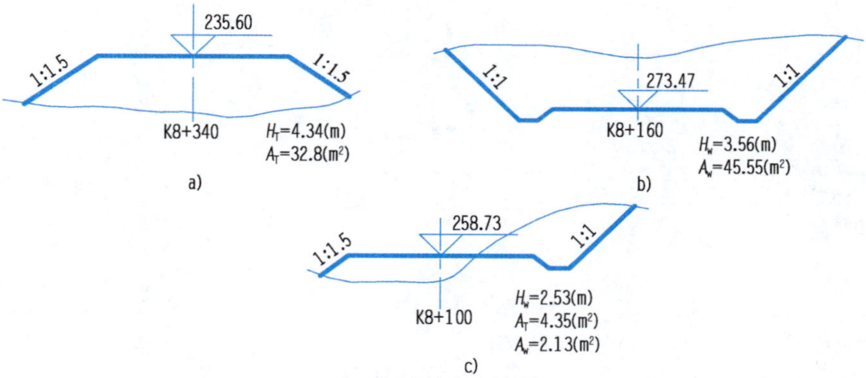

图 0-3　路基横断面图

a)路堤;b)路堑;c)半填半挖路基

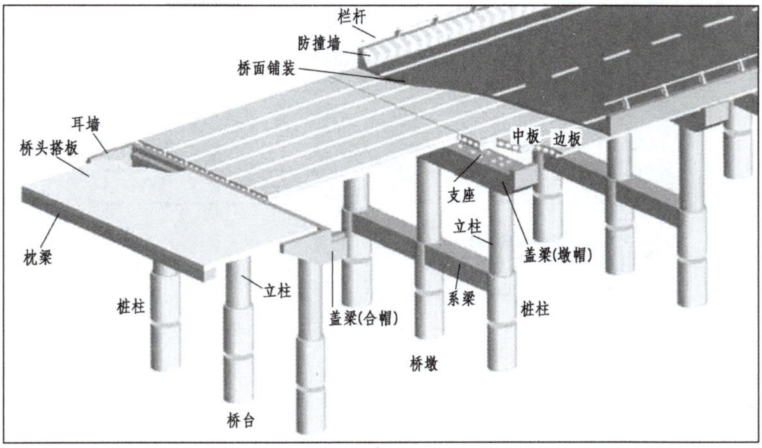

a)

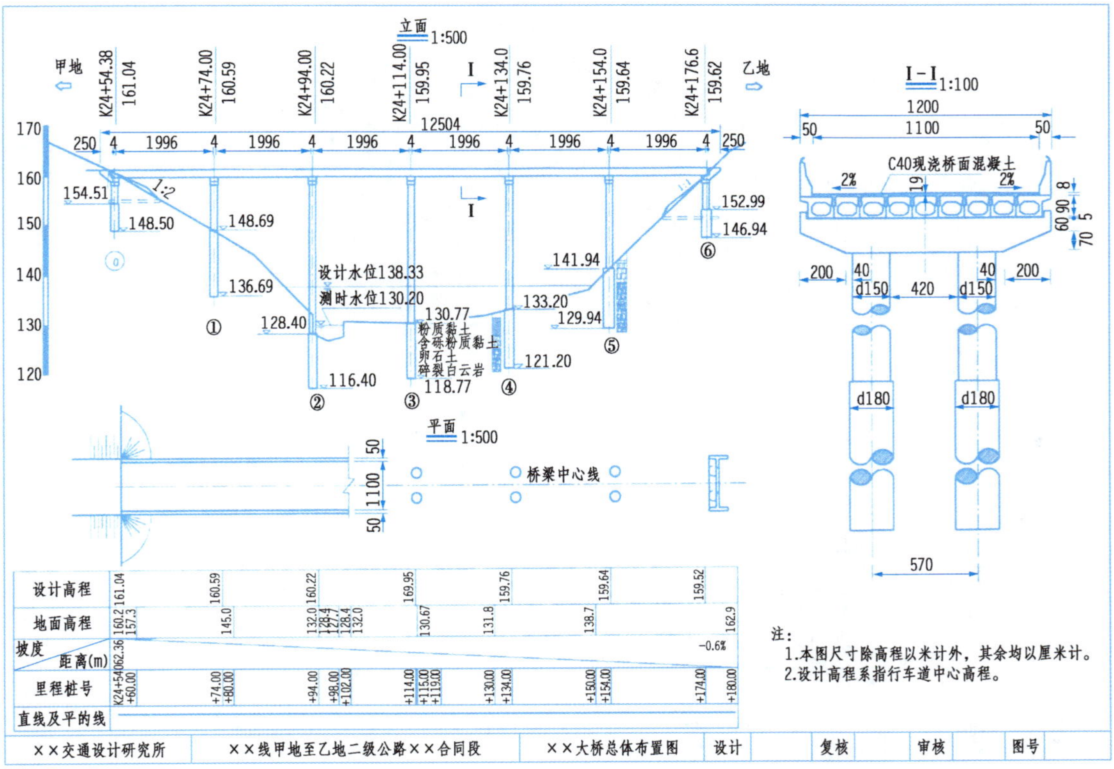

b)

图0-4　桥梁总体布置图

注:本图比例已缩小。

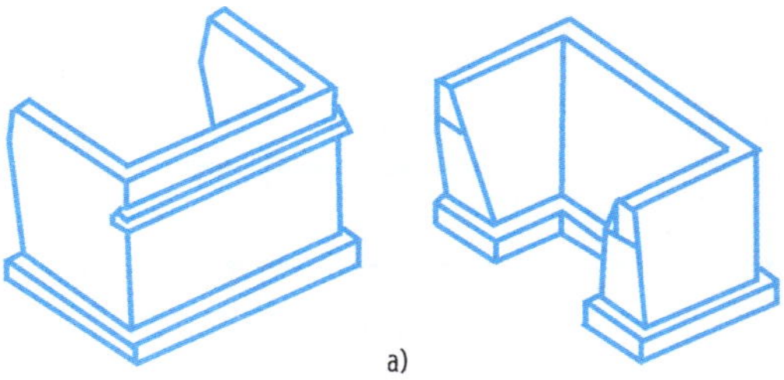

a)

图　0-5

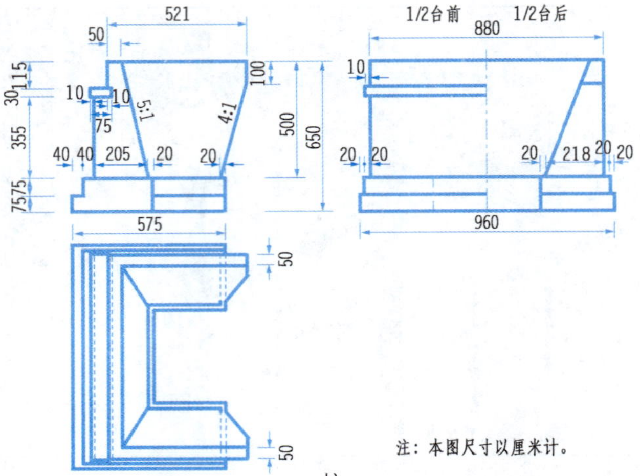

b)

图 0-5　桥台构造图

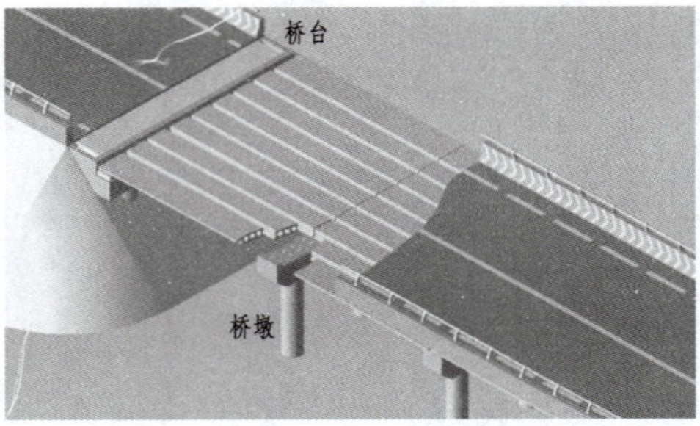

a)

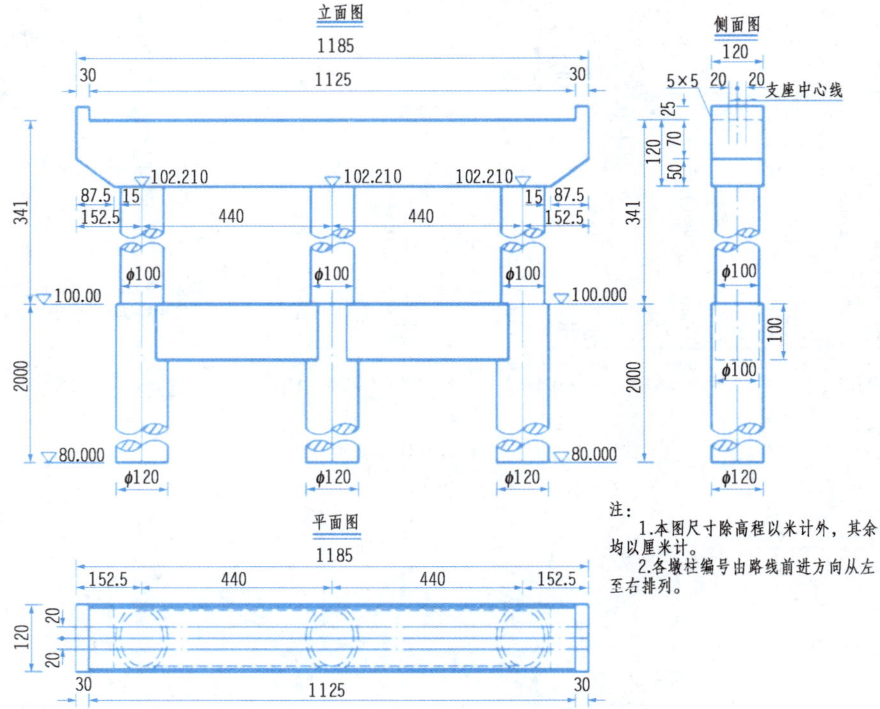

注：
1.本图尺寸除高程以米计外，其余均以厘米计。
2.各墩柱编号由路线前进方向从左至右排列。

b)

图 0-6　桥墩构造图

a)

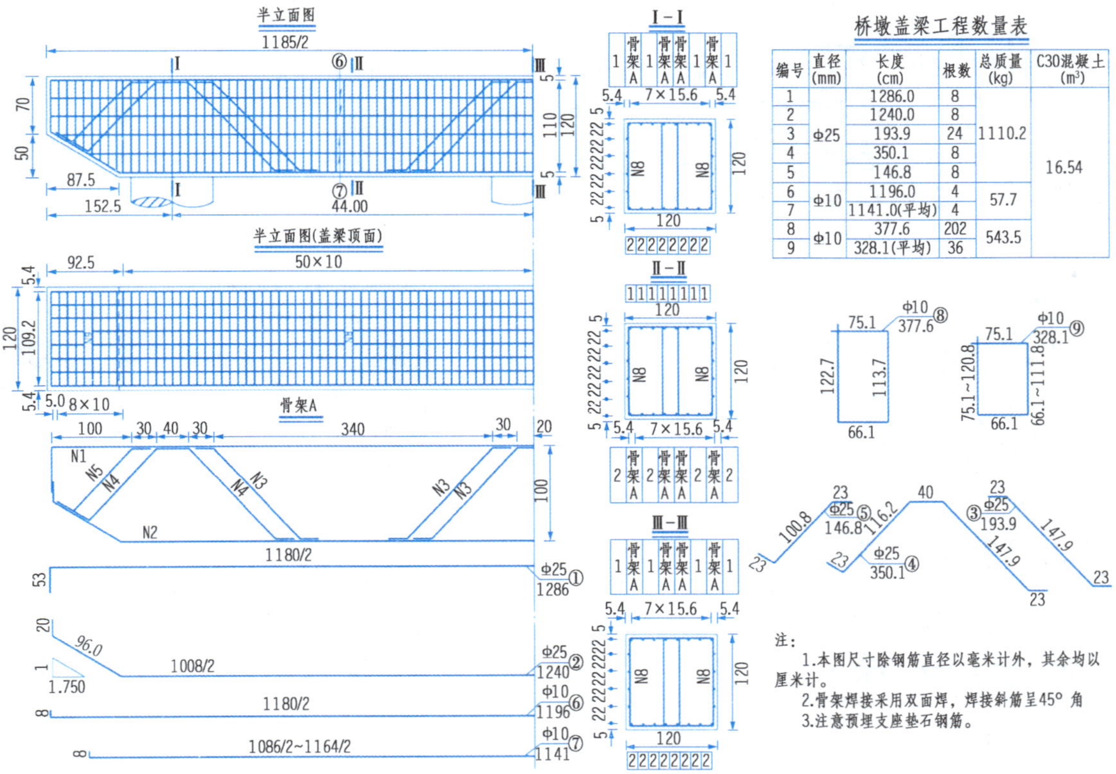

桥墩盖梁工程数量表

编号	直径(mm)	长度(cm)	根数	总质量(kg)	C30混凝土(m^3)
1	Φ25	1286.0	8	1110.2	16.54
2		1240.0	8		
3		193.9	24		
4		350.1	8		
5		146.8	8		
6	Φ10	1196.0	4	57.7	
7		1141.0(平均)	4		
8	Φ10	377.6	202	543.5	
9		328.1(平均)	36		

注：
1.本图尺寸除钢筋直径以毫米计外，其余均以厘米计。
2.骨架焊接采用双面焊，焊接斜筋呈45°角
3.注意预埋支座垫石钢筋。

b)

图0-7　钢筋结构图

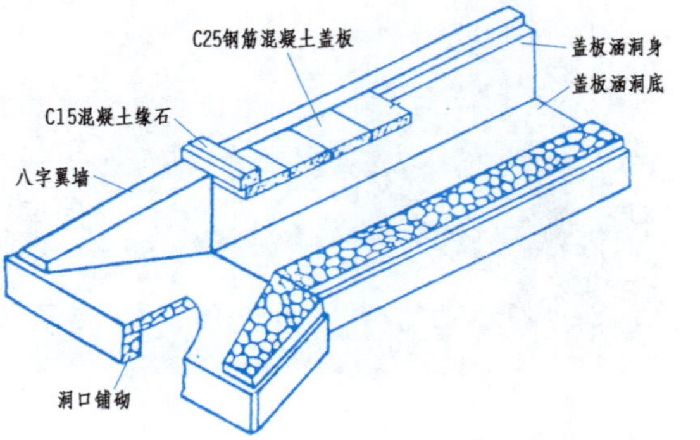

a)

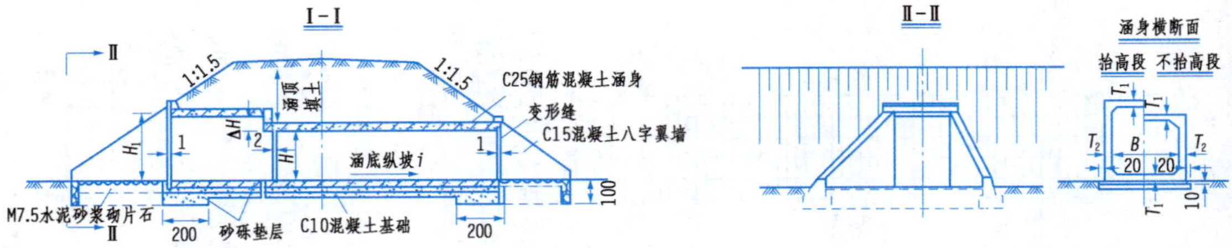

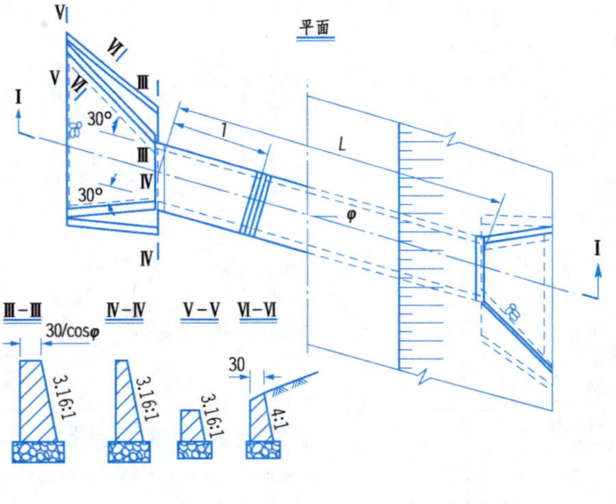

主要指标表

净空 $B\times H$ (m)	箱壁厚度(m)						进水口抬高式抬高段		涵洞斜度 φ(°)
	涵顶填土 0.5~4.0m		涵顶填土 6.1~8.0m		涵顶填土 6.1~8.0m		抬高高度 ΔH(m)	抬高段长度 ΔI(m)	
	T_1	T_2	T_1	T_2	T_1	T_2			
1.5×1.5	0.20	0.20					0.50	4.00	0,15,30,45
1.5×2.0	0.20	0.20					0.55	4.00	
2.0×2.0	0.22	0.22					0.55	4.00	
2.0×2.5	0.22	0.22					0.65	4.00	
2.5×2.5	0.25	0.22	0.30	0.26			0.65	5.30	
2.5×3.0	0.25	0.22	0.30	0.26			0.70	5.30	
3.0×2.5	0.28	0.25	0.32	0.28			0.65	5.30	
3.0×3.0	0.28	0.25	0.32	0.28			0.70	5.30	
3.5×3.0	0.32	0.28	0.38	0.34	0.46	0.42	0.70	6.00	
3.5×3.5	0.32	0.28	0.38	0.36	0.46	0.42	0.90	6.00	
4.0×3.5	0.36	0.32	0.47	0.42	0.60	0.54	0.90	6.00	
4.0×4.0	0.36	0.32	0.47	0.42	0.60	0.54	1.00	6.00	
*进水口为抬高式涵顶填土的下限为 $0.5m+\Delta H$									

注：1.图中尺寸均以厘米为单位。
2.本图仅绘出抬高式箱涵(平面左半部未示路基填土)。不抬高式箱涵进水口构造与出水口基本相同。

b)

图 0-8　涵洞构造图

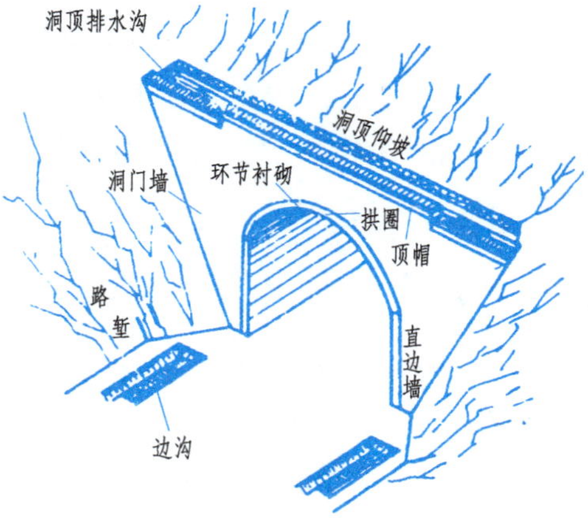
洞顶排水沟
洞顶仰坡
洞门墙
环节衬砌
拱圈
顶帽
路
堑
直
边
墙
边沟

a)

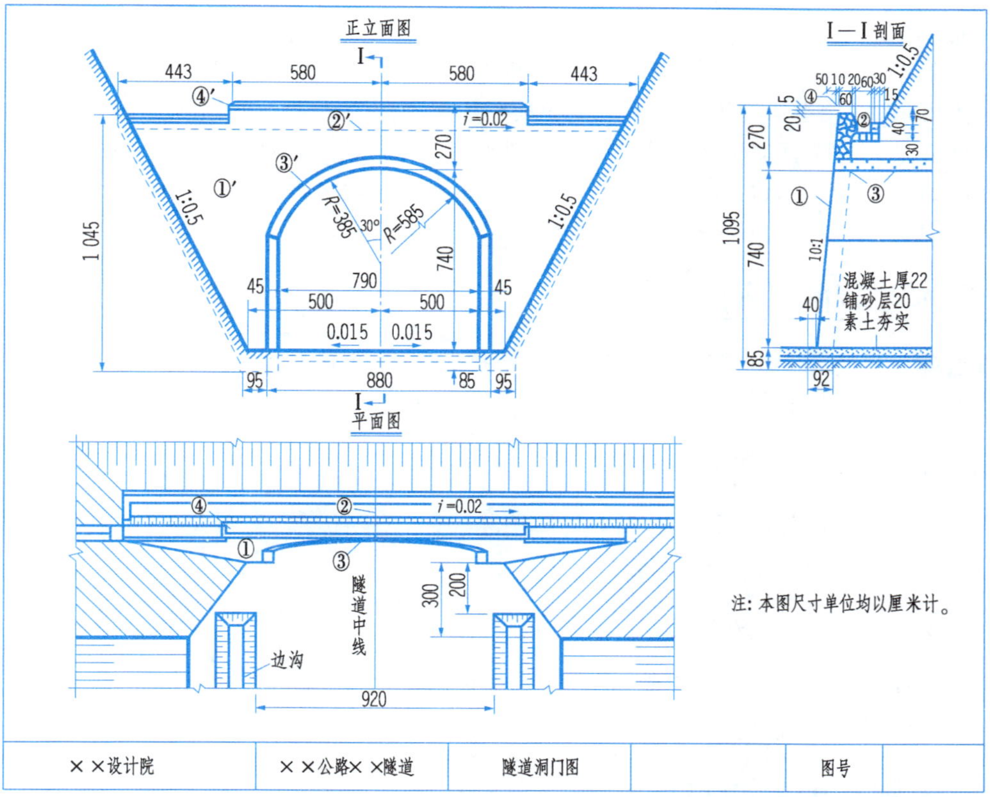
正立面图
443
580
580
443
④′
②′
i =0.02
270
③′
①′
1:0.5
1:0.5
R=385
30°
R=585
1 045
740
790
45
45
500
500
0.015
0.015
95
880
85
95
I—I 剖面
1:0.5
50 10 20 60 30
5
60
15
④
②
20
70
40
30
270
③
①
1095
740
10:1
混凝土厚22
铺砂层20
素土夯实
40
85
92
平面图
④
②
i =0.02
①
③
隧道中线
300
200
边沟
920
注: 本图尺寸单位均以厘米计。
××设计院
××公路××隧道
隧道洞门图
图号

b)

图 0-9　隧道洞门图

想一想

你知道这些工程图是如何绘制又是如何指导施工的？你能读懂这些工程图中每一个符号、每一个线段的含义吗？这些工程图又是如何与工程结构物联系在一起的呢？

通过本课程九个单元知识点由浅入深的学习，我们就能了解工程图的绘制方法，并且通过识图技能的逐步培养，具备读懂工程图的能力。下面介绍本课程的性质与任务、结构与内容、教学目标、学习方法。希望同学们明确职业规划、端正学习态度，努力学好这门课，以便将来走向社会更好地适应各自的工作岗位。

一、本课程的性质与任务

在日常生活中，人们表达自己的思想用的是语言或文字。图样和文字、数字一样，都是人们用来表达、构思、分析和交流思想的基本工具之一。修建道路、桥梁要先画出图样，根据图样才能修建各种各样的道路和桥梁。工程图就是表达工程结构物的形状、大小、结构等方面内容的工程图样，是施工的重要依据。任何一项工程，从设计、预算、审批、备料、施工，一直到竣工验收，都离不开工程图。由此可见，工程图是工程建设不可缺少的重要技术文件资料，也就是说，“工程图”是工程界的一门技术交流语言。

工程制图是研究工程图样的绘制和识读规律的一门学科，是工程技术人员表达设计意图、交流技术思想、指导生产施工等必须具备的基本知识和技能。

本课程是一门既有理论又有实践的专业基础课，其主要任务是培养学生绘制工程图的基本操作能力、抽象思维能力、绘制专业图能力，尤其是使学生掌握道路工程图识读的基础知识和基本技能，为学习后续专业技能课打下基础。

二、本课程的结构与内容

本课程分为两大模块，第一模块主要是培养学生识图的基本技能；第二模块主要是培养学生阅读专业工程图的能力。

1 识图的基本知识

识图的基本知识包括：常用制图工具与用品、基本制图标准、常用几何作图、投影基本知识、形体的投影、轴测投影、剖面图和断面图。

2 道路与桥梁工程图的识读

道路与桥梁工程图的识读内容包括：线路工程图的识读、桥梁工程图的识读、涵洞工程图的识读、隧道工程图的识读。

三、本课程的教学目标

通过本课程的学习，应达到以下目标：

（1）能够正确使用常用的绘图工具，掌握正确的绘图方法和步骤，并具备徒手绘制简单工程图样的能力。

（2）了解有关国家制图标准在道路工程图中的应用。

(3)掌握正投影的基本理论和作图方法，以及轴测投影、剖面图、断面图的基本知识和画法。

(4)理解工程图样的成图规律，初步形成空间想象和思维能力。

(5)会用形体分析法、线面分析法等读图。

(6)掌握道路工程图的主要内容、图示方法，能识读本专业的一般施工图。

(7)具备查阅标准图集和处理相关信息的能力。

(8)具备良好的职业道德，养成耐心细致的工作习惯，并形成严谨、敬业的工作作风，树立安全生产、节能环保和产品质量等职业意识。

四、本课程的学习方法

本课程是一门专业基础课，系统性、理论性及实践性很强，其主要内容必须通过画图、识图才能掌握领会。为此，学习时要讲究学习方法，才能提高学习效果。

(1)认真听课，结合实际，独立完成作业，及时复习，理解和掌握绘图、识图的基本理论和方法。

(2)多画图、多识图，从物到图、从图到物，反复训练，做到边学、边想、边分析，培养空间想象能力。

(3)正确处理好画图与识图的关系，画图可以加深对图样的理解，提高识图能力。画图是手段，识图是目的，识图能力的培养尤为重要。

(4)平时多观察周围工程构造物，积累一定的感性认识，这样有助于基本理论的掌握。

(5)学习时，应严格遵守国家制图标准，培养严肃认真、一丝不苟的工作态度。

单元1

制图基础知识

学习目标

1. 掌握常用制图工具与用品的使用方法；

2. 掌握《道路工程制图标准》(GB 50162—1992)中图纸、图线、字体、比例、尺寸标注、坐标的有关规定；

3. 了解指北针、坐标网的作用；

4. 掌握常用几何作图的方法和步骤；

5. 了解制图的步骤与方法。

学习任务

1. 能正确使用常用制图工具；

2. 能按要求书写长仿宋体汉字、拉丁字母及数字；

3. 能用铅笔按线型标准要求绘制简单图形，且能合理选用比例；

4. 能对简单工程图按要求进行尺寸标注；

5. 能读懂工程图中指北针、坐标网的含义；

6. 能按照习题集要求用铅笔在A3图纸上练习几何作图。

学习指南

绘制工程图必须借助一些制图工具与用品，要想加快绘图速度，保证工程图的质量，就要熟悉制图工具与用品的性能，正确熟练地掌握其使用方法。工程图样是工程界的技术语言，是重要的技术资料和施工依据，为了便于生产、经营、管理和技术交流，必须在图样的画法、图幅大小、图线线型、尺寸标注、图例、字体、采用符号等方面有一个统一的标准。工程结构物的形状多种多样，但图样主要是由直线、曲线等按一定规律组合而成的几何图形。为了正确地画出图样，并能提高绘图速度和质量，除了善于运用绘图工具和仪器之外，还必须熟练地掌握各种几何图形的作图原理和方法。本单元应沿着如下流程进行学习：

掌握常用制图工具与用品的使用方法→了解《道路工程制图标准》(GB 50162—1992)的主要内容→掌握图纸、图线、字体、比例、尺寸标注、坐标的相关规定→能按要求书写长仿宋体汉字、拉丁字母及数字→能用铅笔按线型标准要求绘制简单图形,且能合理选用比例→能对简单工程图按要求进行尺寸标注→能读懂工程图中指北针、坐标网的含义→熟悉常用几何作图的方法及步骤→能按要求应用制图工具在 A3 图纸上练习几何作图。

教学建议

本单元教学过程中,应尽量结合学生熟悉的生活环境以及实际工作中典型的工程案例,边讲解,边示范,边练习,充分体现出“教、学、做”一体化的教学模式,促使学生养成善于观察和勤于动手的良好习惯。在教学过程中,教师还可以借助课件、动画、视频等数字化资源,使教学内容具体化、直观化、生动化、趣味化,激发学生学习兴趣,提高教学质量和效果,使学生进一步掌握制图基础知识,为后续单元学习做好铺垫。

想一想

在实际工作中,我们能不能仅凭一支笔、一张图纸,准确、迅速地绘制一张工程图呢?

1.1 常用制图工具与用品

制图工具的种类很多,现将常用的工具介绍如下。

一、绘图板

绘图板是固定图纸,用来绘图的一种工具。它的两面由胶合板组成,四周边框镶有硬质木条。板面要平整光滑,工作边(即短边)要平直,如图 1-1 所示。为防止图板翘曲变形,图板不能受潮、曝晒或烘烤,不能用刀具或坚硬的材料在图板上任意刻划。图板的大小有 0 号、1 号、2 号等不同规格,可根据绘制图纸的大小合理选用。

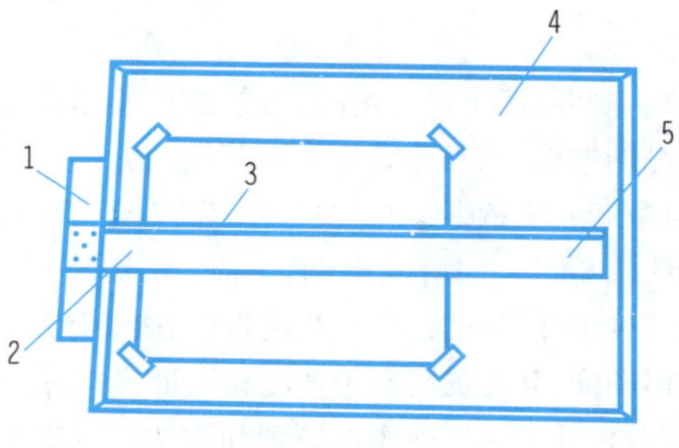

图 1-1 绘图板与丁字尺

1-尺头;2-丁字尺;3-工作边;4-绘图板;5-尺身

二、丁字尺

丁字尺是用来与图板配合画水平线、与三角板配合画铅垂线的。它由相互垂直的尺头和尺身构成(图 1-1)。目前使用的丁字尺大多是用有机玻璃制成的。

使用丁字尺画线时,尺头应紧靠图板左边,以左手扶尺头,使其上下移动,如图 1-2 所示。要对准位置,再用左手压住尺身,然后画线。切勿图省事推动尺身,使尺头脱离绘图板的工作边,也不能将丁字尺靠在图板的其他边画线。

图 1-2　丁字尺的移动

特别应注意保护丁字尺的工作边,保证其平整光滑,不能用小刀靠住尺身切割纸张。不用时应将丁字尺装在尺套内悬挂起来,防止压弯变形。

三、三角板

三角板用于与丁字尺配合画铅垂线和特殊角度的斜线,如图 1-3、图 1-4 所示。三角板的大小规格较多,绘图时应灵活选用。一般宜选用板面略厚,两直角边有斜坡,边上有刻度或有量角刻线的三角板。三角板应保持各边平直,避免碰摔。

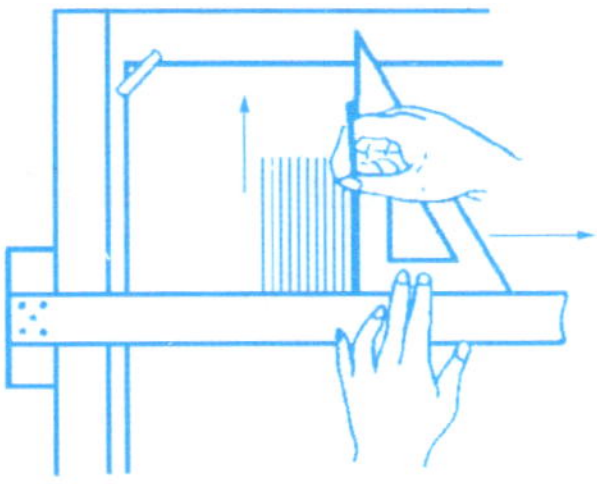

图 1-3　用三角板画铅垂线

图 1-4　用三角板画特殊角度的斜线

四、圆规和分规

圆规是画圆和圆弧的工具,可装上铅芯、钢针、直线笔等插脚,如图 1-5 所示。在使用圆规前应先调整针脚,使针尖稍长于铅笔芯或直线笔的笔尖,取好半径,对准圆心,并使圆规略向旋转方向倾斜,按顺时针方向从右下方开始画圆。画圆和圆弧都应一次完成,否则,线条不均匀。

分规是等分线段和截量长度的工具,两腿端部均装有固定钢针。其两针脚细如针尖,等分线段、截量长度时误差小。使用时,要先检查分规两腿的针尖靠拢后是否平齐。用分规将已知线段等分时,一般先采用试分的方法,如图 1-6所示。

圆规和分规都是用低碳钢制成,使用后应保持清洁,防止碰坏。

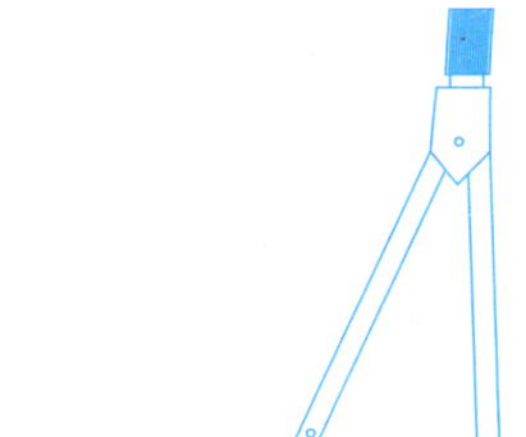

图 1-5　圆规及其插脚

五、比例尺

比例尺又称三棱尺，是刻有不同比例的直尺，如图1-7所示。比例尺可直接用来缩小（或放大）图形，加快绘图速度。常用的比例尺一般刻有六种不同的比例刻度，可根据需要选用。绘图时千万不要把比例尺当作直尺来画线。比例尺一般用木料或塑料制成，因此，不能将棱线碰缺而损坏尺面上的刻度。

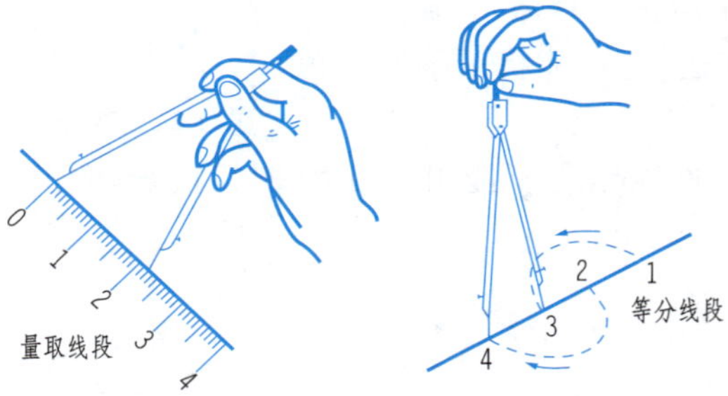

图1-6　分规

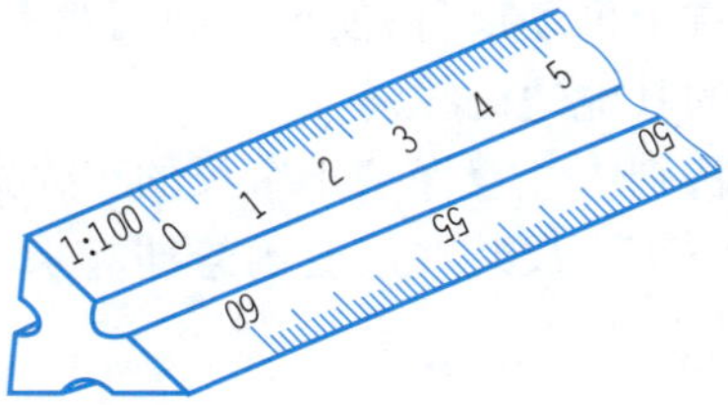

图1-7　比例尺

六、图纸

图纸有绘图纸和描图纸两种。

绘图纸要求纸面洁白、质地坚硬，用橡皮擦拭不易起毛，画墨线时不渗透，图纸幅面应符合国家标准。绘图纸不能卷曲、折叠和压皱。

描图纸要求洁白、透明度好，带柔性。受潮后的描图纸不能使用。保存描图纸时应放在干燥通风处。

七、绘图铅笔

绘图铅笔的铅芯有软硬之分，分别用B和H表示，其型号有B、2B、…、6B，H、2H、…、6H和HB。B前面的数字越大，表示铅芯越软；H前面的数字越大，表示铅芯越硬；HB表示软硬适中。画底稿时用H～2H，描图时用HB～2B，写字时用HB。

使用铅笔绘图时，握笔要稳、运笔要自如、用力要均匀，同时要使铅笔尖与尺身工作边之间保持一定的空隙，以保证线条位置准确；画长线条时可适当转动铅笔，使图线粗细均匀。

铅笔应从没有标志的一端开始使用，以便保留标志便于辨认。铅笔应削成圆锥形，削去25～30mm，铅芯露出6～8mm。铅笔可在砂纸上磨成圆锥或四棱锥，如图1-8所示。绘图时，应防止铅笔从图板上滑掉，摔断铅芯，影响绘图速度。

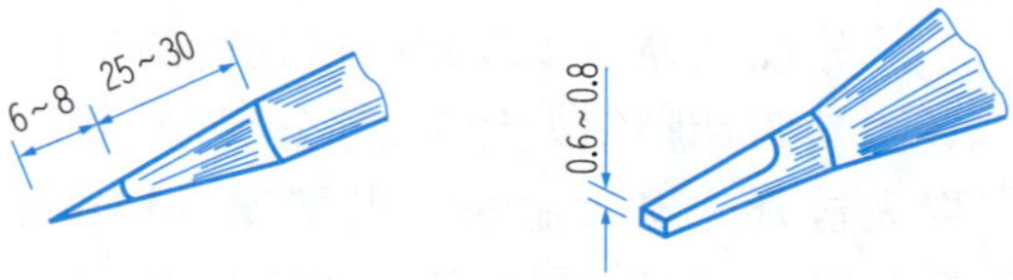

图1-8　绘图铅笔及铅芯（尺寸单位：mm）

1.2 基本制图标准

想一想

在实际工作中，绘制工程图时，每一位工程技术人员能不能按照自己的想法，随心所欲地去画线、写字、进行尺寸标注等？为什么？（现在工程图主要是应用计算机并借助相关软件绘制的，但还需要工程技术人员操作，《道路工程制图标准》（GB 50162）是通用的。）

本单元仅介绍《道路工程制图标准》（GB 50162—1992）（以下简称《图标》）中的一些基本内容。

一、制图标准简介

1 制图标准的意义

为了使道路工程制图基本统一，清晰简明，保证图面质量，提高绘图效率和符合设计、施工、存档的要求，便于技术交流，适应工程建设的需要，由交通部[1]会同各有关部门共同编制了《图标》，经有关部门会审，于1993年5月1日起施行。国家对图样的格式、内容和表达方法等制定了统一标准，《图标》是国家标准，具有法律性和严肃性，制图时必须严格执行。

2 《图标》的主要内容

《图标》主要有以下方面的内容：

(1)总则　规定了本标准的适用范围。

(2)图纸幅面规格与图纸编排顺序　规定了图纸幅面的格式、尺寸的要求，标题栏、会签栏的位置及图纸编排的顺序。

(3)图线　规定了图线的线形、线宽及用途。

(4)字体　规定了图纸上的文字、数字、字母、符号的书写要求和规则。

(5)比例　规定了比例的系列和标注方法。

(6)坐标　规定了坐标的代号及标注方法。

(7)尺寸标注　规定了标注尺寸的方法。

(8)视图　规定了图样的投影法、图样布置、断面图与剖面图、轴测图等的画法。

(9)道路工程常用图例　规定了常用建筑材料的统一画法。

(10)符号　对图面符号作了统一的规定。

二、图纸

为了便于使用和保管，《图标》对图纸的幅面、图框、格式及标题栏、会签栏作了统一的规定。

---

[1] 交通部现更名为交通运输部。

1 图幅

图幅是图纸的大小及图形在图纸内的范围。每项工程不止画一页图，为了便于装订、保存和合理使用图纸，图幅大小必须按国家标准规定执行，如表 1-1 所示。幅面如图 1-9 所示。

注意：在选用图幅时，应以一种规格为主，尽量避免大小幅面掺杂使用。

图幅及图框尺寸（单位：mm）　　表 1-1

尺寸代号	幅面型号				
	A0	A1	A2	A3	A4
$b \times l$	841×1189	594×841	420×594	297×420	210×297
c	10			5	
a	25				

想一想

表 1-1 中各种型号图幅之间有什么特点呢？

2 图纸规格

图纸分横式和立式两种幅面：以短边作垂直边称为横式幅面，如图 1-9 所示；以短边作水平边称为立式幅面，如图 1-10 所示。规定每张图样都要画出图框，图框线用粗实线绘制。

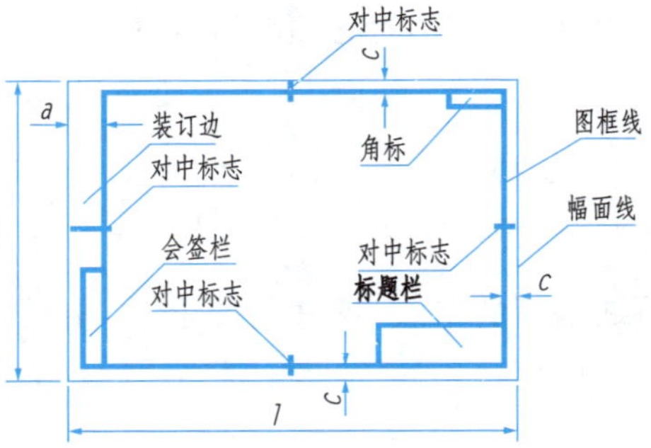

图 1-9　横式幅面

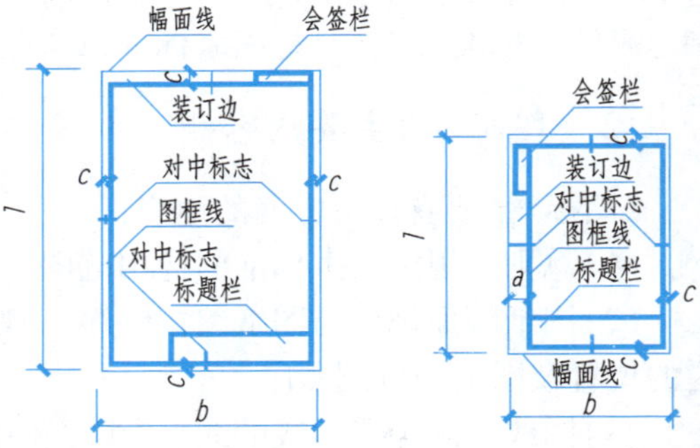

图 1-10　立式幅面

3 标题栏和会签栏

工程图纸的右下角应绘图纸标题栏，简称图标，主要用来填写工程名称、图名、图号以及设计人、制图人、审批人的签名和日期等。各种幅面的图纸，不论竖放或横放，均应在图框内画出标题栏。图标可采用图 1-11 中的任意一种，图标布置在图框内右下角，图标外框线宽宜为0.7mm；图标内分格线宽宜为 0.25mm。学生作业用的图标格式如图 1-12 所示。

三、图线

工程图是由不同种类的线型、不同粗细的线条所构成，这些图线可表达图样的不同内容，且能够分清主次。

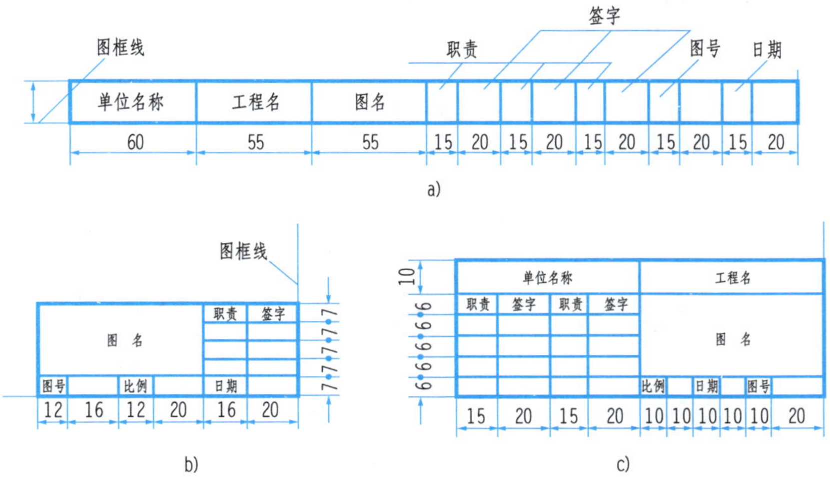

图 1-11　图标(尺寸单位:mm)

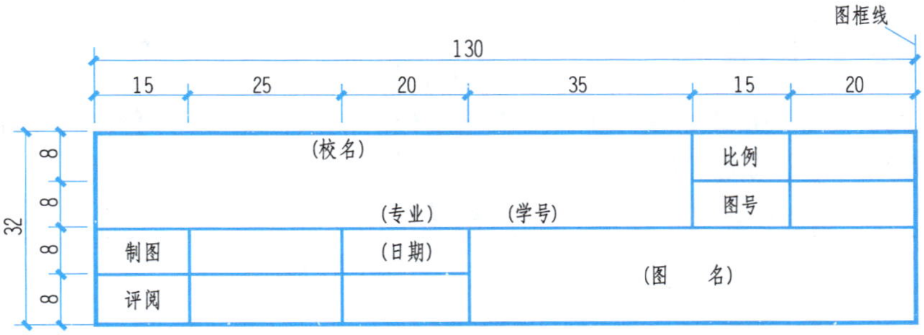

图 1-12　学生作业用图标(尺寸单位:mm)

1 线型与线宽

《图标》规定了工程制图图线的种类有实线、虚线、点划线、折断线、波浪线等线型,其画法和用途如表 1-2 所示。

图线的线型、线宽及用途　　　　表 1-2

名称		线　　型	线宽	一般用途
实线	粗		b	主要可见轮廓线
	中		$0.5b$	可见轮廓线
	细		$0.35b$	可见轮廓线、图例线等
虚线	粗		b	见有关专业制图标准
	中		$0.5b$	不可见轮廓线
	细		$0.35b$	不可见轮廓线、图例线等

续上表

名称		线型	线宽	一般用途
点划线	粗		b	见有关专业制图标准
	中		$0.5b$	见有关专业制图标准
	细		$0.35b$	中心线、对称线等
双点划线	粗		b	见有关专业制图标准
	中		$0.5b$	见有关专业制图标准
	细		$0.35b$	假想轮廓线、成型前原始轮廓线
折断线			$0.35b$	断开线，表示被断开部分的边界
波浪线			$0.35b$	断开线，表示构造层次的局部界线

2 图线的画法

图线的宽度应符合《图标》规定的线宽系列，即 0.18、0.25、0.35、0.5、0.7、1.0、1.4、2.0（单位为 mm）。每个图样一般使用三种线宽，且互成一定的比例，即粗线（线宽为 b）、中线、细线，比例规定为 b:$0.5b$:$0.25b$。绘图时，应根据图样的复杂程度及比例大小，先确定基本线宽 b，再选用表 1-3 所示的线宽组合。

线宽组合 表 1-3

线宽类别	线宽系列（mm）				
b	1.4	1.0	0.7	0.5	0.35
$0.5b$	0.7	0.5	0.35	0.25	0.25
$0.25b$	0.35	0.25	0.18(0.2)	0.13(0.15)	0.13(0.15)

注：表中括号内的数字为代用的线宽。

图线的画法及注意事项如下：

（1）在同一张图纸内相同比例的各图形，应选用相同的线宽组。

（2）图框线和标题栏线的宽度，将随图纸幅面的大小而不同，可参考表 1-4 来选用。

图纸图框线和标题栏的宽度（单位：mm） 表 1-4

图纸幅面	图框线	标题栏外框线	标题栏分格线
A0、A1	1.4	0.7	0.35
A2、A3、A4	1.0	0.7	0.35

（3）相交图线的绘制应符合下列规定：

①当虚线与虚线或虚线与实线相交时，不应留空隙，如图 1-13a）所示。

②当实线的延长线为虚线时，应留空隙，如图 1-13b）所示。

③当点划线与点划线或点划线与其他线相交时，交点应设在线段处，如图 1-13c）所示。

④图形较小时，点划线可用细实线代替。

⑤图线的净距不得小于 0.7mm。

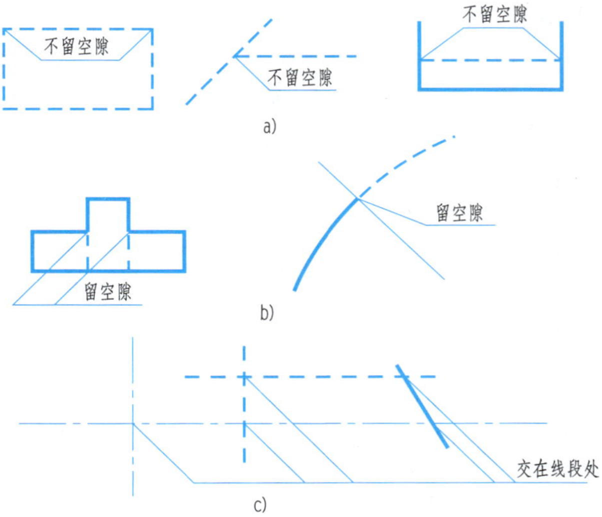

图 1-13　图线相交的画法

四、字体

文字、数字、字母或符号是工程图的重要组成部分。绘图时应想到图纸是给相关人员看的，若字迹潦草，各写一套，不仅影响图样质量和图面美观，而且会导致辨认困难或误看，容易造成工程事故，给国家和个人带来损失。因此，要求图纸上的字体端正、笔画清晰、排列整齐、间隔均匀、标点符号清楚正确，并采用《图标》规定的字体和大小书写。

1 汉字

图中汉字应写成长仿宋体字，又称工程字，并采用国家正式公布的简化字，除有特殊要求外，不得采用繁体字。汉字的宽度与高度的比例为 2∶3，字体的高度即为字号，如表 1-5 所示。如需书写更大的字，其高度应按$\sqrt{2}$的比值递增，并取整数。汉字书写要求采用从左向右、横向书写的格式。

长仿宋体汉字的高、宽尺寸（单位：mm）　　表 1-5

字号（字高）	20	14	10	7	5	3.5	2.5
字宽	14	10	7	5	3.5	2.5	1.8

书写长仿宋体字的要领是：横平竖直，起落分明，结构匀称，填满方格，如图 1-14 所示。

10号字 交 通 土 建 工 程 制 图 道 路 桥 梁

7号字 横平竖直　起落分明　笔锋满格　结构均衡

5号字 设计审核图号比例尺寸日期附注剖断面材料数量钢筋混凝土基础

图 1-14　汉字长仿宋体字例

长仿宋体字和其他汉字一样，都是由八种基本笔画组成，如表 1-6 所示。在书写时，要掌握基本笔画的特点，注意在运笔时，起笔和落笔要有棱角，使笔画形成尖端或三角形。字体的结构布局、笔画之间的间隔均匀相称，偏旁部首比例适当。要写好长仿宋体字，正确的办法就是按字体大小，先用粗实线打好方格，多描摹和临摹，多看多写，持之以恒，自然熟能生巧。

长仿宋体基本笔画及运笔 表 1-6

名称	横	竖	撇	捺	挑	点	钩
笔画							
运笔							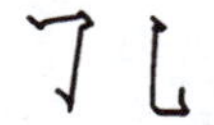
说明	横应略向上斜，运笔应有起落、顿挫棱角	竖要垂直，运笔同横	撇应同字格对角线基本平行，起笔轻、落笔重	斜捺：起笔轻、落笔重，做捺角呈三角形。 平捺：起笔稍向上挑，行笔微曲下斜	起笔重，落笔尖细如针	点应起笔轻、尖，落笔渐曲、渐重	竖钩：竖要挺直，钩要尖细如针。 弯钩：曲直转弯，过渡要圆滑

2 数字、字母

图纸中的阿拉伯数字、外文字母、汉语拼音字母笔画宽度，宜为字高的 1/10。大写字母的宽度宜为字高的 2/3，小写字母的高度应以 *b*、*f*、*h*、*p*、*g* 为准，字宽宜为字高的 1/2。*a*、*m*、*n*、*o*、*e* 的字宽宜为上述小写字母高度的 2/3。字母、数字示例如图 1-15 所示。

图 1-15 字母、数字示例

注意事项如下：

（1）数字与字母的字体可采用直体或斜体，但同一册图纸中应一致，当与汉字混写时宜为直体。

（2）直体笔画的横与竖应成90°，斜体字头向右倾斜，与水平线应成75°，斜体字的宽度和高度与相应的直体字相等。

（3）字母不得写成手写体。

（4）数字和字母的字高，应不小于2.5mm。

（5）图纸中分数不得用数字与汉字混合表示。如：五分之一应写成1/5，不得写成5分之一。

五、比例

1 比例的概念

图中长度与实物对应长度之比，称为图形的比例。比值大小即为比例大小，如1∶100 > 1∶200，公路与桥梁上的工程图通常采用缩小的比例。绘图比例的选择，应遵循图面布置合理、均匀、美观的原则，按图形大小及图面复杂程度确定。绘图所用的比例，应根据图样的用途与被绘制对象的复杂程度从表1-7中选用，一般应优先选用表中的常用比例。

绘图所用的比例 表1-7

常用比例	1∶1、1∶2、1∶5、1∶10、1∶20、1∶50 1∶100、1∶200、1∶500、1∶1 000 1∶2 000、1∶5 000、1∶10 000、1∶20 000 1∶50 000、1∶100 000、1∶200 000	可用比例	1∶3、1∶5、1∶25、1∶30、1∶40、1∶60 1∶150、1∶250、1∶300、1∶400、1∶600 1∶1 500、1∶2 500、1∶3 000、1∶4 000 1∶6 000、1∶15 000、1∶30 000

2 注意事项

（1）比例宜采用阿拉伯数字表示，同一张图纸内的各图样采用比例相同时，应将比例注写在标题栏内。

（2）若各图采用比例不同时，将比例注写在每个图样的图名右下侧，且字高比图名字高小1号或2号，如图1-16a）所示。

（3）当竖直方向与水平方向的比例不同时，可用V表示竖直方向比例，用H表示水平方向比例，如图1-16b）所示。

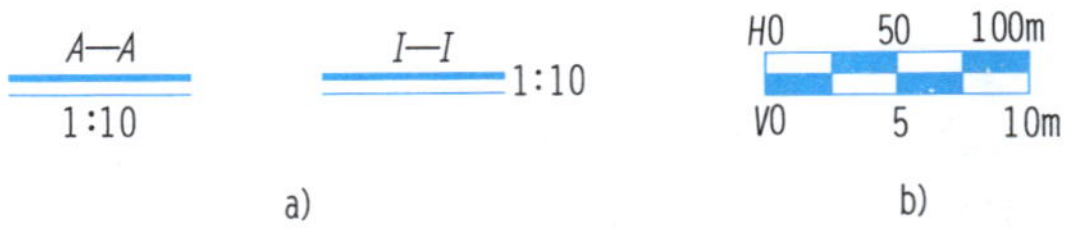

图1-16 比例的标注

六、尺寸标注

想一想

实际工作中，工程结构物施工放样的依据是什么？

工程图上除画出构造物的形状外,还必须准确、完整、清晰地标注出构造物的实际尺寸,以作为施工的依据,因此,尺寸是图样的重要组成部分。

1 尺寸标注组成

图样上一个完整的尺寸由尺寸界线、尺寸线、尺寸起止符、尺寸数字四部分组成,又称尺寸的四要素,如图 1-17、图 1-18 所示。

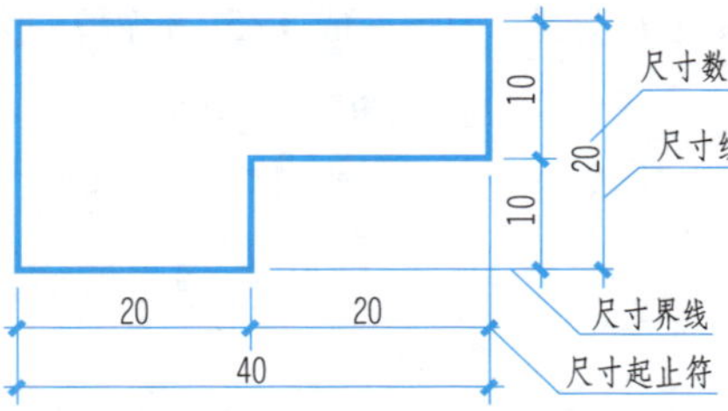

图 1-17　尺寸要素的标注(尺寸单位:mm)

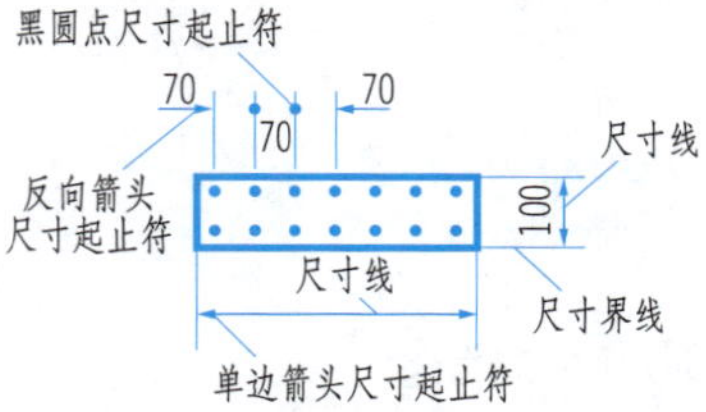

图 1-18　尺寸起止符的标注(尺寸单位:mm)

(1)尺寸界线

尺寸界线用来限定所注尺寸的范围,用细实线绘制。一般应与被注长度垂直,当标注困难时,也可不垂直,但尺寸界线应相互平行;尺寸界线一端应离开图样轮廓线不小于 2mm,另一端宜超出尺寸线 2 ~ 3mm;必要时,图形轮廓线、中心线也可作为尺寸界线。

(2)尺寸线

尺寸线用来表示尺寸的方向,用细实线绘制,且应与被注长度平行,可超出尺寸界线 2 ~ 3mm,也可不超出尺寸界线。任何图线均不得用作尺寸线。在任何情况下,图线不得穿过尺寸数字。相互平行的尺寸线应从被标注的轮廓线由近向远排列,所有平行尺寸线间的距离可为 5 ~ 15mm。同一张图纸或同一图形上这种间距应当保持一致。分尺寸线应离轮廓线近,总尺寸线应离轮廓线远,如图 1-17 所示。

(3)尺寸起止符

尺寸起止符用以表示尺寸的起止,一般用中粗斜短线绘制,其倾斜方向应与尺寸界线成顺时针 45°角,长度宜为 2 ~ 3mm;也可采用单、双边箭头表示,采用单边箭头时,箭头在尺寸界线的右边,应标注在尺寸线之上,反之,应标注在尺寸线之下,箭头大小可按绘图比例取值;在连续表示的小尺寸中,也可在尺寸界线同一水平的位置,用黑圆点表示尺寸起止符号,如图 1-18 所示。

(4)尺寸数字

尺寸数字用来表示物体的实际大小,与图形选用的比例无关。尺寸数字应按规定的字体书写,字高一般是 3.5mm 或 2.5mm。尺寸数字一般标注在尺寸线中间的上方,离尺寸线应不大于 1mm。如没有足够注写位置,最外边的尺寸数字可注写在尺寸界线的外侧,中间相邻的尺寸数字可错开注写,也可引出注写。在图样中,标注尺寸时,数字后面的单位应省略。单位以图注的形式加以说明。

2 尺寸标注

尺寸标注方法如表 1-8 所示。

尺寸标注方法　　　　表 1-8

内容	说　　明	标注方法
半径与直径的标注	1. 半径与直径可按图 a)标注。 2. 当圆的直径较小时，半径与直径可按图 b)标注。 3. 当圆的直径较大时，半径尺寸的起点可不从圆心开始，如图 c)所示。 4. 半径和直径的尺寸数字前，应标注“*r*(*R*)”或“*d*(*D*)”，如图 b)所示。 5. 标注球体尺寸时，应在直径和半径符号前加 S，如“SD”“SR”。例如：SR15 表示半径为 15 的球体。球的直径和半径标注方法与圆的标注方法相同	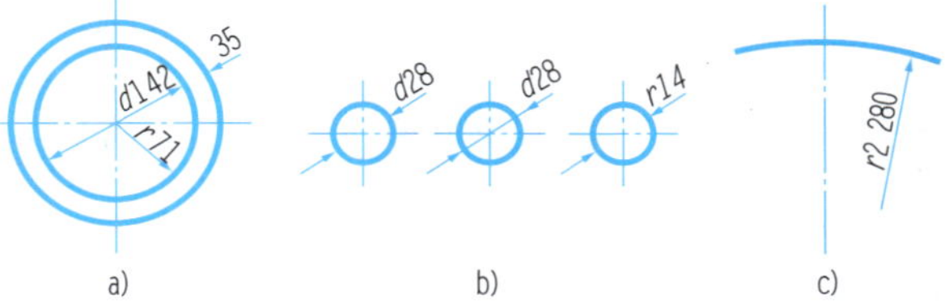
圆弧与弦的标注	1. 圆弧尺寸按图 a)标注。 2. 当弧长分别为数段标注时，尺寸界线也可沿径向引出，如图 b)所示。 3. 弦长的尺寸界线应垂直于该圆弧的弦，如图 c)所示	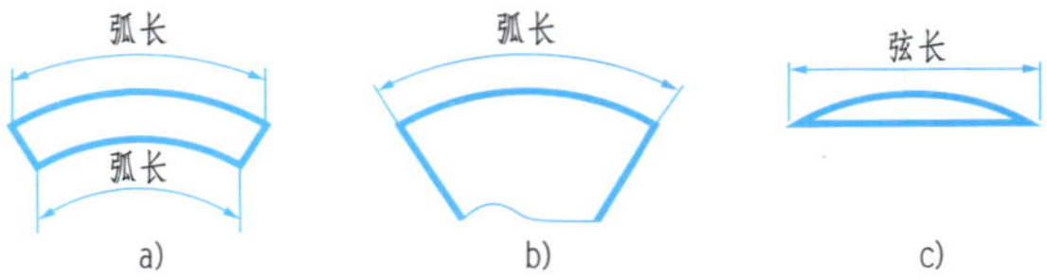
角度的标注	1. 角度尺寸线应用圆弧表示。 2. 角的两边为尺寸界线。 3. 角度数字宜写在尺寸线上方中部。 4. 当角度太小时，角度数字可写在角两边的外侧	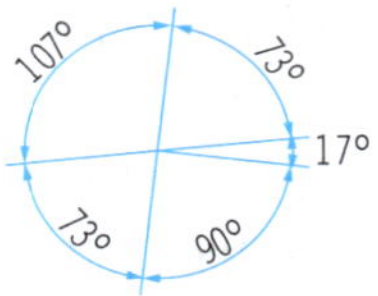
高程的标注	1. 高程符号应采用细实线绘制的等腰直角三角形表示，高为 2～3mm，顶角应指至被注的高度，顶角向上、向下均可。 2. 高程数字宜标注在三角形的右边。负高程应冠以“－”号，正高程（包括零高程）数字前不应加“＋”号。 3. 当图形复杂时，也可以采用引出线形式标注	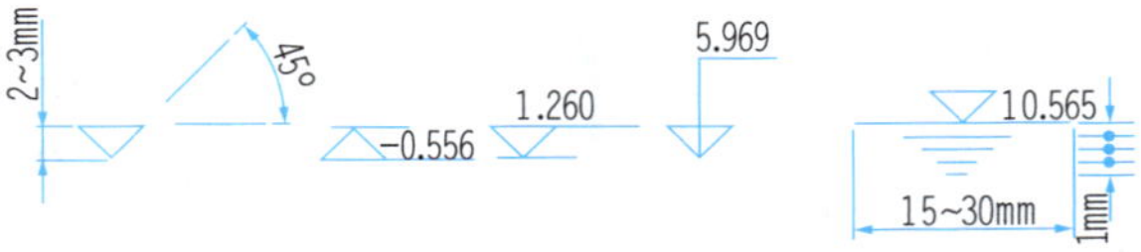
坡度的标注	1. 当坡度值较小时，坡度的标注宜用百分率表示，并应标注坡度符号。坡度符号应由细实线、单边或双边箭头以及在其上标注百分数组成。坡度符号的箭头应指向下坡。 2. 当坡度值较大时，坡度的标注宜用比例的形式，例如 1∶*n*	

续上表

内容	说　明	标注方法
水位的标注	水位符号应由数条上长下短的细实线及高程符号组成，细实线间的距离宜为1mm。其标注方法同高程标注方法	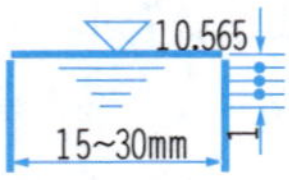
尺寸数字的标注	尺寸数字及文字书写方向按图标注方法	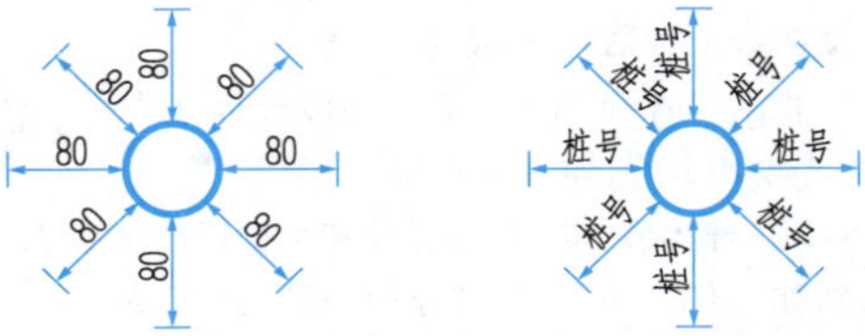

七、坐标

1 指北针和坐标

想一想

地形图及路线平面图等一些工程设计图的方位及走向在设计图中如何体现出来？

为了表示地区的方位和路线的方向，地形图上需画出坐标网或指北针。图纸上指北针标志的绘制，如图1-19a）所示。

用网格表示坐标：坐标网格应采用细实线绘制，南北方向轴线代号应为 X，东西方向轴线代号应为 Y。坐标网格也可采用十字线代替，如图1-19b）所示。

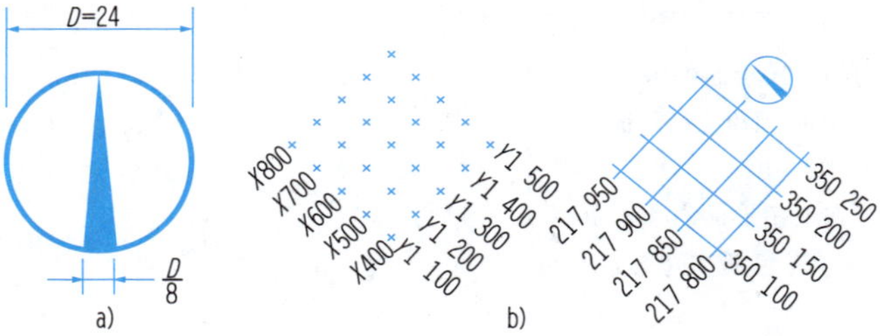

图1-19　指北针和坐标的绘制

a）指北针的绘制；b）坐标网格坐标线

2 注意事项

（1）坐标值的标注应靠近被标注点，书写方向平行于网格并在网格延长线上。

（2）当坐标数值较多时，可将前面相同数字省略，但应在图纸中说明，坐标数值也可采用间隔标注。

（3）当需要标注的控制坐标点不多时，宜采用引出线的形式标注，水平线上、下应分别标注 X 轴、Y 轴的代号及数值，如图1-20所示。

(4)当需要标注的控制坐标点较多时,图纸上可标注点的代号,坐标值可在适当位置列表示出。

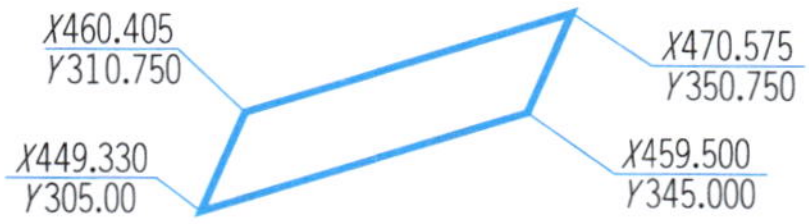

图 1-20 控制点坐标的标注

(5)坐标数值的计量单位应采用 m,并精确至小数点后三位。

例:$\frac{X460.405}{Y310.750}$就是该点距坐标原点向北 460.405,向东 310.750。

1.3 常用几何作图

想一想

绘制工程图时,免不了要画一些平行线、垂直线、等分线段、直线与圆弧连接、圆弧与圆弧连接等,你现在会画吗?(现在工程图主要是应用计算机并借助相关软件绘制的,但还需要工程技术人员操作,常用的几何作图方法、相关知识点还应熟练掌握)。

一、直线的平行线和垂直线

1 作已知直线的平行线

过已知点作已知直线的平行线,是工程制图中基本的作图方法之一。其作图方法和步骤,如图 1-21 所示。

2 作已知直线的垂直线

过已知点作已知直线的垂直线也是工程制图中最基本的作图方法。其作图方法和步骤,如图 1-22 所示。

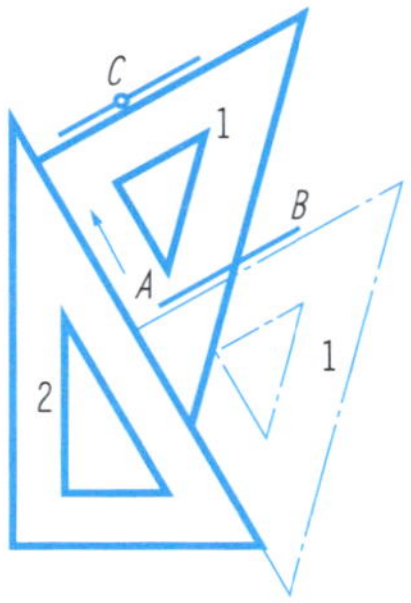

图 1-21 过已知点 C 作已知直线 AB 的平行线

(1)将三角板 1 的一边对准 AB,再靠上三角板 2。

(2)移动 1,使其对准 C 点,过 C 点画一直线,即为所求直线。

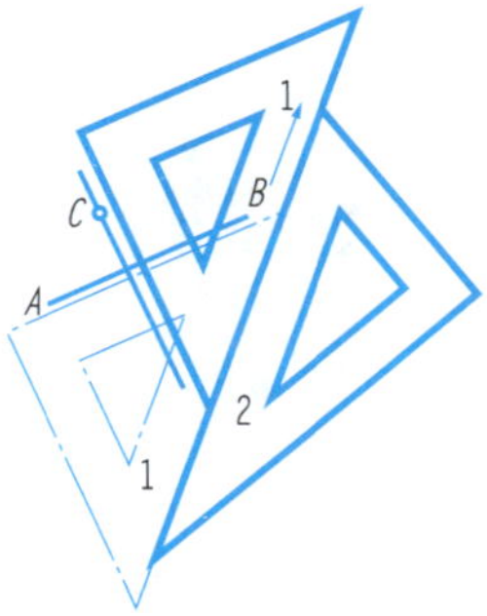

图 1-22 过已知点 C 作已知直线 AB 的垂直线

(1)将三角板 1 的一直角边对准 AB,再靠上三角板 2。

(2)移动 1,并将其另一直角边对准 C 点画一直线,即为所求直线。

二、等分线段

1 任意等分线段

（1）把已知线段 *AB* 六等分

用作平行线法求得各等分点，其作图方法和步骤，如图 1-23 所示。

（2）任意等分两平行线间的距离

在工程制图中经常用到等分两平行线间的距离，其作图方法和步骤（以五等分为例）如图 1-24所示。

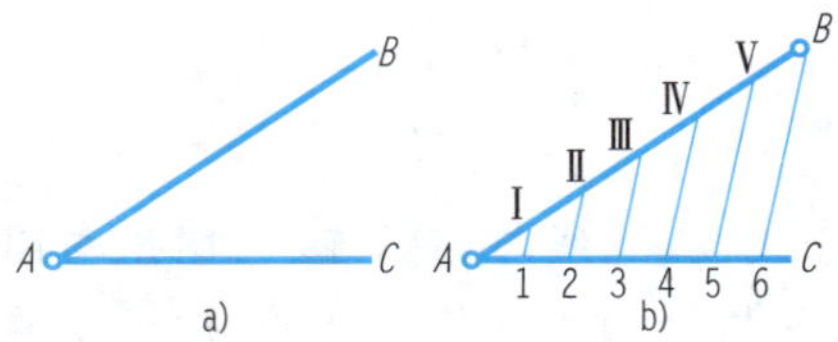

图 1-23 将已知线段 *AB* 六等分

a）过 *A* 点作任意直线 *AC*；由 *A* 向 *C* 作六个等距点；b）连 *B*6，并过等距点作 *B*6 的平行线交 *AB* 得 I、II、III、IV、V 点，即将 *AB* 六等分

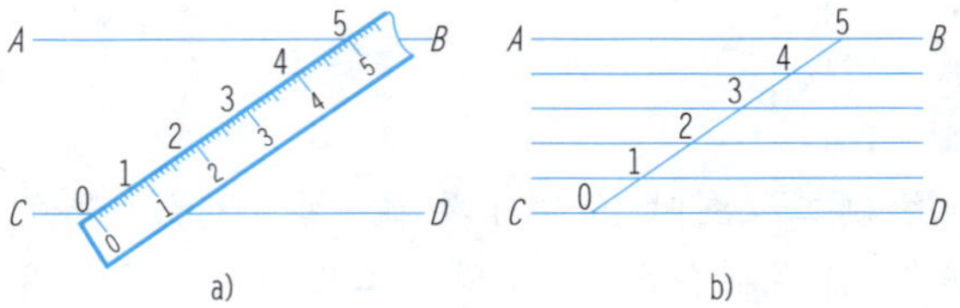

图 1-24 将两平行线间的距离五等分

a）将直尺上的刻度 0 点放在 *CD* 线上，摆动直尺，使刻度 5 点落在 *AB* 线上，标出五等分点；b）过各等分点作 *AB*（或 *CD*）的平行线，即为所求的等分距

2 坡度

坡度是指直线（或平面）对水平面的倾斜度，其大小即铅垂方向距离与水平方向距离的比值。已知坡度作斜线在工程图中也是经常要用到的。画好坡度后，在标注数字时，应加注坡度方向符号，箭头指向下坡方向。作坡度为 1∶6的方法和步骤，如图 1-25 所示。

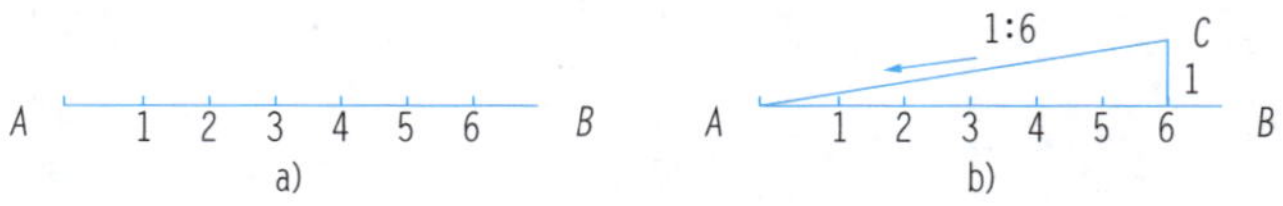

图 1-25 作坡度为 1∶6的直线

a）过点 *A* 在 *AB* 上任取长度为 1 的六等分线段，得 1、2、3、4、5、6 点；b）过点 6 作 *AB* 的垂直线 6*C* = 1，连 *AC* 即为所求

三、正多边形画法

1 作圆内接正五边形

作圆内接正五边形的方法和步骤，如图 1-26 所示。

2 作圆内接任意正多边形（以圆内接正七边形为例）

用圆规和三角板作圆内接正七边形的方法和步骤，如图 1-27 所示。

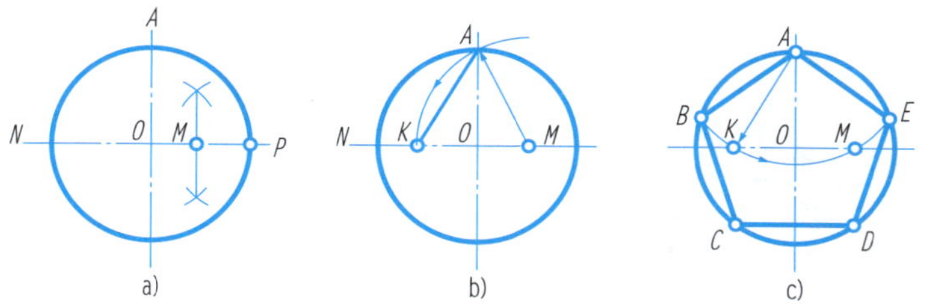

图 1-26　作圆内接正五边形

a）作 OP 中点 M；b）以 M 为圆心，MA 为半径作弧交 ON 于 K，AK 即为圆内接正五边形的边长；c）自 A 点起，以 AK 为边长五等分圆周得点 B、C、D、E，依次连接 AB、BC、CD、DE、EA，即得圆内接正五边形

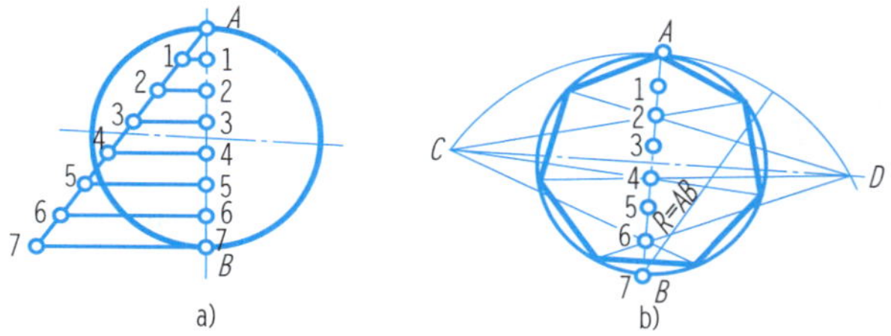

图 1-27　圆内接正七边形的近似作法

a）将直径 AB 七等分；b）以 B 点为圆心，AB 为半径，作圆弧得 C、D 两点；自 C、D 连偶数等分点（说明：若为偶数多边形，则连奇数点），延长与圆周相交，即为所求圆内接正七边形的各顶点，连接各顶点即为正七边形

四、圆弧连接

在道路工程图中，经常遇到圆弧与直线连接或圆弧与圆弧连接的问题，如道路的平面曲线、涵洞的洞口、隧道的洞门等。

想一想

图 1-28 所示为道路的平面交叉路口，其属于哪种连接方式？你能画出来吗？

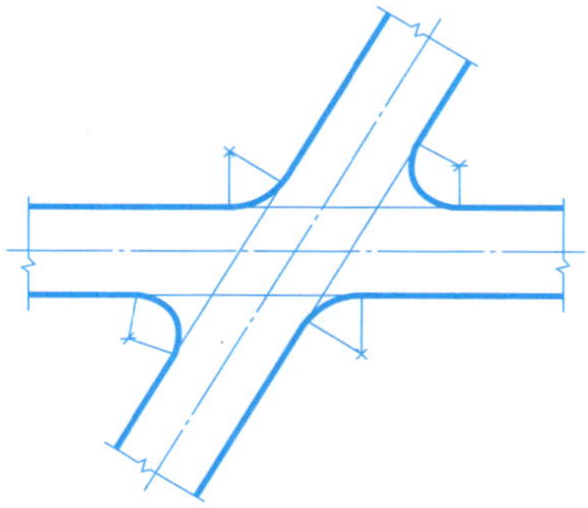

图 1-28　道路平面交叉口

圆弧连接的方式很多，关键是根据已知条件，准确地找出连接圆弧的圆心位置及连接圆弧与已知圆弧或直线平滑过渡的连接点（即切点）的位置。下面介绍几种圆弧连接的方法。

1　两直线间的圆弧连接

用圆弧连接两直线的方法和步骤，如图 1-29 所示。

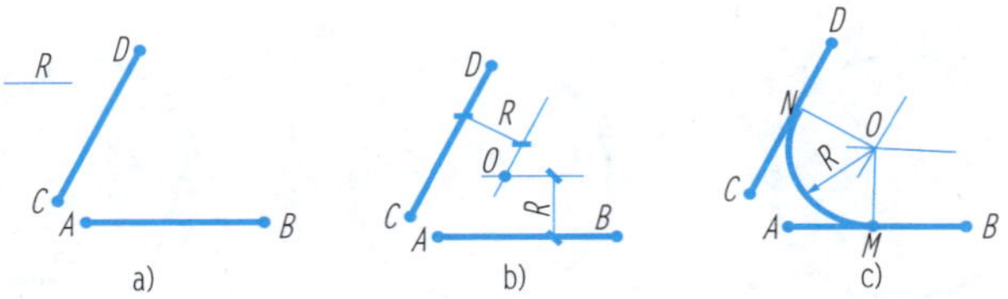

图 1-29 两直线间的圆弧连接

a)已知直线 AB、CD，连接弧半径 R；b)以 R 为间距，分别作两已知直线的平行线，交于 O 点；c)过 O 点作已知直线的垂线，垂足为 M、N，即切点，以 O 点为圆心，R 为半径，过 M、N 作弧，即为所求

2 直线和圆弧间的圆弧连接

用圆弧连接直线和圆弧的方法和步骤，如图 1-30 所示。

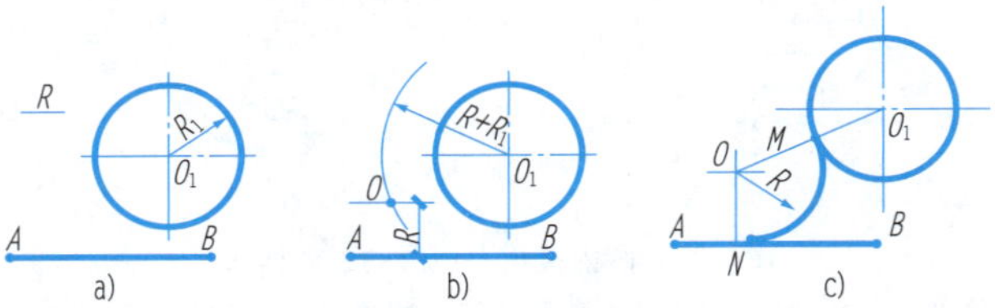

图 1-30 用圆弧连接直线和圆弧

a)已知直线 AB 及半径 R_1 的圆 O_1，连接弧半径 R；b)以 R 为间距作 AB 的平行线，与以 O_1 为圆心、$R+R_1$ 为半径作的弧交于 O，O 即为所求连接弧的圆心；c)连 OO_1 交圆 O_1 于 M，过 O 作 ON 垂直于 AB，N 为垂足，以 O 为圆心，R 为半径，过 M、N 作弧，即为所求

3 两圆弧间的圆弧连接

想一想

图 1-31 所示为搭钩设计图，你能说出圆弧之间的连接方式吗？现在你会画吗？学过两圆弧间的圆弧连接后，看是否能画出来。

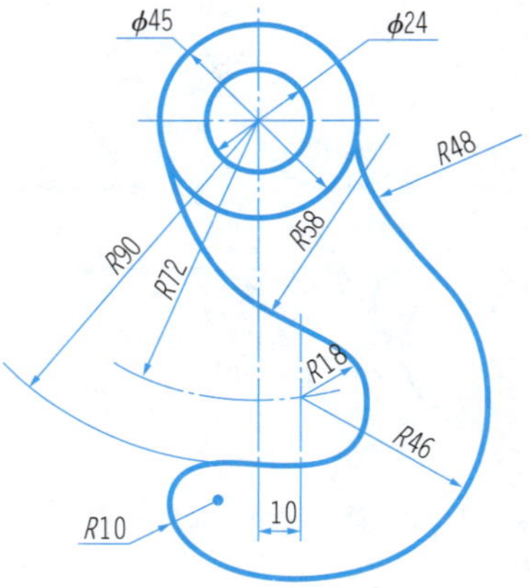

图 1-31 搭钩

用圆弧连接两圆弧有三种情况，即圆弧与两圆弧外连接，圆弧与两圆弧内连接和圆弧与两圆弧混合连接。

(1)圆弧与两圆弧外连接的方法和步骤，如图 1-32 所示。

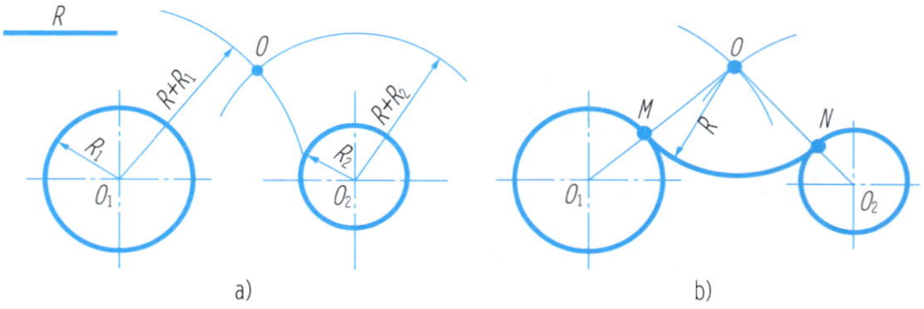

图 1-32 圆弧与两圆弧外连接

a)已知圆 O_1、圆 O_2，半径分别为 R_1、R_2，连接弧半径 R。分别以 O_1、O_2 为圆心，$R+R_1$、$R+R_2$ 为半径作弧交于 O，O 即为连接弧的圆心；b)连接 OO_1、OO_2 与圆 O_1、圆 O_2 分别交于 M、N，M、N，即为连接弧的连接点。以 O 为圆心，R 为半径，过 M、N 作弧即为所求

(2)圆弧与两圆弧内连接的方法和步骤，如图 1-33 所示。

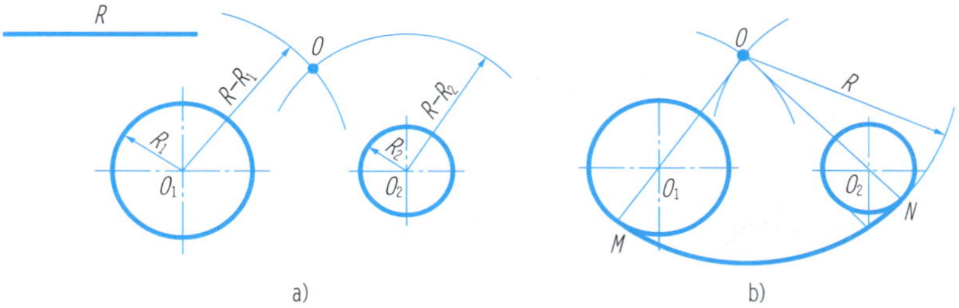

图 1-33 圆弧与两圆弧内连接

a)已知圆 O_1、圆 O_2，半径分别为 R_1、R_2，连接弧半径 R。分别以 O_1、O_2 为圆心，$R-R_1$、$R-R_2$ 为半径作弧交于 O，O 即为连接弧的圆心；b)连接 OO_1、OO_2 并延长，与圆 O_1、圆 O_2 分别交于 M、N，M、N 即为连接弧的连接点。以 O 为圆心，R 为半径，过 M、N 作弧，即为所求

(3)圆弧与两圆弧混合连接的方法和步骤，如图 1-34 所示。

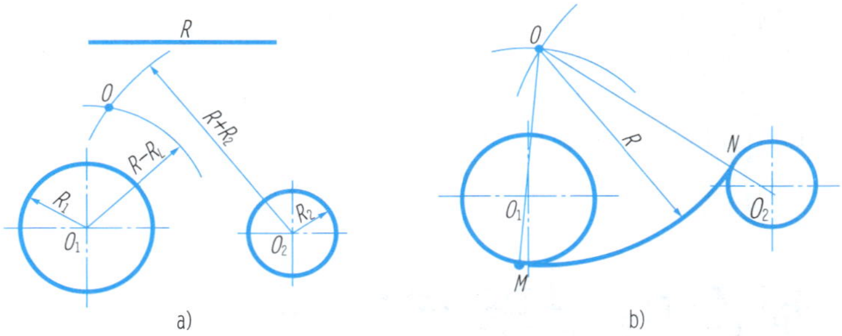

图 1-34 圆弧与两圆弧混合连接

a)已知圆 O_1、圆 O_2，半径分别为 R_1、R_2，连接弧半径 R。分别以 O_1、O_2 为圆心，$R-R_1$、$R+R_2$ 为半径作弧交于 O，O 即为连接弧的圆心；b)连接 OO_1、OO_2 并延长，与圆 O_1、圆 O_2 分别交于 M、N，M、N 即为连接弧的连接点。以 O 为圆心，R 为半径，过 M、N 作弧，即为所求

五、椭圆画法

想一想

图 1-35 所示为拱顶示意图，你现在会画吗？学过椭圆画法后再想一想。

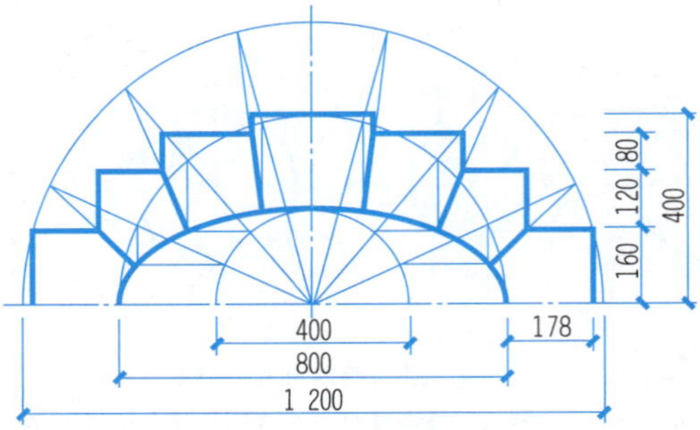

图 1-35　拱顶(尺寸单位:cm)

椭圆有各种不同的画法,下面仅介绍两种,即用“同心圆法”“四心圆弧法”近似画椭圆。

1 同心圆法

用同心圆法画椭圆的步骤,如图 1-36 所示。

2 四心圆弧法

用四心圆弧法近似画椭圆的步骤,如图 1-37 所示。

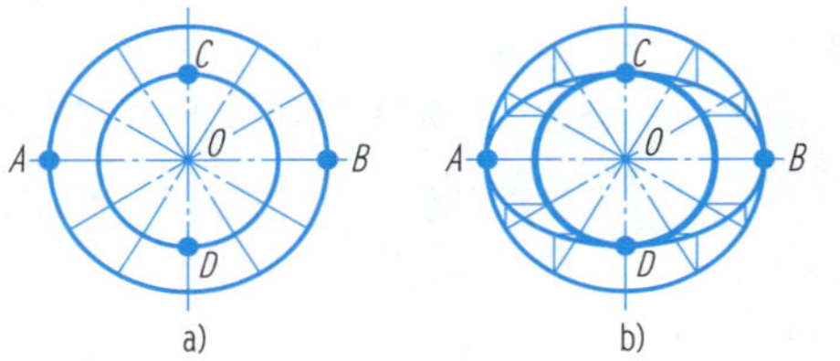

图 1-36　同心圆法画椭圆

a)已知椭圆的长、短轴 AB、CD,分别以长轴、短轴为直径作两个同心圆,并作适当数量的直径与两圆相交;b)过直径与大圆交点作的垂直线与过小圆交点作的水平线相交,这些点即为椭圆上的点。用曲线板连接各点,即为所求

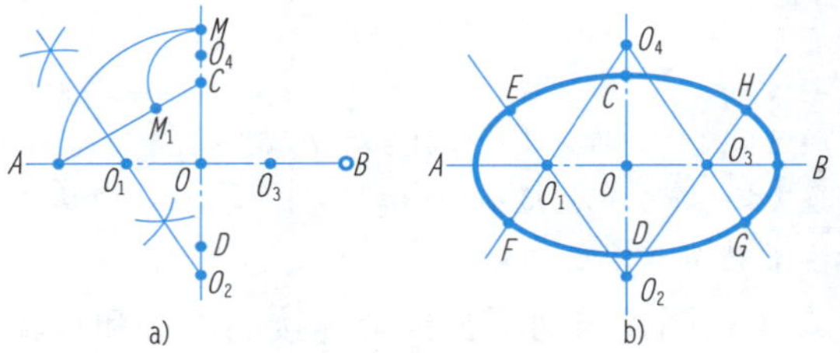

图 1-37　四心圆弧法画椭圆

a)已知椭圆的长、短轴 AB、CD,连接 AC,并作 $OM=OA$,以作 $CM_1=CM$ 及 AM_1 的垂直平分线交 AB 于 O_1、CD 于 O_2,作 $OO_3=OO_1$、$OO_4=OO_2$;b)连 O_1O_2、O_1O_4、O_3O_2、O_3O_4 并延长,分别以 O_1、O_3、O_2、O_4 为圆心,O_1A、O_3B、O_2C、O_4D 为半径作弧,使各弧相接于 E、F、G、H,即为所求

1.4 制图的步骤与方法

绘制工程图样时,做好制图前的准备工作,熟练掌握制图步骤与方法,有利于提高绘图效率,保证绘图质量。

一、准备工作

(1)安排合适的绘图工作地点。绘图是一项细致的工作,要求绘图工作地点光线明亮、柔和,应使光线从左前方照来。绘图桌椅高度要配置合适,绘图时姿势要正确。否则不仅影响工作效率,而且会妨碍身体健康。

(2)准备需要的绘图工具,使用之前应逐件进行检查、校正和擦拭干净,以保证绘图质量和图面整洁。各种绘图工具应放在绘图桌的适当地方，做到使用方便，保管妥当。

(3)准备有关绘图的参考资料，以备随时查阅。

(4)根据所绘工程图的要求，按国家标准规定选用图幅大小，图纸在图板上粘贴的位置尽量靠近左边(离图板边缘3～5cm)，图纸下边至图板边缘的距离略大于丁字尺的宽度。

二、画底稿

(1)图纸粘贴后，应根据图幅大小选用合适的比例，对所画的图形做到心中有数，使图面布置合理。

(2)图面布置之后，根据选定的比例用H或者2H铅笔轻轻画出底稿。底稿必须认真画出，以保证图样的正确性和精确度。如发现错误，不要立即擦掉，可用铅笔轻轻做上记号，待全图完成之后，再一次擦净，以保证图面整洁。

(3)画底稿时尺寸的量取，是用分规从比例尺上量取长度。相同长度尺寸一次量取，以保证尺寸的准确和提高画图速度。

(4)画完底稿之后，必须认真逐图检查，看是否有遗漏和错误的地方，切不可匆忙加深或描图。

三、加深和描图

在检查底稿确定无误后，即可加深、描图。

1 加深

(1)加深之前，应先确定标准实线的宽度，再根据线形标准确定其他线形。同类图线应粗细一致。一般粗度在 b 以上的图线用B或2B铅笔加深。$b/2$ 或更细的图线、尺寸数字、注解等可用H或HB铅笔绘写。

(2)为使图线粗细均匀、色调一致，铅笔应经常修磨，加深粗实线一次不够时，则应重复再画，切不可来回描粗。

(3)加深图线的步骤是：同类型的图线一次加深；先画细线，后画粗线；先画曲线，后画直线；先画图，后标注尺寸和注解；最后加深图框和标题栏。这样不仅加快绘图速度和提高精度，而且减少丁字尺与三角板在图纸上的摩擦，保持图面清洁。

(4)全部加深之后，再仔细检查，若有错误及时改正。这种用绘图仪器画出的图，称为仪器图。

2 描图

凡有保存价值和需要复制的图样均需描图。描图是将描图纸覆盖在铅笔底稿上用描图墨水笔描绘的。描图的步骤同加深基本一样，主要是要熟练掌握墨线笔的使用，调好各类线形的粗度，将相同宽度的图线一次画好。要特别注意防止墨水污损图纸。每画完一条图线，要待墨水干后才能用丁字尺或三角板覆盖。描线时，应使底稿处于墨线的正中。在描图过程中，图纸不得有任何移动。

全部描完之后，必须严格检查。如有错误，应待墨汁干后，在图纸下垫以丁字尺或三角板将刀片垂直图纸轻轻朝一个方向刮去墨迹，并使用硬橡皮擦去污点，再把图纸压平后，才可在上面重画。

四、图样复制

图样复制除利用复印机复印外，还可采用复晒方法进行复制。其方法是先将描好的描图纸放在晒图框内，再将感光纸紧贴在描图纸背面，然后把晒图框放在太阳或强烈灯光下曝光。曝光后的感光纸经过气熏处理，即得复制的图样，这种图样称为“蓝图”。

五、徒手作图

在绘图工作中，除用仪器绘图外，有时还需要采用目测估计物体各部分尺寸和比例并用徒手绘制的图，称为草图或徒手作图。这是一项绘图基本技能。在工程设计时，技术人员往往先将构思用草图记录下来，并用草图来进行方案初步比较；在施工现场，也常用草图记录存在的问题，回到室内经过研究，再从草图画成仪器图；在工程中，有时采用草图来表达设计意图、交流意见和交流经验等，所以技术人员必须熟练地掌握徒手作图的方法和技能。

草图绝不是潦草的图，要求所画物体各部分的大小要保持比例关系，应尽量做到直线平直，曲线光滑，线条粗细分明，同类线条的粗细要基本均匀，加深后的线条要顺滑，浓淡一致。

画草图的基本方法如下：

(1)图纸不必固定，可根据需要而转动，握笔姿势要轻松，手不能紧贴纸面，以利移动方便。

(2)画水平线时，可将图纸倾斜放置，左低右高，用小手指支在纸上使手腕一起移动。画线方向是从左至右，如图1-38a)所示。

(3)画垂直线时，将图纸放正，用小手指支在纸上，用握笔的手指移动，画线方向是从上至下，如图1-38b)所示。

(4)画倾斜线时，可将图纸转动，将倾斜线转成水平线位置来画。

(5)画较长的线应配合手臂动作。

(6)在两点间画直线，笔尖落在起点，眼睛注视终点，以便掌握方向。

(7)画大圆时，先画中心线和通过圆心的45°线，在这些线上画出短弧，然后逐步扩大各短弧描绘成圆，如图1-39所示。

(8)画小圆或小圆弧时，应先按直径或半径长度画出外接正方形，然后描成小圆或小圆弧。

图1-38　徒手画直线

a)画水平线；b)画垂直线

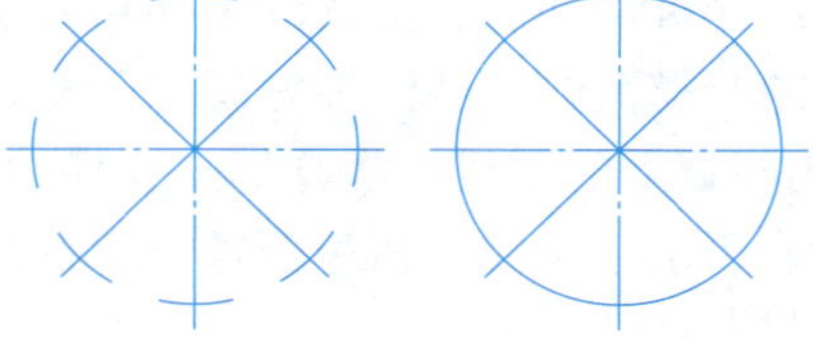

图1-39　徒手画大圆

单元小结

本单元主要讲解常用制图工具与用品的使用方法、《图标》的主要内容、常用几何作图的方法与步骤。通过学习，学生应能正确使用制图工具及用品，了解并初步掌握《图标》中图纸、图线、字体、比例、尺寸标注、坐标的有关规定并能熟练应用，提高绘图效率和保证绘图的图面质量，为学习本课程打下良好的基础。通过本单元学习必须做到：

1. 掌握常用制图工具与用品的使用方法。
2. 熟记《图标》中的一些基本数字、尺寸、要求和规定。
3. 多做线形练习，使所画图线符合《图标》的规定。
4. 字体练习要持之以恒，高标准、严要求，一丝不苟，通过练习达到规定要求。
5. 掌握常用几何作图的方法与步骤。

自我检测

1. 丁字尺、比例尺的作用及使用方法是什么？
2. 圆规、分规的作用及使用方法是什么？
3. 绘图铅笔如何分类？其型号有哪些？作用是什么？
4. 线型规格有哪些？各有什么用途？
5. 长仿宋体字的书写要领是什么？字号如何规定的？怎样才能写好仿宋体字？
6. 图样中的尺寸由哪几部分组成？标注尺寸的方法有哪些？
7. 简述图样中指北针和坐标的表示方法。
8. 简述过已知点作已知直线的平行线和垂直线的方法和步骤。
9. 简述任意等分线段的方法和步骤。
10. 简述制图的步骤和方法。

单 元 2

投影基本知识

学习目标

1. 掌握投影的概念、分类及平行投影的基本性质；
2. 掌握三投影面的名称及形体三面投影图投影规律；
3. 掌握点、直线、平面的投影特性；
4. 掌握点的坐标与投影之间的关系；
5. 了解空间两点的相对位置及重影点的特性；
6. 掌握直线、平面的分类；
7. 了解空间两直线相对位置的分类及特性；
8. 了解点、直线在平面上的几何条件。

学习任务

1. 能根据形体三面投影图的投影特性，绘制简单形体的三面投影图；
2. 能应用点、直线、平面的投影特性，根据已知条件画出他们的三面投影图；
3. 能根据点、直线、平面的投影特性判断他们的空间位置；
4. 能根据点的坐标绘制点的立体图及三面投影图；
5. 会应用已知条件画出两点相对位置及重影点的三面投影图；
6. 会画平面上点和直线的投影图。

学习指南

如何把空间的工程结构物（如道路、桥梁、房屋、机器等）画在图纸上，如何阅读工程图样，是本课程着重解决的问题。而解决这些问题又是以投影的理论为基础来实现的，因此首先应研究投影问题。本单元应沿着如下流程进行学习：

了解影子的概念→掌握投影的概念、分类及平行投影的基本性质→掌握三投影面体系的建立及名称→掌握三面投影的形成过程及投影规律→掌握点、直线、平面投影的投影特性并能绘制其投影图→了解空间两点的相对位置、重影点的概念及特性→了解空间两直线相对位置的分类及特性→了解点、直线在平面上的几何条件。

教学建议

本单元教学过程中，应尽量结合学生熟悉的生活环境以及实际工作中典型的工程案例，边讲解，边示范，边练习，充分体现出“教、学、做”一体化的教学模式，促使学生养成善于观察和勤于动手的良好习惯，逐步提高空间想象能力，强化识图技能训练。在教学过程中，教师还可以借助课件、动画、视频等数字化资源，使教学内容具体化、直观化、生动化、趣味化，激发学生学习兴趣，提高教学质量和效果，使学生进一步掌握点、直线、平面投影的性质及其投影图的画法。

想一想

实际工作中，我们所遇到的工程构造物都是实体，有一定的体积，而绘图图纸是平面，如何将立体图向平面图转化且又能表达出工程结构物的形状，你能想象出来吗？

2.1 投影概念和分类

一、投影概念和分类

1 影子和投影

想一想

大家在儿时都有过这样的经历，晚上用手编出各种花样，用灯光在墙上照出各种动物的影子。那么满足什么条件才能形成这些图形呢？

在日常生活中，人们经常看到物体在光线（灯光或阳光等）照射下，在地面或墙面上产生阴影，这个阴影称影子。如图 2-1 所示，双曲拱桥在正午的阳光照射下，在平静的水平面上产生了长条形的影子，这种现象，称为投影现象。

图 2-1　双曲拱桥在阳光下成影

人们从这些投影现象中认识到，当光线照射的角度或距离改变时，影子的位置、形状也随之改变。也就是说，光线、物体和影子三者之间存在着紧密的联系，因此，人们对此产生了兴趣并进行研究。例如，图 2-2a）桥台模型在正上方的灯光照射下，所产生的影子比基础底面要大。而当光源移到无限远处，即假设光线为互相平行并垂直于地面时（近似夏日正午阳光），影子的大小就和形体（基础底面）一样大，如图 2-2b）所示。这种光线垂直于地面的投影方法称为正投影法。

另外，人们还注意到，影子只能反映基础底面的外形轮廓，至于自身的轮廓则被黑影所代替而反映不出来。这就促使人们对这种纯自然现象的影子，进行科学的抽象，总结归纳出能满足实际生产需要的图形,即按照投影现象,把形体的所有内外表面交线全部表示出来,且按投影方向不同,凡可见的轮廓线画成实线,不可见的画成虚线[图 2-2c)],这样得到的图形称投影图,简称投影。见数字资源 01。

形成影子的光线称投射线,把承受投影图的平面称投影面。若求形体上任一点 A 的投影 a,就是通过 A 点的投射线与投影面的交点,如图 2-2c)所示。投射线、形体和投影面是形成投影的三要素,三者缺一不可。

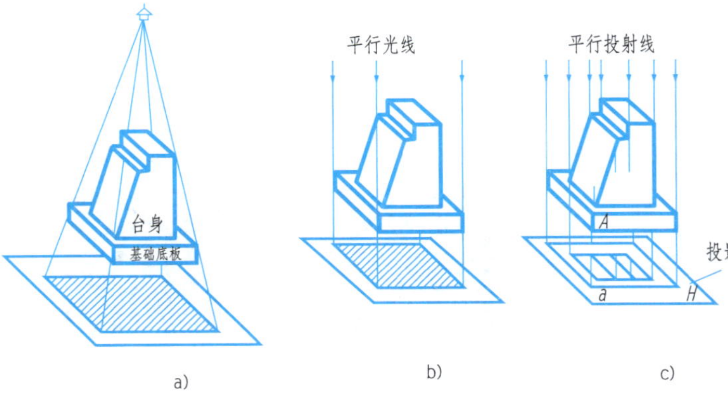

图 2-2 影子和投影

01-影子和投影

2 投影的分类

按投射线不同,可把投影分为中心投影、平行投影。

(1)中心投影

所有投射线都从同一点(即投影中心)引出,称中心投影,如图 2-3 所示。

(2)平行投影

所有投射线都相互平行,称平行投影,如图 2-4 所示。当投射线与投影面斜交,称为斜角投影或斜投影,如图 2-4a)所示。当投射线与投影面垂直,称直角投影或正投影,如图 2-4b)所示。大多数的工程图,都是采用正投影法来绘制的,今后凡未作说明,均为正投影。

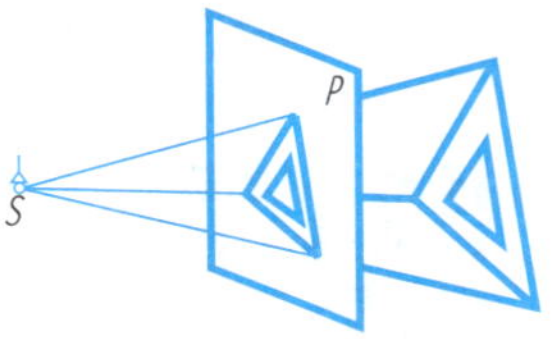

图 2-3 中心投影

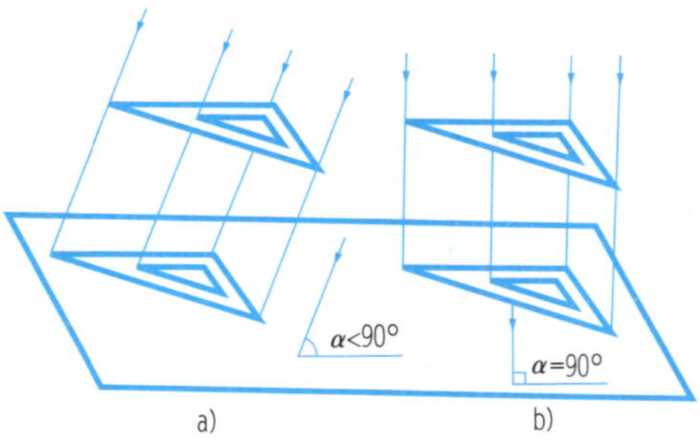

图 2-4 平行投影

a)斜投影;b)正投影

3 工程上常用的几种图示法

用图示法表达工程结构物时,由于表达目的和表达对象的特性不同,往往需要采用不同的图示法。常用的图示法有正投影、轴测投影、透视投影、高程投影四种，这些图示法的作图原理和方法（除透视投影法外），将在以后的有关单元中分别讨论，这里不再介绍。

二、平行投影的基本性质

1 类似性

直线或平面的投影一般仍为直线或平面（与空间图形类似），如图 2-5 所示。见数字资源 02。

2 从属性

若点在直线上，则点的投影必在直线的同面投影上，如图 2-5 所示。见数字资源 03。

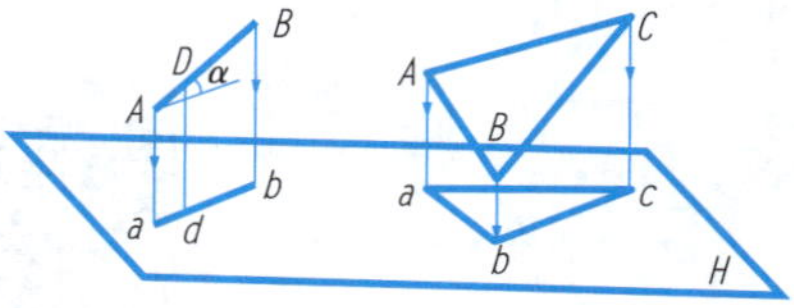

图 2-5　直线、平面的投影

02-类似性

03-从属性

3 积聚性

平行于投射线的直线或平面，其投影具有积聚性，即直线的投影积聚成一点，平面的投影积聚成一条直线，如图 2-6 所示。见数字资源 04。

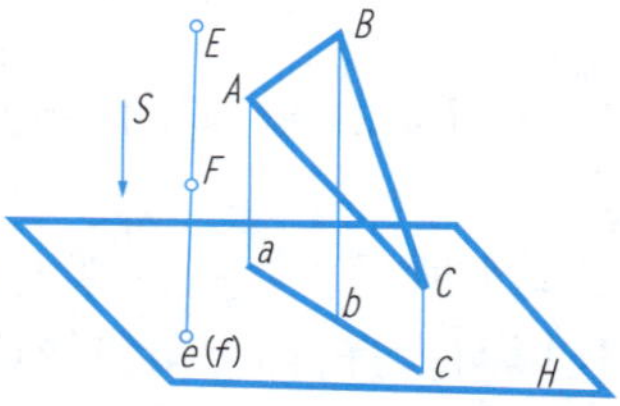

图 2-6　直线、平面平行于投射线时的投影

04-积聚性

4 显实性（全等性）

平行于投影面的直线、平面图形，其投影反映实长、实形，如图 2-7 所示。见数字资源 05。

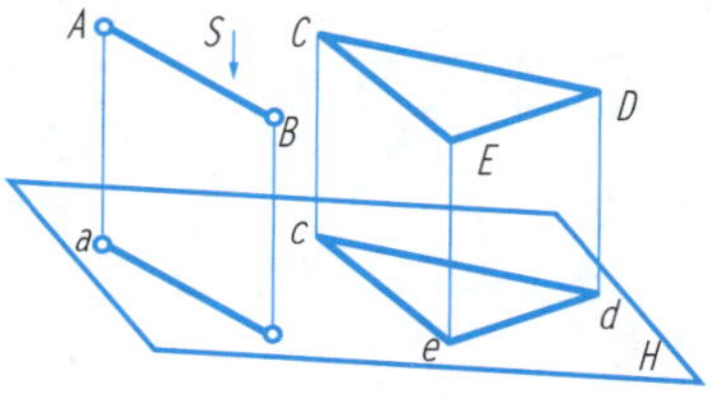

图 2-7　平行于投影面的直线、平面投影

05-实形性

5 平行性

空间两平行线的投影，仍互相平行，且投影长度之比等于两平行线（这里指线段）对应长度之比，如图 2-8 所示。见数字资源 06。

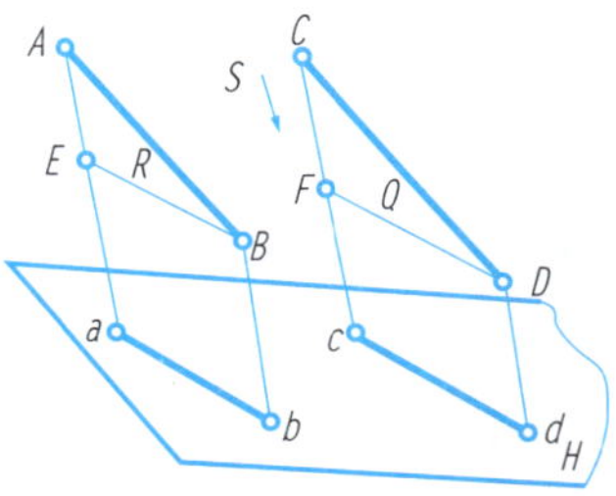

图 2-8　两平行线的投影

06-平行性

2.2　形体的三面投影图

一、三投影面体系的建立及其名称

如图 2-9 所示，是三个形状不同的形体在投影面 *H* 上的正投影图，可以看出它们的 *H* 面投影完全一样。由此可见，仅根据形体的一个投影图是不能全面地表达其空间形状和大小的，必须从几个方面进行投影，才能确定形体的形状和大小。

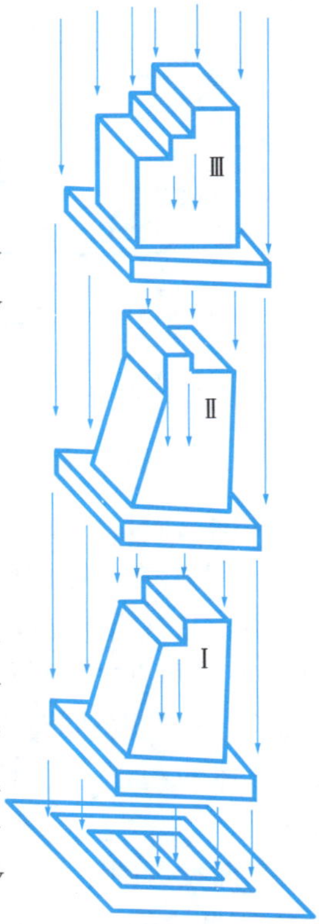

图 2-9　形体的一面投影

为了使投影图能准确无误地反映空间形体的形状和大小，我们建立一个由三个互相垂直的平面组成的体系称三投影面体系，如图 2-10 所示。水平放置的平面称水平投影面（用 *H* 表示），简称水平面或 *H* 面；正对着观察者的平面称正立投影面（用 *V* 表示），简称正立面或 *V* 面；在观察者右侧的平面称侧立投影面（用 *W* 表示），简称侧立面或 *W* 面。三个投影面的交线 *OX*、*OY*、*OZ* 称为投影轴，其交点称为原点。

二、三面投影图的形成

将被投影的形体置于三投影面体系中，其位置如图 2-11 所示。形体靠近观察者的一面称前面，反之为后面。同样还可以定出形体其余的左、右、上、下四个面。由上向下投影，在 *H* 面上得到的投影图，称为水平投影图，又称俯视图，简称 *H* 面投影；由前向后投影，在 *V* 面上得到的投影图，称正立面投影图，又称主视图，简称 *V* 面投影；由左向右投影，在 *W* 面上得到的投影图，称侧立面投影图，又称左视图，简称 *W* 面投影。见数字资源 07。

这样所得的 *H*、*V*、*W* 三个投影图，就是形体最基本的三面投影图，又称三面图或三视图。

正常情况下，根据形体的三面投影图，可以确定形体的空间位置和形状。

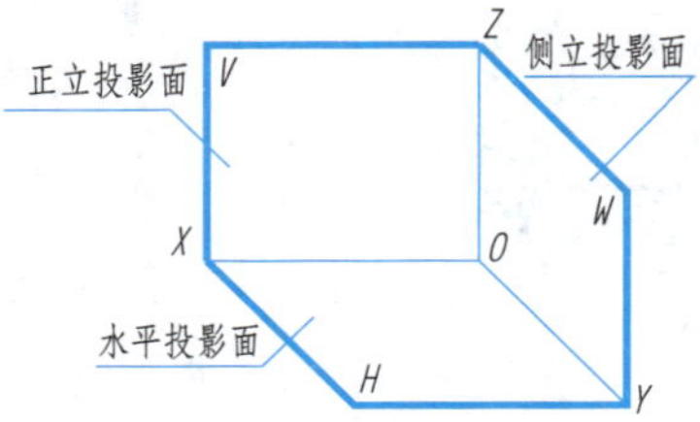

图 2-10　三投影面体系

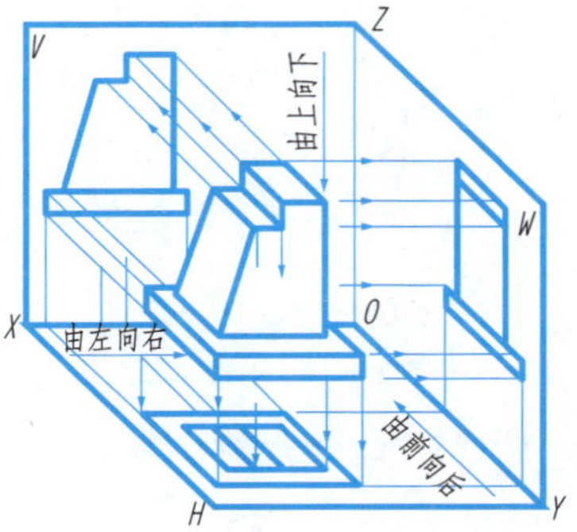

图 2-11　三面投影图的形成

07-三面投影

为了能在一张图纸上同时反映这三个投影图，需要由空间向平面转化，即将三个投影面展开。展开时，*V* 面不动，*H* 面绕 *OX* 轴向下旋转 90°，且与 *V* 面在同一平面，*W* 面绕 *OZ* 轴向右旋转 90°，与 *V* 面在同一平面，如图 2-12 所示。这样便得到在同一平面上的三面投影图，展开后的 *Y* 轴分为两部分，随 *H* 面旋转的用 Y_H 表示，随 *W* 面旋转的用 Y_W 表示，如图 2-13a）所示。

投影面的大小与投影图无关，画图时投影面的边框可不画，投影轴在工程图样中也可省去。

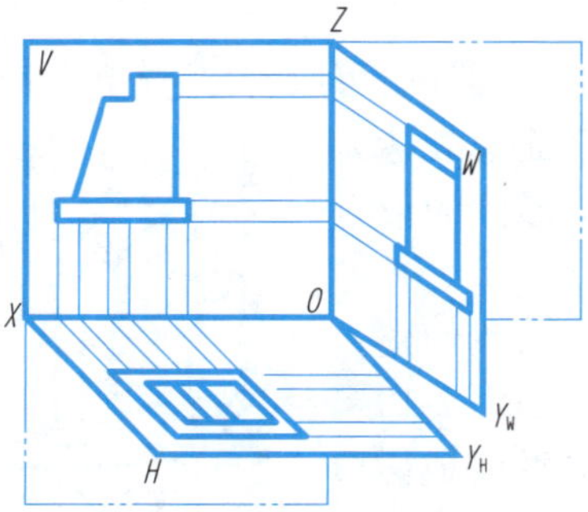

图 2-12　三面投影图的展开

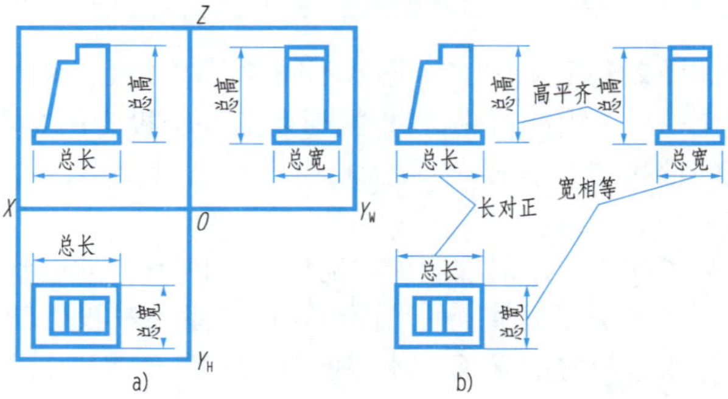

图 2-13　三面投影图及投影规律

三、三面投影图的投影关系

根据三面投影图的相对位置及其展开的规定，三面投影图的位置关系是：以正面投影为准，水平投影在立面图的正下方，侧面投影在立面图的正右方。

形体左右两点之间平行于 *OX* 轴的距离称为长度；上下两点之间平行于 *OZ* 轴的距离称为高度；前后两点之间平行于 *OY* 轴的距离称为宽度，如图 2-13a）所示。因此，*H* 面投影反映形体的长度和宽度，同时也反映形体的左右、前后位置；*V* 面投影反映形体的长度和高度，同时也反映形体的左右、上下位置；*W* 面投影反映形体的宽度和高度，同时也反映形体的前后、上下位置。

三面投影图是在形体位置不变的情况下，从三个不同方向投影得到的，它们共同表达同一形体，因此它们之间存在着紧密的关系，即："长对正、高平齐、宽相等"，简称"三等关系"或称投影规律。画图时，无论对形体总的轮廓还是局部细节，都必须符合这一投影规律。

下面举例说明形体三面投影图的画法

【例题 2-1】　画出如图 2-14d）所示形体的三面图（比例按 1∶1量取）。

分析：首先对形体进行分析，弄清它的形状；再根据平行投影的特性作出反映实形的投影图；然后根据三面投影规律画出其他两投影；最后整理，可见轮廓线画成粗实线。

作图方法与步骤如图2-14a)、b)、c)所示。

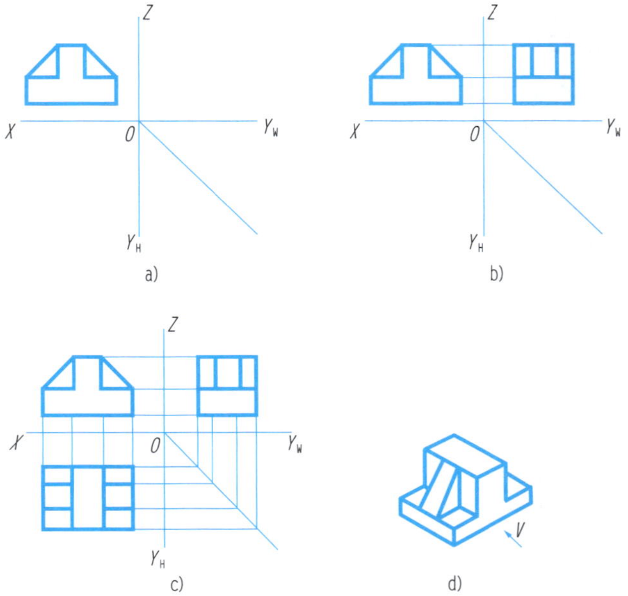

图2-14　形体三面投影图的画法及步骤

a)画投影轴，作正平面投影图(根据形体立体图尺寸按1∶1量取，平行于V面的面反映实形)；b)作侧平面投影图(按投影规律高平齐且量取形体立体图宽度尺寸来确定)；c)作水平面投影图(根据正面投影、侧面投影，按投影规律长对正、宽相等交在45°分角线上画出)；d)形体立体图

【例题2-2】 如图2-15d)所示，根据立体图画出形体的三面投影图(比例按1∶1量取)。

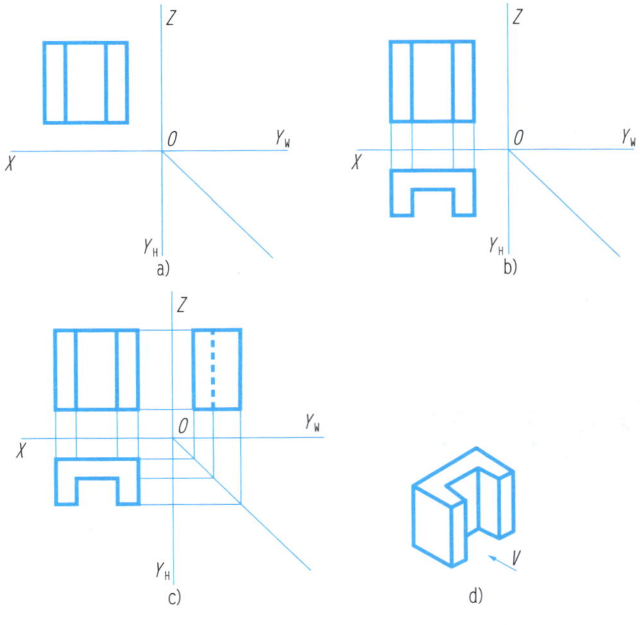

图2-15　形体三面投影图的画法及步骤

a)画投影轴，作正平面投影图(根据形体立体图尺寸按1∶1量取，平行于V面的面反映实形)；b)作水平面投影图(按投影规律长对正且量取形体立体图宽度尺寸来确定)；c)作侧平面投影图(根据正面投影、水平面投影，按投影规律高平齐、宽相等交在45°分角线上画出)；d)形体立体图

分析：首先对形体进行分析，弄清它的形状；再根据平行投影的特性作出反映实形的投影图；然后根据三面投影规律画出其他两投影图；最后整理，可见轮廓线画成粗实线，不可见的轮廓线画成中虚线。

作图方法与步骤如图2-15a)、b)、c)所示。

练一练： 如图2-16a)、b)所示，根据所学知识，画出该形体的三面投影图（比例按1∶1量取）。

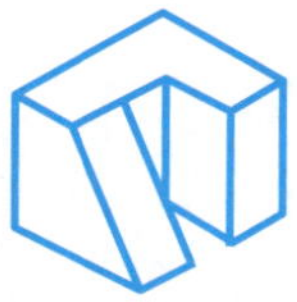

a)

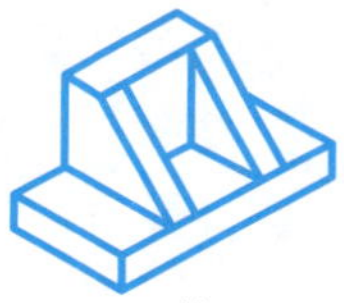

b)

图2-16　形体立体图

2.3 点的投影

想一想

实际工作中所遇到的工程构造物不论多么复杂，都是由哪些几何元素构成的呢？

点、线（直线或曲线）、面（平面或曲面）是构成形体最基本的几何元素。为了提高分析能力、空间想象能力以及画图和读图能力，以后将依次研究它们的投影特性及规律。

一、点的三面投影

1 投影的形成

在三投影面体系中，如图 2-17a）所示，由空间点 A 分别向投影面 H、V、W 作垂线，垂足 a、a'、a''即为 A 点的三面投影。按前述规定旋转、展开并去掉边框线后，即得到图 2-17c）所示 A 点的三面投影图。见数字资源 08。

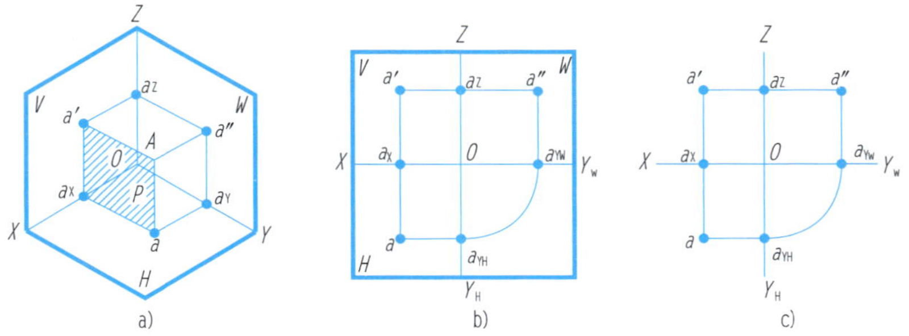

图 2-17　点 A 的三面投影

08-点的投影

点的投影符号规定：空间点用大写字母表示，如 A、B、C 等；H 面投影用相应的小写字母表示，如 a、b、c 等；V 面投影用相应的小写字母加一撇表示，如 a'、b'、c'等；W 面投影用相应的小写字母加两撇表示，如 a''、b''、c''等。

点在投影面上投影位置的表示方法：点的投影位置可用小黑点表示，也可用小圆圈表示。

2 投影规律

分析图 2-17，可得出点在三面体系中的投影规律如下：

（1）点的 V 面、H 面投影的连线垂直于 OX 轴，即 $a'a \perp ox$；点的 V 面、W 面投影的连线垂直于 OZ 轴，即 $a'a'' \perp oz$。即：一点的两投影连线垂直于相应的投影轴。

（2）点的 H 面投影到 OY 轴的距离，等于其 V 面投影到 OZ 轴的距离，并等于空间点 A 到 W 面的距离（符合长对正），即：点的投影到投影轴的距离等于空间点到相应投影面的距离。可表示如下：

$aa_{Y_H} = a'a_Z = Aa''$　反映 A 点到 W 面的距离。

同理：$aa_X = a''a_Z = Aa'$　反映 A 点到 V 面的距离。

$a'a_X = a''a_{Y_W} = Aa$　反映 A 点到 H 面的距离。

以上投影特性正是点的投影符合“长对正、高平齐、宽相等”（即三等关系）的根据所在。

根据上述投影规律，只要已知点的任意两投影，即可求其第三面投影。

【例题 2-3】　已知一点 M 的 V、W 面投影 m'、m''，求 m。

分析：由点的投影规律得知，$m'm \perp ox$，$mm_X = m''m_Z$。

作图：方法步骤如图 2-18 所示。

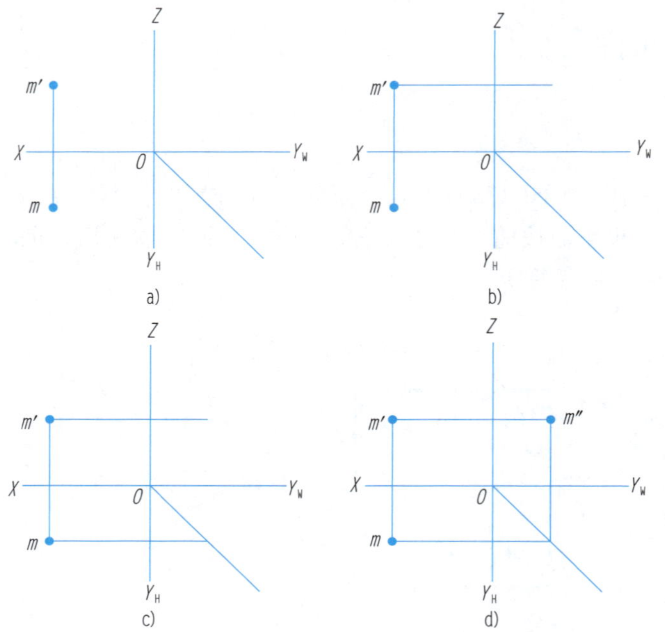

图 2-18　求点的 H 面投影

a) 已知条件；b) 过 m' 作 OZ 轴的垂线；c) 过 m 作 OY_H 垂线交45°线于一点；d) 过该交点作 OZ 轴的平行线得 m'' 点

二、点的投影与坐标

1 点的坐标

在三投影面体系中，空间点及投影的位置可以用坐标来表示，这时可把三投影面作为坐标面，投影轴看作坐标轴，O 点看作坐标原点，如图 2-19 所示。

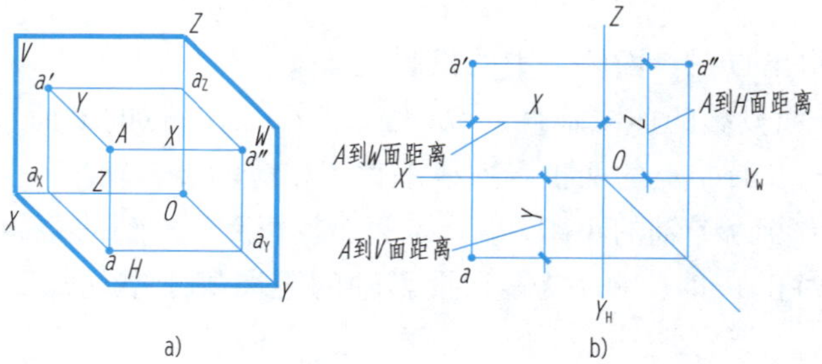

图 2-19　点的坐标

a) 立体图；b) 投影图

由图 2-19 可知，空间点到投影面的距离，即为点的坐标。

A 点到 W 面的距离，为 X 坐标；A 点到 V 面的距离，为 Y 坐标；A 点到 H 面的距离，为 Z 坐标。

因此，一点的投影与点的坐标关系为：

A 点的 H 面投影 a，可反映该点的 X 和 Y 坐标，即 $a(x,y)$；A 点的 V 面投影 a'，可反映该点的 X 和 Z 坐标，即 $a'(x,z)$；A 点的 W 面投影 a''，可反映该点的 Y 和 Z 坐标，即 $a''(y,z)$。

空间点 A 若用坐标表示，可写成 $A(X,Y,Z)$。如果已知点 A 的三投影 a、a' 和 a''，可从图上量出该点的三个坐标值；反之，如果已知 A 点的三个坐标，就能作出该点的三面投影。

注意事项:坐标值单位不说明时,画图按“mm”计。

【例题 2-4】 已知点 $E(18,15,20)$,求作 E 点的三面投影及立体图。

分析:做此类题目主要是根据点的投影规律及坐标。

作图:方法步骤如图 2-20、图 2-21 所示。

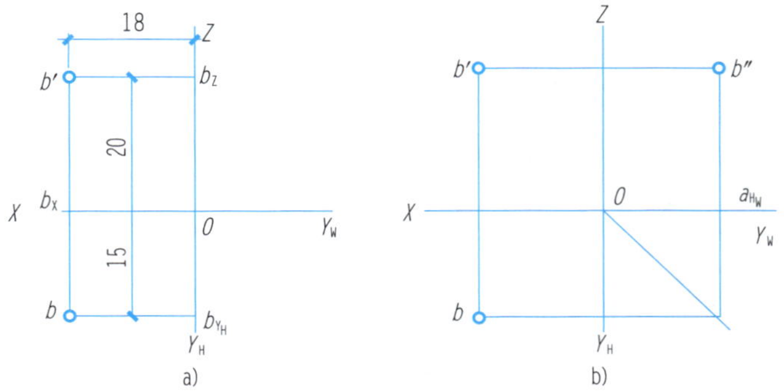

图 2-20 根据点的坐标作投影图

a)画投影轴,在 OX 轴上量 $Ob_X=18$,过 b_X 作 OX 轴的垂线,在该线上量取 $b_Xb=15$,$b_Xb'=20$,得 b、b';b)依 b、b'求 b''

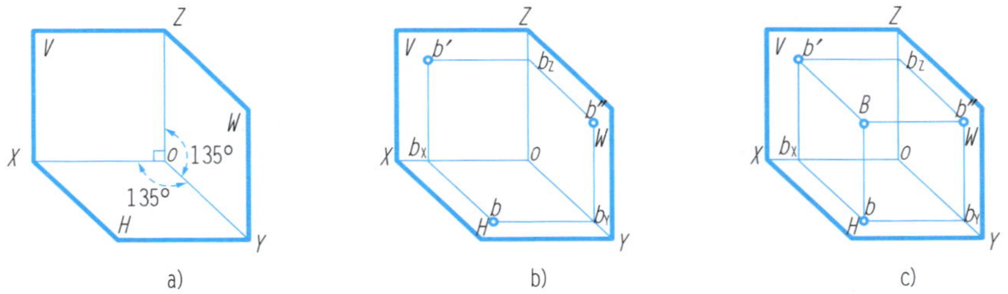

图 2-21 根据点的坐标作立体图

a)作三投影面体系的直观图;b)在轴上分别截取 $Ob_X=18$,$Ob_Y=15$,$Ob_Z=20$,并过 b_X、b_Y、b_Z 点作轴的平行线分别交于 b、b'、b'';c)分别作 OZ、OY、OX 轴平行线,交于一点即为空间点 B

练一练:已知点 M 到 H 面、V 面、W 面的距离分别为 20、15、25,根据所学知识写出该点的 X、Y、Z 三个坐标值,画出其三面投影及立体图。

2 特殊位置点的投影

在投影面上、投影轴上或原点上的点，都称为特殊位置点，其投影如表 2-1 所示。

特殊位置点的投影 表 2-1

特殊位置点	点在投影面上（点 *C* 在 *H* 面上）	点在投影轴上（点 *D* 在 *Z* 轴上）	点在原点（点 *E* 在原点）
立体图	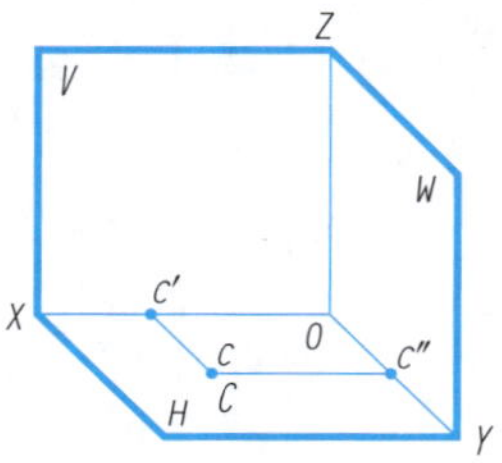	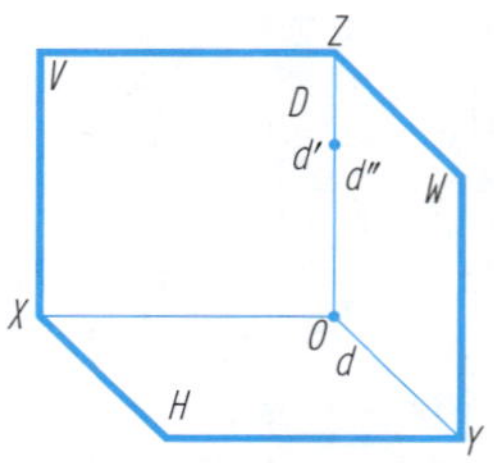	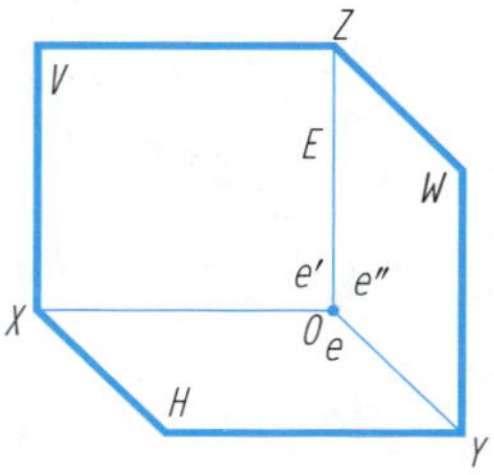
投影图	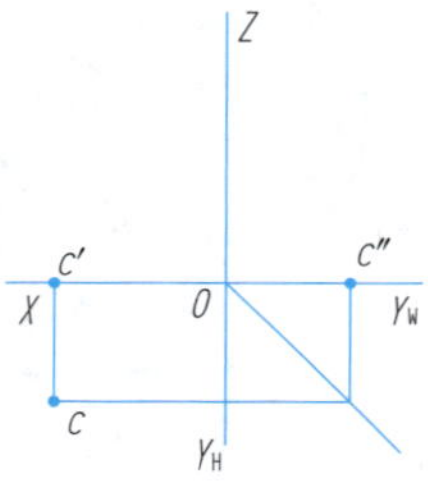	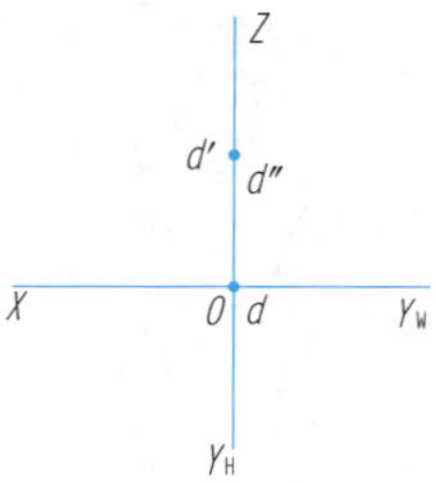	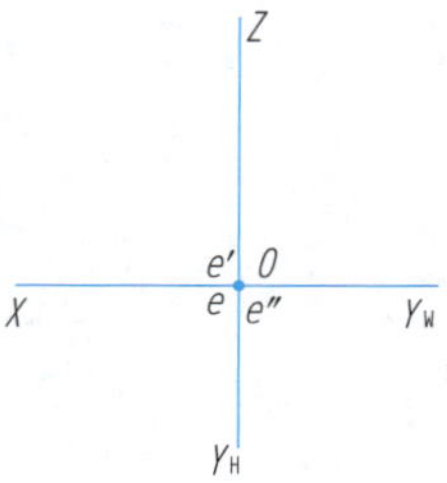
投影特性	1. 点的一个坐标值为零，即点到该投影面的坐标值为零，如：$C(x,y,0)$； 2. 点在该投影面上的投影与空间点重合；其他两投影在相应的投影轴上	1. 点的两个坐标值为零，点所在坐标轴上的坐标值不为零，如：$D(0,0,Z)$； 2. 点的其他两投影在投影轴上与空间点重合；另一个投影在原点	1. 点的三个坐标值为零，如：$E(0,0,0)$； 2. 点的三面投影都在原点 *O* 与空间点重合

三、两点的相对位置和重影点

1 两点的相对位置

两点的相对位置是指两点之间的前后、左右、上下位置关系，判别两点的相对位置，可以根据它们的坐标来判别，如图 2-22 所示。现以 *M*、*N* 点为例，说明 *M*、*N* 两点的相对位置。因 $Z_N < Z_M$，表示 *N* 点在 *M* 点的下方（*Z* 坐标表示上下位置）；$X_N > X_M$，表示 *N* 点在 *M* 点的左边（*X* 坐标表示左右位置）；$Y_N > Y_M$，表示 *N* 点在 *M* 点的前方（*Y* 坐标表示前后位置）。总之，*N* 点在 *M* 点之左、之下、之前分别为 10、9、4。见数字资源 09。

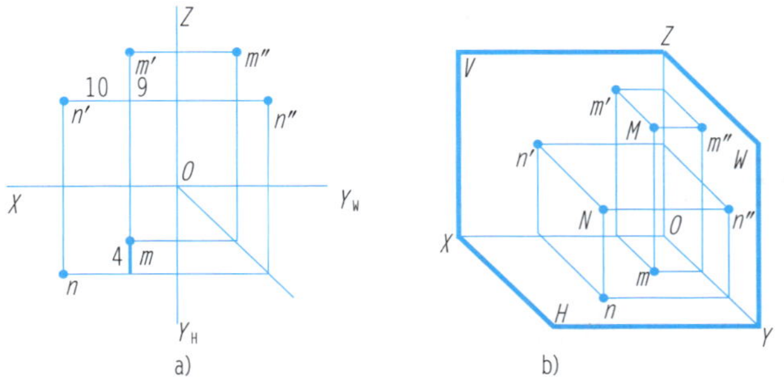

图 2-22　两点的相对位置
a）投影图；b）立体图

09-两点的相对位置

2 重影点及其可见性

（1）重影点

当空间两点位于某一投影面的同一垂直线上（即两同名坐标对应相等，如：$X_A = X_B$，$Y_A = Y_B$）时，则此两点在该投影面上的投影必重合，这两点称为对该投影面的重影点。如图 2-23a）所示，*A*、*B* 两点位于 *H* 面的同一投射线上，这时称 *A* 点在 *B* 点的正上方，或者说 *B* 点在 *A* 点的正下方；同理，*C* 点在 *D* 点的正前方；*E* 点在 F 点的正左方，如图 2-23b）、c）所示。见数字资源 10。

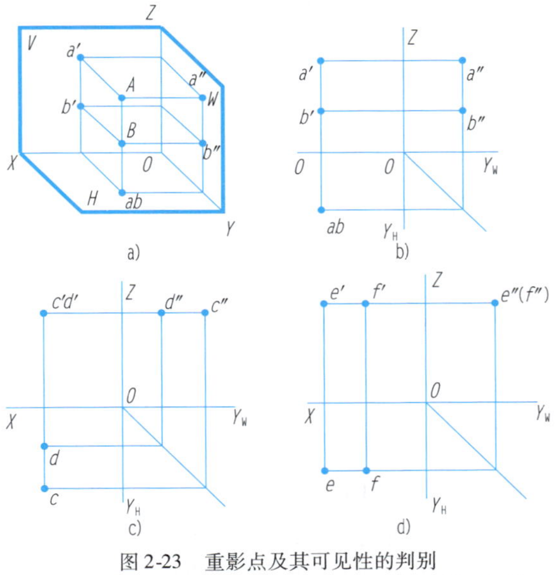

图 2-23　重影点及其可见性的判别
a）*A* 在 *B* 正上方立体图；b）*A* 在 *B* 正上方投影图；c）*C* 在 *D* 正前方投影图；d）*E* 在 *F* 正左方投影图

10-重影点

重影点的表示方法：重影点的投影并列写出，可见点在左，不可见点在右，如：*ab*；或者把不可见点用圆括号括起来，如：*a*（*b*）。

注意：描述重影点时，必须加上“正”；而描述两点相对位置时，可加上“之”，也可不加。

（2）可见性的判别

对于重影点，必须判别其可见性，其判别方法概括为：

①采用点对该投影面的坐标值来判断［其他两同名坐标值对应相等，如图 2-23a）所示，$X_A = X_B$，$Y_A = Y_B$，$Z_A > Z_B$］坐标值大者为可见点，小者为不可见点，故 *A* 点为可见点。

②采用投影方向来判断，先投影到的点为可见点，反之为不可见点。如图 2-23a）所示，*H*

面投影由上向下投影，先投影到 A 点，故 A 点为可见点。

2.4 直线的投影

由初等几何可知，两点确定一直线，故只要找出直线上任意两点的投影，连接其同面投影，即为直线的投影，见数字资源 11。通常把线段说成直线，以后所讲的直线均为线段。

按直线与投影面的相对位置可把直线分为一般位置直线、投影面平行线、投影面垂直线三种，后两种又称为特殊位置线。

11-直线的投影规律

一、一般位置直线

倾斜于各个投影面的直线称为一般位置直线(简称一般线)。

如图 2-24 所示为一般位置直线的立体图及投影图。直线和它在某一投影面上的投影所成的锐角，称为直线对该投影面的倾角。直线对 H、V、W 面的倾角分别用 α、β、γ 表示，如图 2-24a)所示。

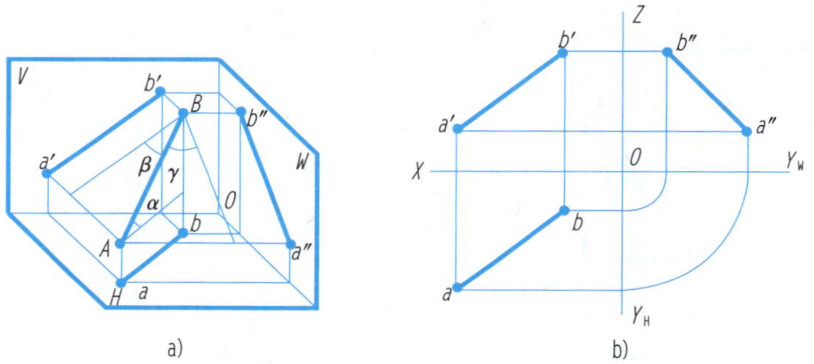

图 2-24　一般位置直线

a)立体图;b)投影图

1 一般位置直线的投影特性

由图 2-24 可知，一般位置直线的投影特性可概括如下：

(1)直线的三面投影都倾斜于投影轴，且小于实长。

(2)各投影与相应投影轴的夹角，不反映直线对投影面的真实倾角。

2 一般位置直线的判断方法

(1)根据直线的投影判断

如果一条直线的三面投影都倾斜于投影轴，则空间直线为一般位置直线，如图 2-24b)所示。

(2)根据直线上点的坐标值判断

如果一条直线上所有点的三个同名坐标都不对应相等，则空间直线为一般位置直线，如图 2-24 所示，$X_A \neq X_B$、$Y_A \neq Y_B$、$Z_A \neq Z_B$。

二、投影面平行线

平行于某一投影面，倾斜于其他两投影面的直线，称为投影面平行线（简称平行线），见数字资源 12。

12-投影面平行线

1 投影面平行线的分类

投影面平行线分为下列三类：

（1）水平面平行线——平行于 *H* 面的直线（简称水平线）。

（2）正面平行线——平行于 *V* 面的直线（简称正平线）。

（3）侧面平行线——平行于 *W* 面的直线（简称侧平线）。

三种直线的立体图及投影图见表 2-2。

投 影 面 平 行 线　　表 2-2

投影面平行线	水平线 *AB*	正平线 *CD*	侧平线 *EF*
立体图	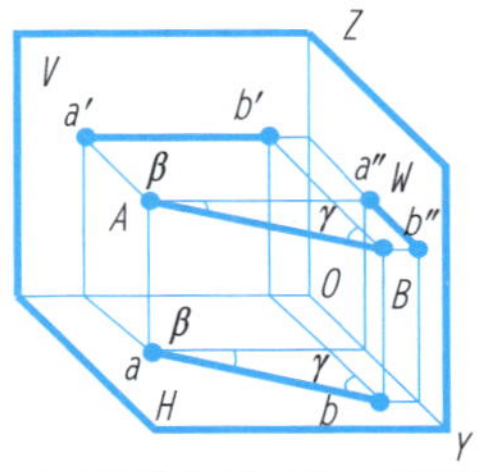	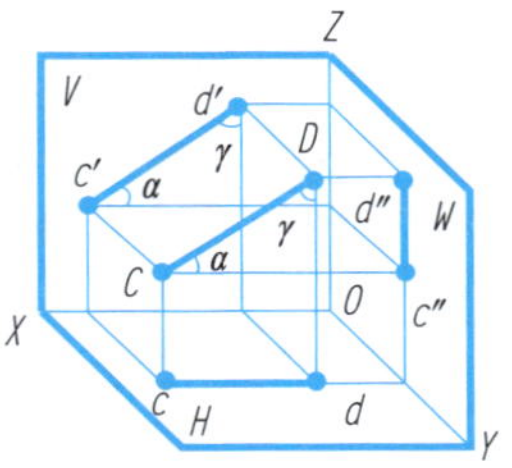	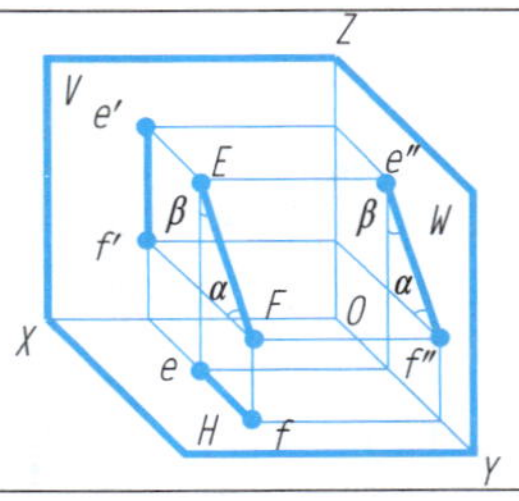
投影图	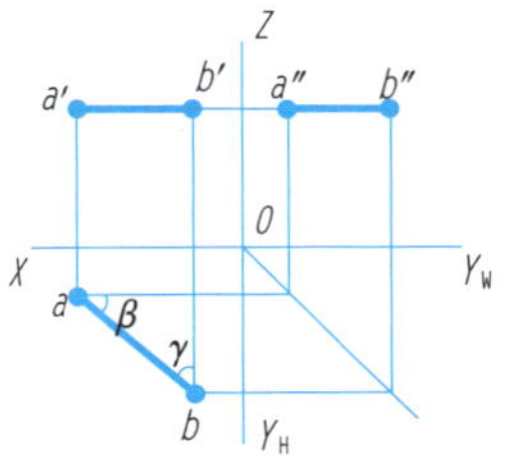	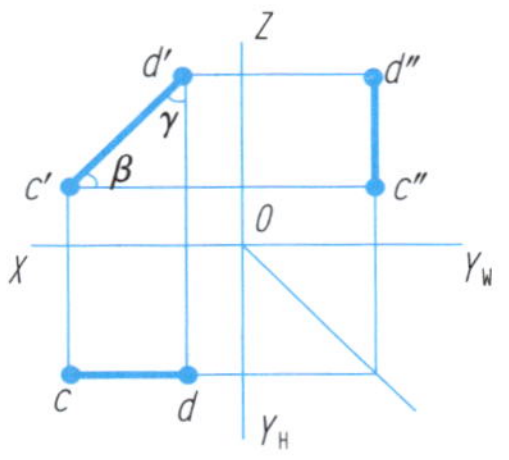	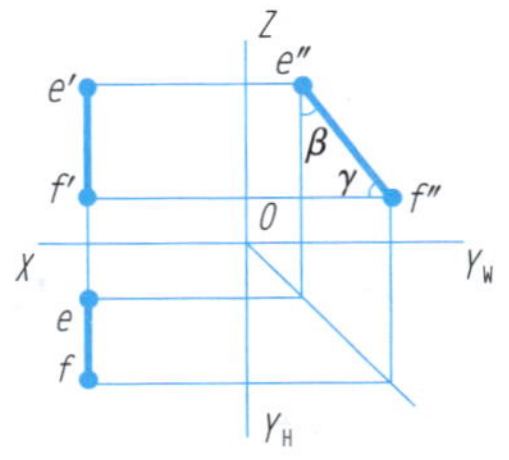
投影特性	1. 在 *H* 面的投影反映实长； 2. β、γ 分别反映 *AB* 对 *V*、*W* 面的倾角； 3. *V*、*W* 两面的投影分别平行于 *X*、*Y* 两轴，但小于实长	1. 在 *V* 面的投影反映实长； 2. α、γ 分别反映 *CD* 对 *H*、*W* 面的倾角； 3. *H*、*W* 两面的投影分别平行于 *X*、*Z* 两轴，但小于实长	1. 在 *W* 面的投影反映实长； 2. α、β 分别反映 *EF* 对 *H*、*V* 面的倾角； 3. *H*、*V* 两面的投影分别平行于 *Z*、*Y* 两轴，但小于实长

2 投影面平行线的投影特性

根据表 2-2 可将平行线的投影特性概括如下：

（1）直线在所平行投影面上的投影反映实长，且倾斜于相应的投影轴，与相应投影轴的夹角，反映直线对其他两投影面的真实倾角。

（2）其他两投影平行于相应的投影轴，且小于实长。

3 投影面平行线的判断

（1）根据直线的投影判断

如果一条直线的三面投影中，仅有一面投影倾斜于相应的投影轴，则空间直线平行于该投影面，如表 2-2 中直线 AB 在 H 面上的投影倾斜于 X、Y_H 投影轴，则 $AB /\!/ H$ 面。

(2)根据直线上点的坐标值判断

如果一条直线上所有点仅有一个同名坐标值相等，则空间直线为平行线，如表 2-2 中，直线 AB 上所有点的 Z 坐标都相等，即 $Z_A = Z_B = \cdots$，则 AB 为水平线。

【例题 2-5】 已知水平线 $AB = 10\text{mm}$，$\beta = 30°$，点 $A(25,10,20)$，B 点在 A 点右前方，求作直线 AB 的投影。

作图步骤如图 2-25 所示。

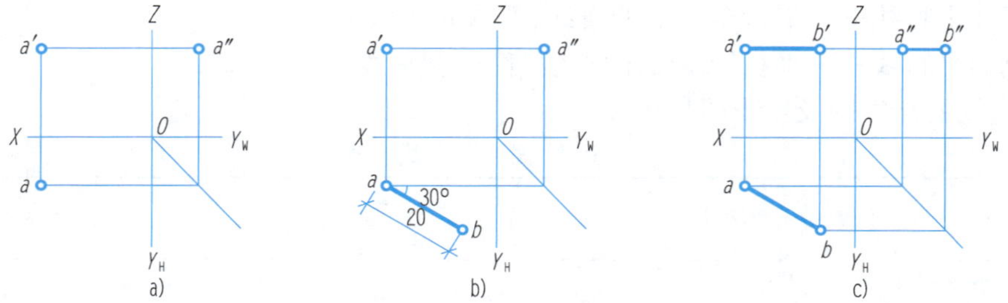

图 2-25 作水平线的投影

a)根据点 A 的坐标，作点 A 的三面投影；b)过 a 作 ab 向右前方与 X 轴成 30°，且 $ab = 10\text{mm}$；c)过 a'、a''分别作 OX、OY_W 轴的平行线，并根据 b 求出 b'、b'，即得 AB 直线的投影

三、投影面垂直线

垂直于某一投影面的直线(必平行于其他两投影面)，称投影面垂直线(简称垂直线)，见数字资源 13。因此，投影面垂直线是投影面平行线的特例。

1 投影面垂直线的分类

投影面垂直线也分为下列三类：

(1)水平面垂直线——垂直于 H 面的直线(简称铅垂线)。

(2)正面垂直线——垂直于 V 面的直线(简称正垂线)。

(3)侧面垂直线——垂直于 W 面的直线(简称侧垂线)。

三种直线的立体图及投影图见表 2-3。

13-投影面垂直线

投 影 面 垂 直 线 表 2-3

投影面垂直线	铅 垂 线	正 垂 线	侧 垂 线
立体图	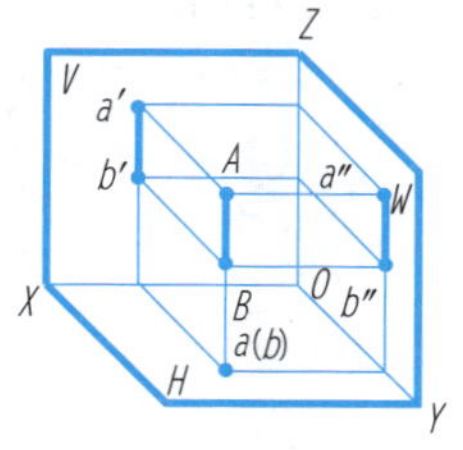	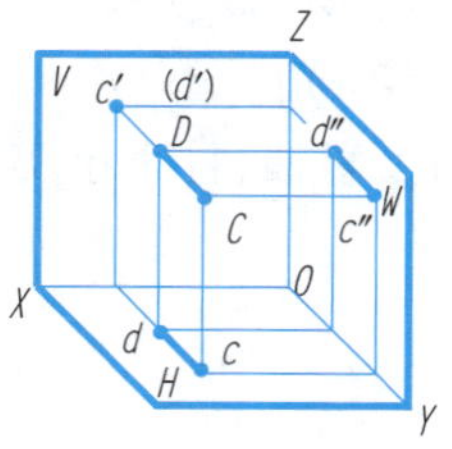	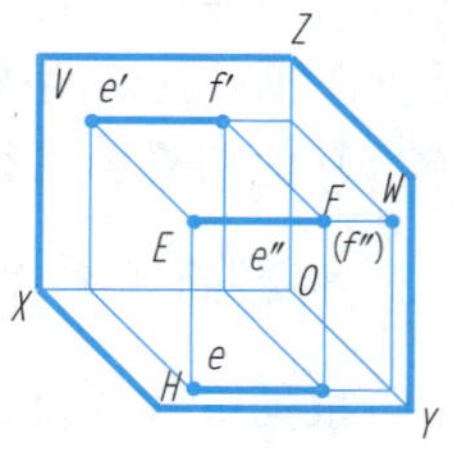

续上表

投影面垂直线	铅 垂 线	正 垂 线	侧 垂 线
投影图	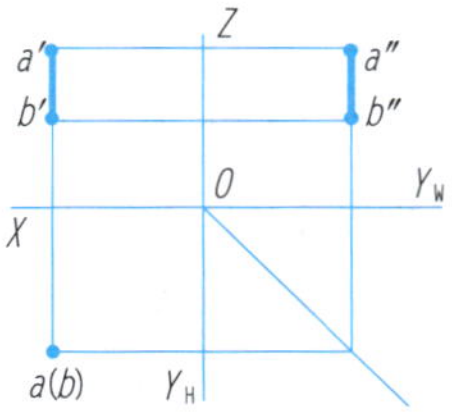	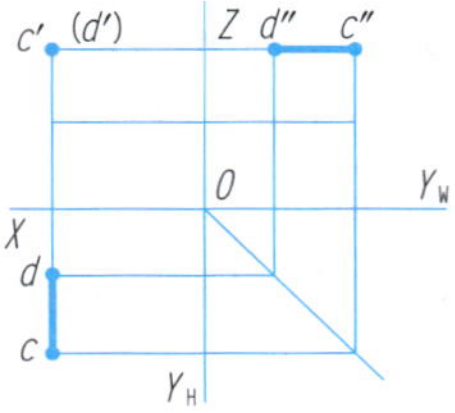	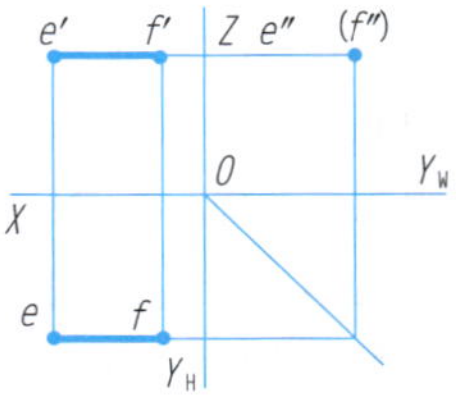
投影特性	1. 在 H 面投影积聚成一点； 2. 在 V、W 面的投影分别垂直于 X、Y 两投影轴，且反映实长	1. 在 V 面投影积聚成一点； 2. 在 H、W 面的投影分别垂直于 X、Z 两投影轴，且反映实长	1. 在 W 面投影积聚成一点； 2. 在 H、V 面的投影分别垂直于 Y、Z 两投影轴，且反映实长

2 投影面垂直线的投影特性

根据表 2-3 可将投影面垂直线的投影特性概括如下：

(1) 直线在所垂直投影面上的投影积聚成一点。

(2) 其他两投影垂直于相应的投影轴，且反映实长。

3 投影面垂直线的判断

(1) 根据直线投影的积聚性判断

如果一条直线的三面投影中，仅有一面投影积聚成一点，则空间直线垂直于该投影面。如表 2-3 中，AB 在 H 面上的投影积聚成一点，则直线 $AB \perp H$ 面。

(2) 根据直线上点的坐标值判断

如果一条直线上的所有点有两个同名坐标对应相等，则空间直线为垂直线，如表 2-3 中，AB 上所有点的 X 坐标、Y 坐标都相等，即 $X_A = X_B = \cdots$、$Y_A = Y_B = \cdots$，则 AB 为铅垂线。

练一练： 如图 2-26 所示，已知铅垂线 AB 的长度为 20mm，并知 B 点在 A 点的正上方，试作 AB 的三面投影。

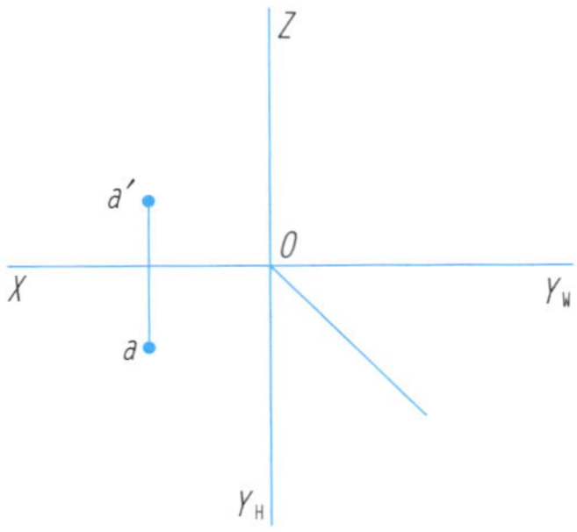

图 2-26 作铅垂线的投影

四、直线上的点

由平行投影基本性质中的从属性可知：若点在直线上，则点的投影必在直线的同面投影上。如图2-27所示，点 M 在直线 AB 上，并把 AB 分成 AM、MB 两段，因投射线 $Mm \parallel Aa \parallel Bb$，所以，$AM:MB=am:mb$；同理可知，$AM:MB=a'm':m'b'=a''m'':m''b''$。由此可得出如下结论：

如果点分割线段成定比，则其投影也把线段的投影分成相同的比例，这就是点的定比分割特性。反过来，若点的各面投影都在线段的同面投影上，且分线段的投影成相同的比例，则该点一定在此线段上。

对一般位置直线，用两面投影即可直观地判断点是否在直线上，如图2-28所示，A、D 两点在直线 MN 上，而 B、C 两点不在直线 MN 上。

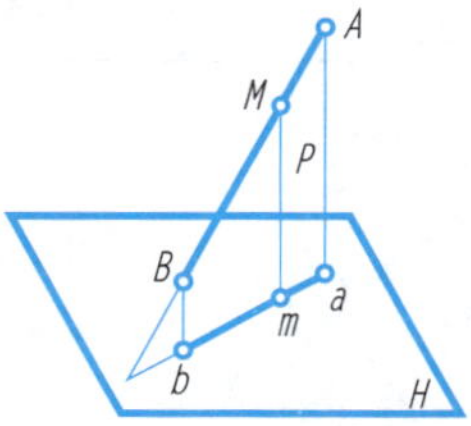

图2-27　直线上的点

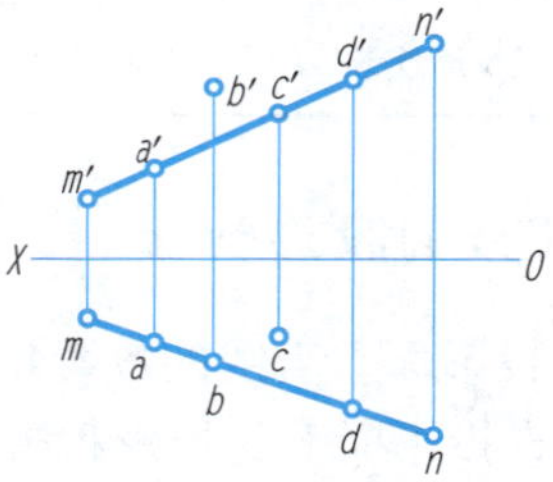

图2-28　点是否在直线上

当直线为特殊位置直线时，根据两面投影，不能直观地判断点是否在直线上。如图2-29所示的侧平线 CD 及点 K，K 点的两面投影均在 CD 的同面投影上，但点的投影分线段的投影不成相同的比例。可以作图求出 k''，看是否在 $c''d''$ 上，也可用定比关系判断。这两种作图方法，如图2-29b)、c)所示。

通过图2-29b)作图可知，K 点不符合点的从属性，而从图2-29c)中可以看出，点 K 不符合点的定比分割特性，故 K 点不在直线 CD 上。

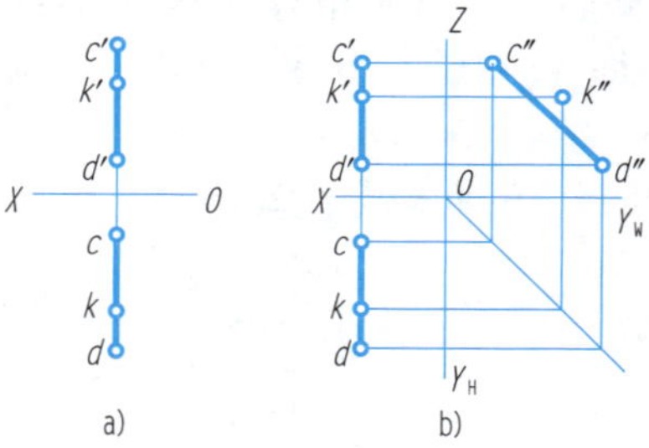

图2-29　判断点是否在直线上

五、两直线的相对位置

空间两直线的相对位置有平行、相交和交叉三种情况，前两种为同面直线，后一种为异面直线。

1 两直线平行

如图2-30a)所示，两直线 $AB \parallel CD$，根据平行投影的基本性质中的平行性，可得出如下结论：如果空间两直线平行，则其同面投影必平行。即：$ab \parallel cd$、$a'b' \parallel c'd'$、$a''b'' \parallel c''d''$。反之，如果空间两直线的同面投影均平行，则空间两直线一定平行。

判断两直线是否平行的方法如下：

（1）一般位置直线，只要任意两同面投影平行，则空间两直线一定平行。

（2）特殊位置直线，仅有两面投影平行还不能判断空间两直线平行，还需借助第三面投影。如图 2-31 所示，CD、EF 为两侧平线，虽然 $cd \parallel ef$、$c'd' \parallel e'f'$，但其 W 面投影不平行，因此，空间 CD、EF 两直线不平行。

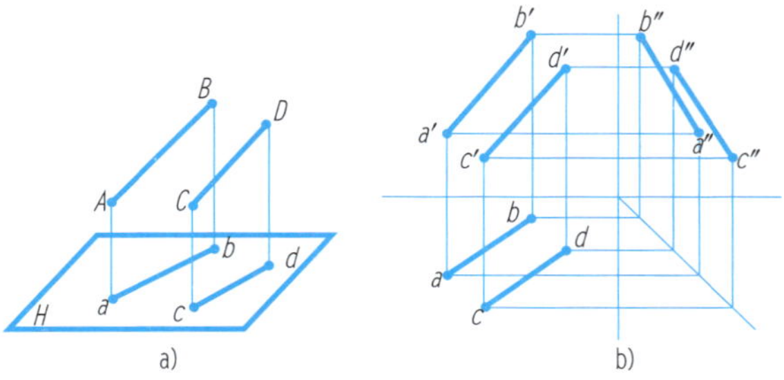

图 2-30　两直线平行

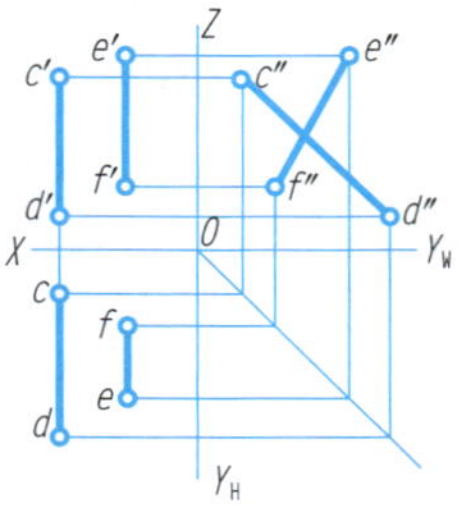
图 2-31　判断两直线是否平行

2 两直线相交

如图 2-32 所示，AB、CD 为两相交直线，其交点 K 为两直线的共有点，它既是 AB 上的点，又是 CD 上的点，根据平行投影的从属性可知，K 点的 H 面投影既在 ab 上，同时又在 cd 上，故 ab、cd 必相交于 k 点；同理，$a'b'$、$c'd'$ 相交于 k' 点，$a''b''$、$c''d''$ 相交于 k'' 点。由此可得出如下结论：

如果两直线相交，则其同面投影必相交，且其同面投影的交点必符合点的投影规律；反过来，若空间两直线的同面投影均相交，且其交点符合点的投影规律，则空间两直线必相交。

判断两直线是否相交的方法如下：

（1）判断两一般位置直线是否相交时，只要两直线任意两同面投影相交，且交点连线垂直于相应的投影轴，则空间两直线一定相交。

（2）对特殊位置线，仅有两面投影相交，且交点连线垂直于相应的投影，还不能判断空间两直线是否相交，需借助第三面投影或者运用点的定比分割特性来判断，如图 2-33 所示。

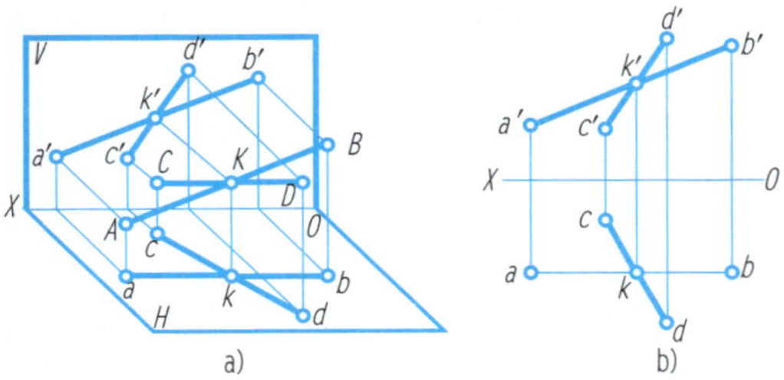

图 2-32　两直线相交

a）立体图；b）投影图

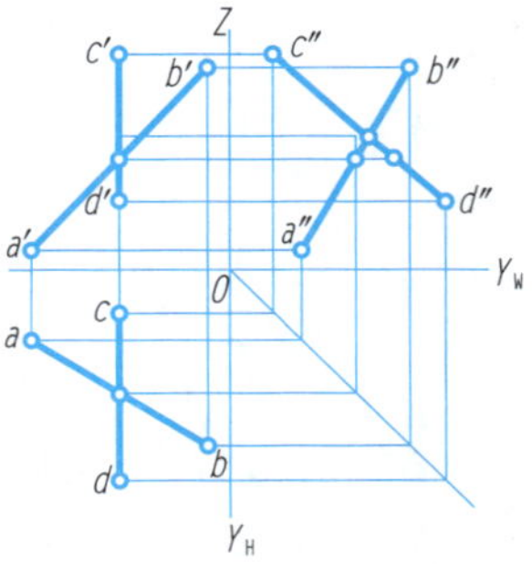
图 2-33　判断两直线是否相交

14-两直线相交和交叉

3 两直线交叉

空间两直线既不平行，也不相交，称为两直线交叉，如图 2-34 所示。交叉两直线的三面投影中，可能有一面、两面投影平行，但第三面决不平行；也可能有一面、两面或三面投影都相交，但交点不符合点的投影规律。即 ab 和 cd 的交点不是一个点的投影，而是 AB 上的 M 点和 CD 上的 N 点在 H 面上的重影点。M 点在上，m 为可见；N 点在下，n 为不可见。同样，$a'b'$ 和 $c'd'$ 的交点是 E 点在前，e' 为可见；F 点在后，f' 为不可见。如图 2-34b）所示。

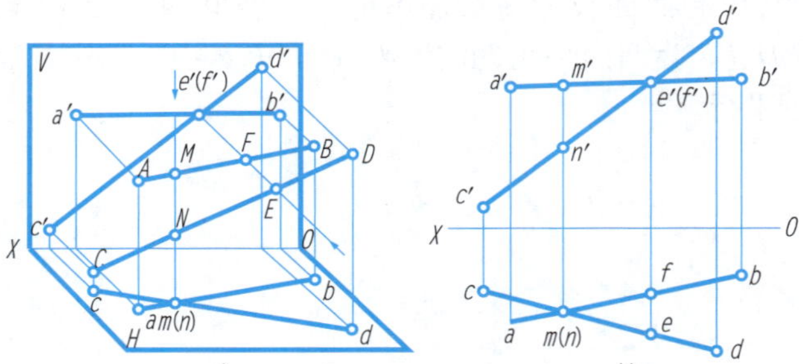

a)　　　　b)

图 2-34　两直线交叉

a）立体图；b）投影图

2.5　平面的投影

在投影图中，平面可以用几何元素表示，但使用最广泛的是平面图形（如三角形、多边形、圆等）。

一、各种位置平面的投影

在三投影面体系中，按空间平面与投影面的相对位置可把平面分为：一般位置平面、投影面平行面、投影面垂直面三种情况，后两种又称为特殊位置平面。

1 一般位置平面

对三个投影面都处于倾斜位置的平面，称为一般位置平面（简称一般面），如图 2-35a）、b）所示。由图 2-35 可知，一般位置平面的投影特性为：一般位置平面的三面投影都反映类似几何图形，但小于实形。

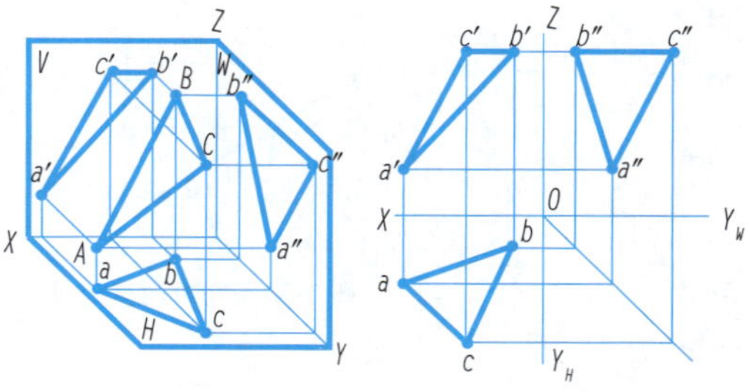

a)　　　　b)

图 2-35　一般位置平面

a）立体图；b）投影图

2 投影面平行面

平行于某一投影面的平面(已含垂直于其他两投影面),称投影面平行面(简称平行面)。见数字资源 15。其分为下列三种情况:

(1)水平面平行面——平行于 *H* 面的平面(简称水平面)。

(2)正面平行面——平行于 *V* 面的平面(简称正平面)。

(3)侧面平行面——平行 *W* 面的平面(简称侧平面)。

投影面平行面的投影及投影特性见表 2-4。

15-投影面平行面

平行面的投影及投影特性　　表 2-4

投影面平行面	水平面	正平面	侧平面
直观图	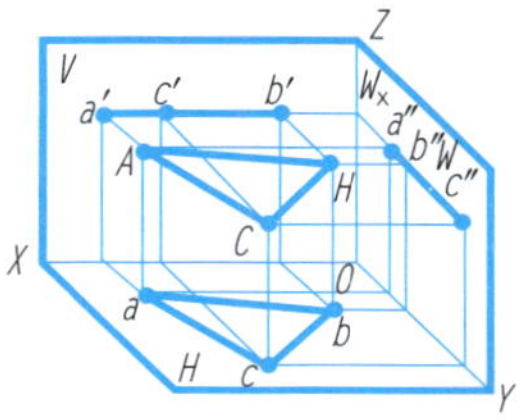	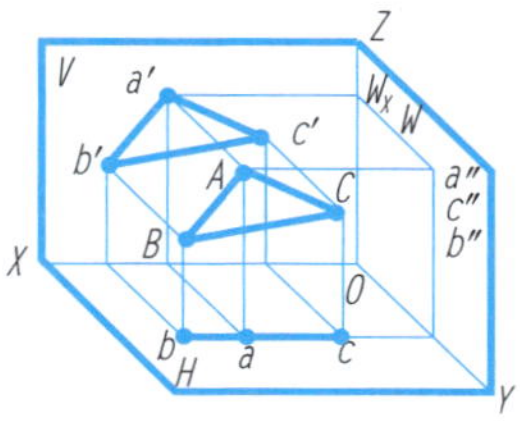	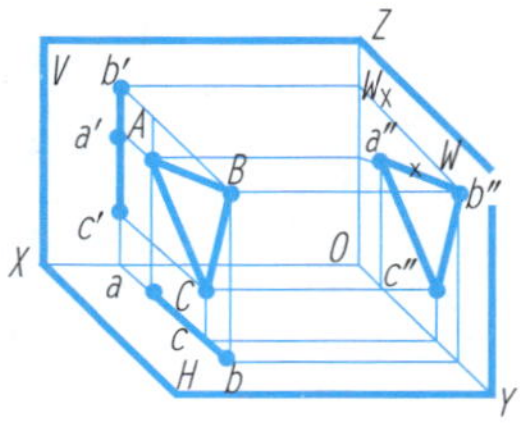
投影图	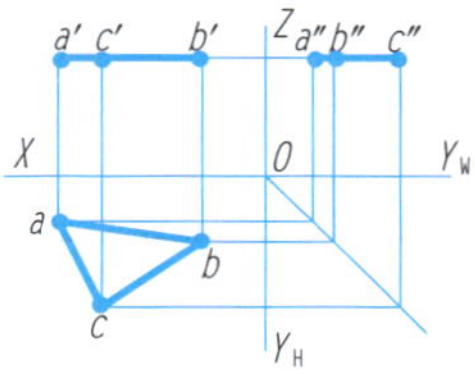	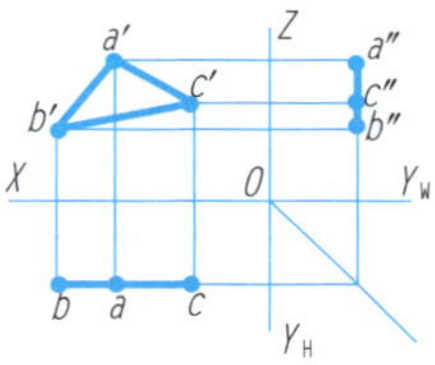	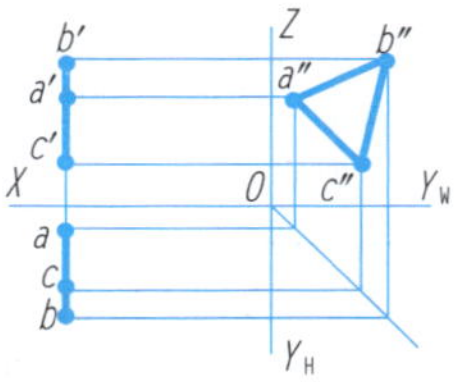
投影特性	1. *H* 面投影反映实形; 2. *V*、*W* 面的投影积聚为一直线,且分别平行于 *X*、*Y* 轴	1. *V* 面投影反映实形; 2. *H*、*W* 面投影积聚为一直线,且分别平行于 *X*、*Z* 轴	1. *W* 面投影反映实形; 2. *V*、*H* 面投影积聚为一直线,且分别平行于 *Z*、*Y* 轴

归纳起来,投影面平行面的投影特性如下:

(1)在其所平行投影面上的投影反映实形。

(2)其他两投影,积聚成与相应投影轴平行的直线。

3 投影面垂直面

垂直于某一投影面,倾斜于其他两投影面的平面,称为投影面垂直面(简称垂直面),见数字资源 16。其分为下列三种情况:

水平面垂直面——垂直于 *H* 面,倾斜 *V*、*W* 面的平面(简称铅垂面)。

正面垂直面——垂直于 *V* 面,倾斜于 *H*、*W* 面的平面(简称正垂面)。

侧面垂直面——垂直于 *W* 面,倾斜于 *H*、*V* 面的平面(简称侧垂面)。

投影面垂直面的投影特性见表 2-5。

16-投影面垂直面

投影面垂直面的投影及投影特性　　表 2-5

投影面垂直面	铅　垂　面	正　垂　面	侧　垂　面
直观图	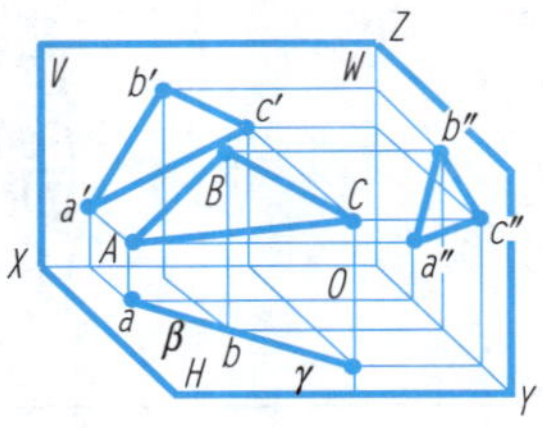	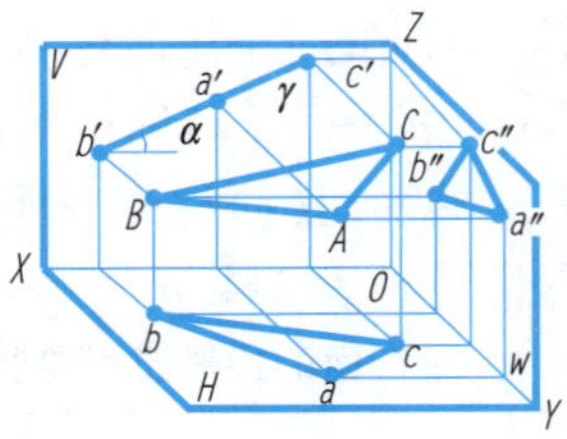	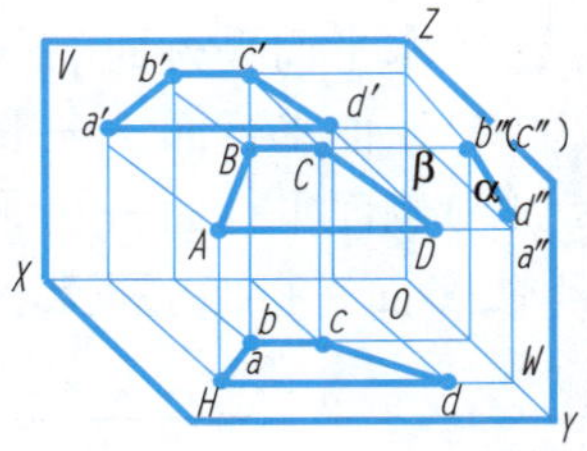
投影图	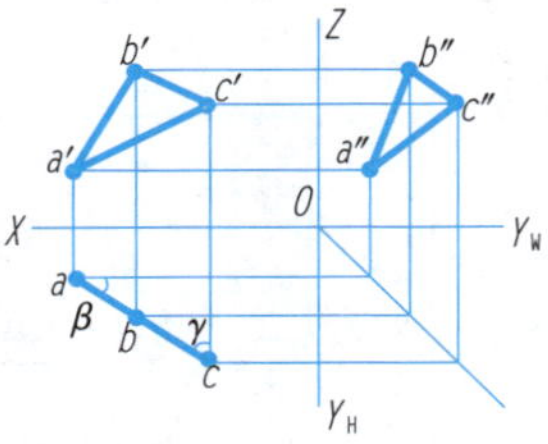	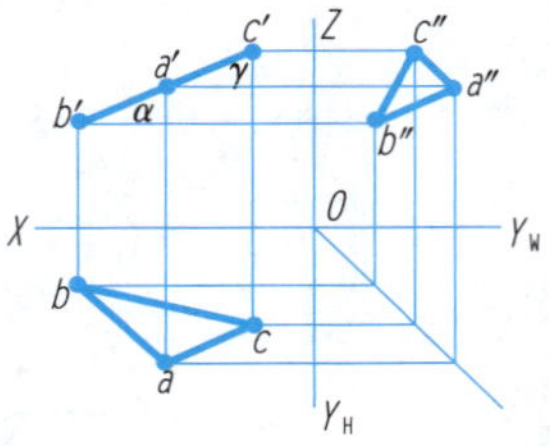	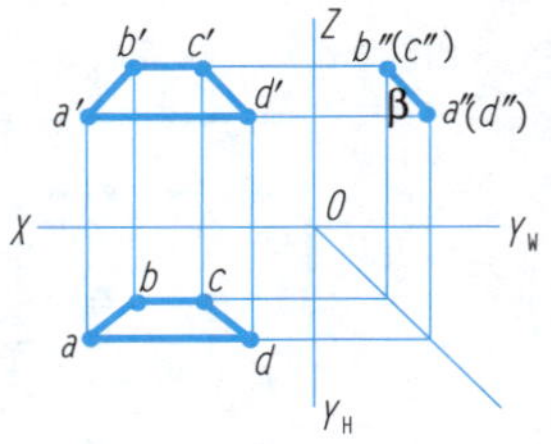
投影特性	1. *H* 面投影积聚成一直线； 2. *H* 面投影反映平面对 *V*、*W* 面的真实倾角 β、γ； 3. *V*、*W* 面投影是比实形小的类似形	1. *V* 面投影积聚成一直线； 2. *V* 面投影反映平面对 *R*、*W* 面的真实倾角 α、γ； 3. *H*、*W* 面投影是比实形小的类似形	1. *W* 面投影积聚成一直线； 2. *W* 面投影反映平面对 *H*、*V* 面的真实倾角 α、β； 3. *H*、*V* 面投影是比实形小的类似形

归纳起来，投影面垂直面的投影特性如下：

(1)在其所垂直的投影面上的投影积聚成一直线，且与相应投影轴的夹角，反映该平面对其他两投影面的真实倾角。

(2)其他两投影反映类似几何图形，且小于实形。

【例题 2-6】 已知等腰△*ABC* 为铅垂面，高为 20mm，$\beta = 30°$，底边 *BC* // *H*，且 *bc* = 25mm，求作过已知点 *A* 的△*ABC* 的三面投影，如图 2-36 所示。

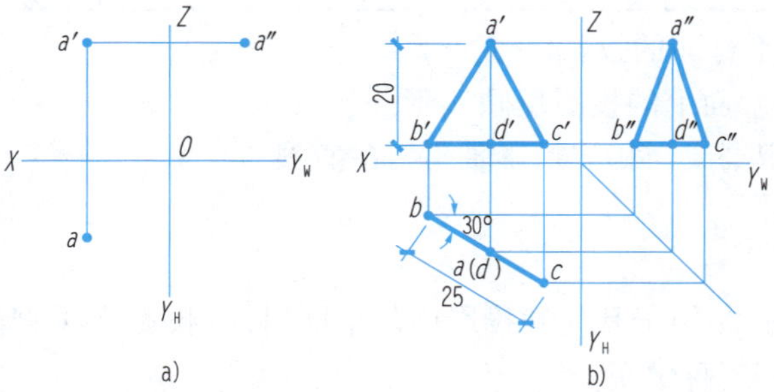

图 2-36　作等腰三角形的投影

作图：方法见图 2-36b)。

(1)等腰△*ABC* 为铅垂面，其水平投影为 $\beta = 30°$的斜线。

(2)水平投影 *bc* = 25mm；高 *AD* 是 *BC* 的垂直平分线，且 *AD* ⊥ *H* 面，故 *a′d′* = 20mm。

本题还有其他解法，请读者自己分析。

根据平面的投影图，如何判断平面的空间位置呢？主要是根据平面的投影特性来判断。现概括如下：在平面的三面投影图中，可根据投影有几面积聚成直线，且积聚的直线处于什么位置来判断平面的种类。

(1) 如果平面的三面投影图，均不积聚成直线，则为一般位置面。

(2) 如果三面投影图中，有两面积聚成与相应投影轴平行的直线，则此平面为平行面，且该平面平行于投影非积聚的投影面。

(3) 如果三面投影图中，有一面积聚成与相应投影轴倾斜的直线，则此平面为垂直面，且该平面垂直于投影积聚的投影面。

练一练：如图 2-37 所示，过已知点 K 的两面投影作正垂面，使其与 H 面的倾角 $\alpha=30^\circ$（平面可用简单图形三角形表示）。

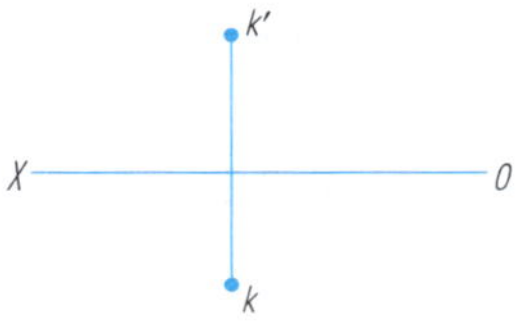

图 2-37　作正垂面的投影

二、平面上的直线和点

1 平面上的直线

直线在平面上，应具备以下几何条件之一：

(1) 如果一条直线通过平面上的两点，则此直线必在该平面上。如图 2-38 所示，在平面 P 上的 AB 和 BC 直线上各取一点 D 和 E，则直线 DE 必在平面 P 上。

(2) 如果一条直线通过平面上的一点，且平行于平面上的一条直线，则此直线必在该平面上。如图 2-38 所示，过 P 面上的 C 点作 $CF /\!/ AB$，则直线 CF 必在 P 面上。

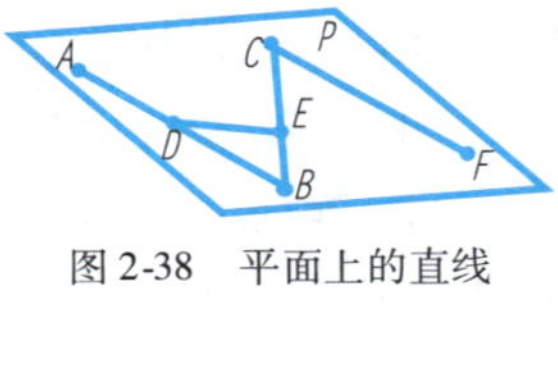

图 2-38　平面上的直线

2 平面上的点

点在平面上应具备以下几何条件：

如果点在平面内的一条直线上，则此点必在该平面上（即点、线、面的从属关系）。如图 2-38所示，AB 在 P 面上，D 点在 AB 上，则 D 点必在 P 面上。

【例题 2-7】　如图 2-39a) 所示，判断点 K 是否在平面 ABC 上。

分析：根据点在平面上的几何条件可知，过点 K 在平面上作一条辅助线，就可以判断点是否在平面上。

作图：方法步骤如图 2-39b）所示。

（1）假设 K 点在平面 ABC 上，过 K' 作 $c'e'$，求出 ce 的投影。

（2）水平投影中 ce 不通过 K，所以 K 点不在平面 ABC 上。

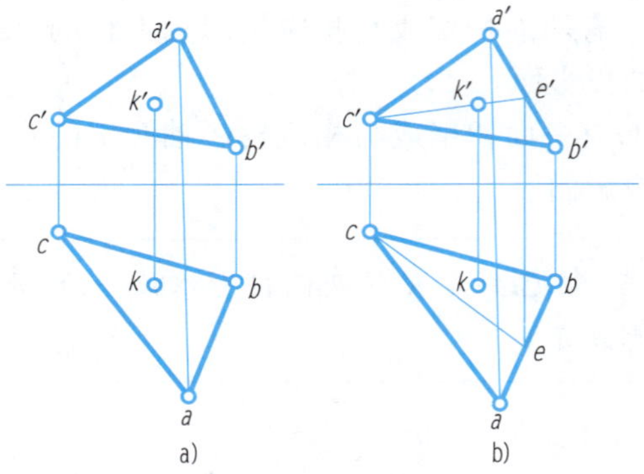

图 2-39　判断 K 点是否在△ABC 上

a）已知条件；b）作图过程

【例题 2-8】　已知四边形 $ABCD$ 的 H 面投影和其中两边的 V 面投影，试完成四边形的 V 面投影，如图 2-40 所示。

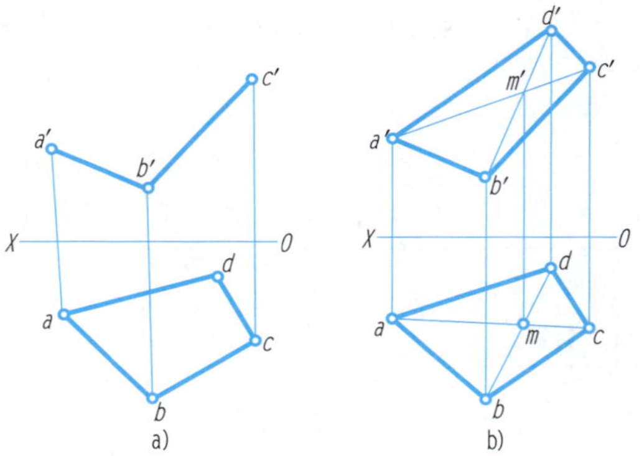

图 2-40　完成四边形的 V 面投影

分析：要想完成四边形 $ABCD$ 的 V 面投影，只要在此面上找出 D 点的 V 面投影 d'，然后顺次连接即可。要想找 d'，主要是根据点、线、面的从属关系，在面上先找辅助线。

作图：方法步骤如图 2-40 所示。

（1）连接 ac 和 $a'c'$，再连接 bd 和 ac 交于 m，根据 m 可在 $a'c'$ 上作出 m'。

（2）连接 $b'm'$，过 d 向 OX 轴作垂线，与 $b'm'$ 的延长线相交于 d'，连接 $a'd'$ 和 $d'c'$，$a'b'c'd'$ 即为四边形的 V 面投影。

单元小结

本单元主要介绍了投影的概念、分类及投影的基本性质；三面投影图的形成过程及投影规律；点、直线、平面的投影、分类及投影规律；两点、两直线的相对位置及投影规律；重影点及平面上的点和直线的投影规律。通过学习，学生必须重点理解并掌握他们的形成过程、投影规律及作图步骤。

自我检测

1. 投影的概念、分类及投影的基本特性是什么？
2. 三投影面的名称及形体三面投影图的投影规律是什么？
3. 点的坐标概念及点的坐标与投影的关系是什么？
4. 点、直线、平面的投影特性是什么？
5. 根据点、直线、平面的投影图，判断其空间位置的方法是什么？
6. 按直线、平面与投影面的相对位置的不同，可将其分为哪几类？
7. 空间两点相对位置、重影点的概念及判断方法是什么？
8. 空间两直线的相对位置关系有哪些？
9. 点、直线在平面上的几何条件是什么？

单元 3

形体的投影

学习目标

1. 掌握常见平面立体、曲面立体的投影特性；
2. 了解常见平面立体、曲面立体表面上点、直线投影图的绘制方法；
3. 了解平面与平面立体、平面与曲面立体相交截交线的作图方法及步骤；
4. 了解两立体相贯的概念、分类及相贯线的形式；
5. 掌握组合体的组合形式、组合体投影图的画图、读图方法及步骤；
6. 掌握组合体投影图的尺寸标注方法。

学习任务

1. 能识读、绘制平面立体及曲面立体投影图；
2. 能识读、绘制截切体投影图；
3. 能识读、绘制组合体投影图并能标注其尺寸；
4. 能根据已知条件补画形体的三面投影图。

学习指南

在工程图中，经常会遇到各种形状的物体，他们的形状虽然复杂多样，但都可以看作各种简单几何体的组合。本单元应沿着如下流程进行学习：

了解立体的分类→掌握平面立体投影图的作图步骤及面上取点方法→掌握曲面立体投影图的作图步骤及面上取点方法→了解截切体投影图的作图步骤→了解平面与曲面立体相交时截交线的作图步骤→了解两立体相贯的概念、分类及相贯线的形式→掌握组合体的组合形式、组合体投影图的画图、读图方法及步骤→掌握组合体投影图的尺寸标注方法。

教学建议

本单元教学过程中，应尽量结合学生熟悉的生活环境以及实际工程中的典型案例，边讲解，边示范，边练习，充分体现出“教、学、做”一体化教学模式，促使学生养成善于观察和勤于动手的良好习惯，逐步提高空间想象能力，强化识图技能训练。在教学过程中，教师还可以借助课件、动画、视频等数字化资源，使教学内容具体化、直观化、生动化、趣味化，激发学生学习兴趣，提高教学质量和效果，使学生进一步掌握基本几何体、组合体投影图作图步骤、组合体尺寸标注方法及读图方法。

想一想

实际中的工程结构物是规则的几何体吗？他们的组成方式、表面形状如何？他们的投影图怎样画出？又如何阅读呢？这些工程结构物的尺寸怎样标注呢？

立体按其组成结构的不同可分为基本体和组合体。任何工程结构物，不论形状多么复杂，都可以看成是由若干个简单的几何体组成。这些简单的几何体称为基本体，如图 3-1 所示。

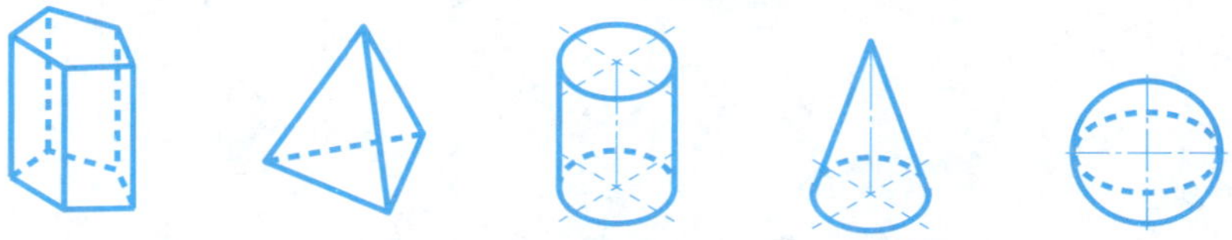

图 3-1　常见的基本体

基本体按其表面性质不同分为平面立体、曲面立体。

(1)平面立体——由平面多边形所围成的立体，如棱柱体和棱锥体等。

(2)曲面立体——由曲面或曲面与平面所围成的立体，如圆柱体、圆锥体、球等。

3.1　平面立体的投影

一、棱柱体

1　棱柱的三面投影

如图 3-2a)所示为一个正五棱柱的立体图及其在三个投影面上投影。为了使棱柱的投影能表达棱柱的特征形状和画图方便，将五棱柱的两底面平行于 H 面，最前面的一个棱面平行于 V 面。

画图时，运用点、线、面的投影理论，只要把棱柱体上各平面多边形的投影画出，就能显示棱柱体的投影。

在图 3-2b)中，五棱柱的 H 面投影是一正五边形，它是顶面和底面的重合投影，并且反映上、下底面的实形(因上、下底面均为水平面)。H 面投影的正五边形的五条边是棱柱体五个棱面的积聚性投影(其中有四个铅垂面，一个正平面)。五边形的五个点是五棱柱五条棱的积聚性投影(五条棱均为铅垂线)。

V 面投影的上、下两段水平线，是底面、顶面的积聚性投影。五棱柱最前面的棱面 AA_1B_1B 平行于 V 面，该棱面的 V 面投影 $a'a_1'b_1'b'$ 反映实形。五棱柱前面的左右两个棱面均为 H 面的垂直面，在 V 面中投影为左右两个矩形，但与实形相比较窄。五棱柱后面的两个棱面投影与前面三个棱面的投影重叠。从前向后投影，棱线 DD_1 被前面的棱面遮住，为不可见，因此，在 V 面投影中，把它画成虚线 $d'd_1'$。

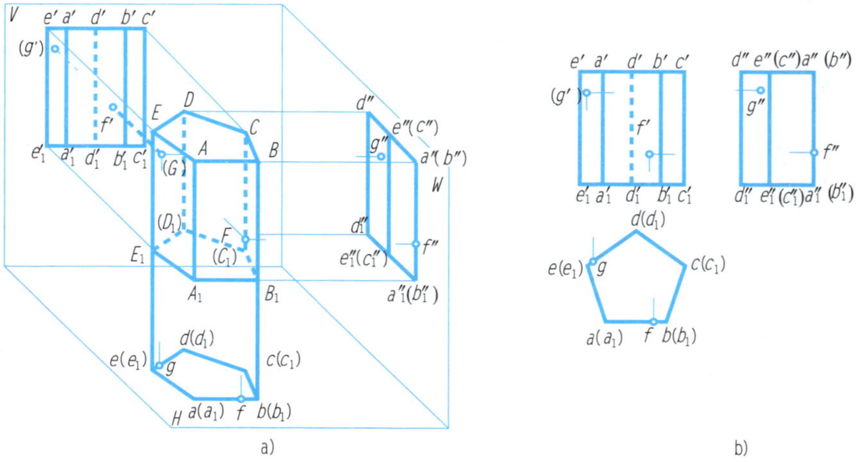

图 3-2　五棱柱
a)立体图;b)投影图

17-棱柱面上取点

W 面投影为两个矩形,它们是左面两个棱面与右面两个棱面的投影重叠。最前面的直线 $a''(b'')a_1''(b_1'')$ 是五棱柱最前面棱面 ABB_1A_1 的积聚性投影。上、下两段水平线是顶面和底面的积聚性投影。

2 棱柱面上的点

在五棱柱最前面的棱面上有一点 F,左后棱面上有一点 G。在 V 面投影中,f' 在前棱面上为可见,(g') 在左后棱面上为不可见。在 W 面投影中,g'' 位于左后棱面上为可见,f'' 在棱面的积聚性投影上。

综上所述,要想准确地画出棱柱体投影,应首先对棱柱体进行分析,分析它的各棱、各棱面与投影面的相对位置关系,然后根据线、面的投影特性画出投影图,不可见的棱线画成虚线,可见的棱线画成实线。

二、棱锥体

1 棱锥的三面投影

如图 3-3a)所示为一三棱锥的立体图。底面 ABC 平行于 H 面,其余三个棱面都倾斜于三个投影面。

如图 3-3b)所示为三棱锥的三面投影图。由于底面平行于 H 面,所以水平投影 abc 反映底面的实形,V 面、W 面投影都积聚成与相应投影轴平行的线段。只要把顶点 S 的三面投影与底面 ABC 对应点的同面投影相连,便可完成该棱锥的三面投影。

可见性分析:三棱锥的三个棱面在 H 面上的投影与底面重叠,三个棱面的投影均为可见,底面投影为不可见。V 面投影的可见性,可从 H 面投影的前后关系来分析,棱面 SAC 位于棱面 SAB 与 SBC 的后面,故 $s'a'c'$ 为不可见,$s'a'b'$ 与 $s'b'c'$ 为可见。同理,也可分析出侧面投影的可见性。

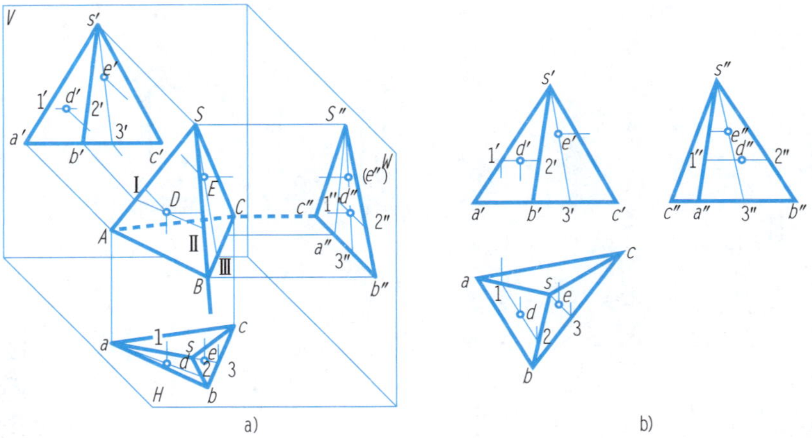

图 3-3　三棱锥

a）立体图；b）投影图

2 棱锥面上的点

如图 3-3 所示，已知三棱锥表面上点 D 的 V 面投影 d'，E 点的 H 面投影 e，且均为可见，求其余两投影。

求平面上 D 点的其余投影，属于面上定点的问题。面上定点，首先面上定线，再在线上定点，即点、线、面的从属关系。因此，可过棱面 SAB 上的 D 点任作一辅助直线来求，如连接 $s'd'$，交底边 $a'b'$ 于一点。为了作图清晰、方便，也可采用作平行线的方法。现介绍平行线法，即在 SAB 棱面上过 D 点作直线 $\mathrm{I\,II}/\!/AB$，并求其三面投影。具体作图步骤如下：

（1）过 d' 作 $1'2'/\!/a'b'$，分别与 $s'a'$、$s'b'$ 相交于 $1'$、$2'$ 两点。

（2）求其 H 面投影 12，注意 12 应与 ab 平行。从 d' 引垂线与 12 相交得 D 点的 H 面投影 d。

（3）根据投影关系，在 $1''2''$ 上求得 D 点的 W 面投影 d''。

若已知 SBC 棱面上 E 点的 H 面投影 e，求其 V、W 面投影，亦可采用求 d、d'' 的方法，如图 3-3b）所示。

综上所述，画棱锥的投影图，方法同棱柱体一样，即先对各棱面进行分析，分析它各属于哪类平面，然后根据可见与不可见，画出其投影图。在棱锥表面上取点，应按照点、线、面的从属关系，先在面上取辅助线。取辅助线一般有两种方法：一种是通过锥顶，另一种是作底边的平行线。

3.2 曲面立体的投影

曲面立体的曲面是由运动的母线（直线或曲线）绕固定的轴线（直线）做旋转运动形成的。其特点是：母线上任一点的运动轨迹均为圆周（此圆周又称纬圆）。母线在曲面上的任一位置称素线。常见的曲面立体有圆柱体、圆锥体、球等。

一、圆柱体

1 圆柱体的形成及投影

圆柱体是由矩形 O_1OAA_1 绕其一边 OO_1 为定轴旋转一周形成的，又称圆柱，如图 3-4a）所示。当轴线 OO_1 垂直于上、下底圆平面时，称正圆柱，其投影如图 3-4b）、c）所示。水平投影为一圆面，反映上、下底面的实形（在 H 面重影），圆周是圆柱面的积聚投影；正面投影为一矩形，上、下两条线段为上、下底面的积聚投影，左、右两条线段为圆柱最左、最右的两条轮廓素线，也是圆柱面投影时可见与不可见部分的分界线；侧面投影为一矩形，上、下两条线段为上、下底面的积聚投影，竖直的两条线段为圆柱最前、最后的两条轮廓素线的投影，也是圆柱面向 W 面投影时，可见与不可见部分的分界线。投影中除两条轮廓素线外，其他素线均不画出。圆柱面上的素线都相互平行。

18-圆柱投影

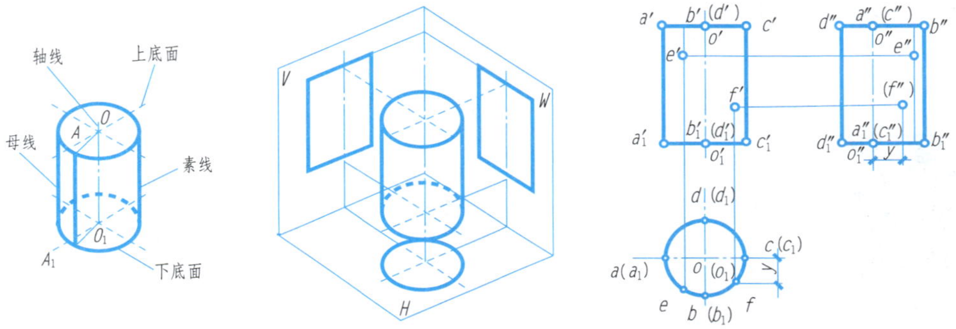

a)　　b)　　c)

图 3-4　圆柱的立体图及投影图

2 圆柱面上取点

在圆柱面上取点，原则上与在平面上取点相同，可过点在圆柱面上作一辅助线来求。为了作图方便，可利用素线作为辅助线，现举例如下。

19-圆柱表面取点

【例题 3-1】 已知圆柱面上有 E、F 两点，并知 e' 和 f'，如图 3-4c）所示，求该两点的其他投影。

（1）分析

由于圆柱面的 H 面投影积聚为一圆周，圆周上的每一点对应代表圆柱面上一素线的投影。E、F 两点既在圆柱面上，也一定在相应的素线上，故可根据 V 面上的投影 e'、f'，直接在 H 面上求得 e、f，并根据 e'、f' 和 e、f 求得 W 面投影 e''、f''。

（2）作图方法

如图 3-4c）所示，从 V、H 面投影中可知，e'、f' 为可见，故 e、f 在圆周的前半部分；点 E 在圆柱的左面，所以其 W 面投影 e'' 为可见，而点 F 在圆柱面的右边，则其 W 面投影（f''）为不可见。

综上所述，正圆柱体的投影特点如下：

在轴线所垂直投影面上的投影为一圆，其他两投影为全等的矩形。在圆柱面上取点时，采用素线法。

画图时应注意：投影为圆时，对称线用相互垂直的点划线表示，交点表示圆心；投影为矩形时，对称线用点划线表示，其他曲面体的投影画法一样。

二、圆锥体

1 圆锥体的形成及投影

圆锥体是直角三角形 *SAO* 绕其直角边 *SO* 为轴旋转一周形成的，简称圆锥，如图 3-5a）所示。当轴线 *SO* 垂直于圆锥底面时，称正圆锥，其投影如图 3-5b）、c）所示。水平投影为一圆，它是圆锥体底面及圆锥面的投影，且反映底圆的实形。正面和侧面投影为两个全等的等腰三角形，高等于圆锥体的高，底边为底圆积聚的投影，底边的长等于底圆的直径。正面投影为三角形，两条斜边是圆锥最左和最右的两条轮廓素线的投影，也是圆锥向 *V* 面投影时，可见与不可见部分的分界线；侧面投影为三角形，两条斜边是圆锥最前、最后的两条轮廓素线的投影，也是圆锥向 *W* 面投影时，可见与不可见部分的分界线。因圆锥表面光滑，投影中除两条轮廓素线外，其他素线均不再画出。圆锥面上的所有素线都相交于锥顶 *S*。

20-圆锥投影

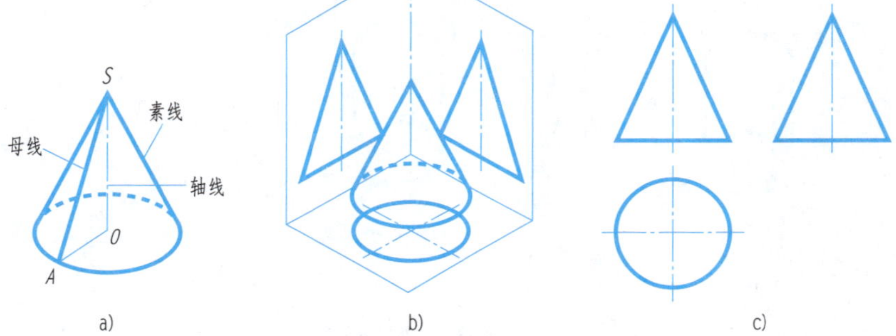

图 3-5　圆锥的立体图及投影图

2 圆锥面上取点

面上取点应先取线，为作图方便，可过锥顶 *S* 取素线或取一辅助纬圆来作图，如图 3-6a）所示。

【例题 3-2】　如图 3-6 所示，在圆锥面上有 *E*、*F* 两点，图 3-6b）中已知 *E* 点的 *V* 面投影 e′，图 3-6c）中已知 *F* 点的 *H* 面投影 *f*，求点 *E*、*F* 的其他投影。

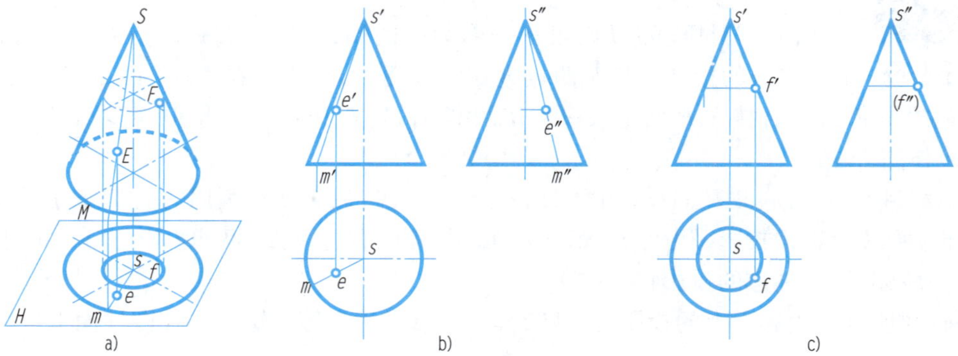

图 3-6　圆锥面上取点

(1)分析

在圆锥面上取点仍属于面上取线的问题，根据点、线、面的从属关系，面上取点应先在面上取辅助线，然后再在线上取点。辅助线有两种取法：一种是素线法，另一种是纬圆法。

(2)作图方法

求 E 点的其他投影，如图 3-6b)所示。过 e' 作辅助素线 SM 的 V 面投影 $s'm'$，由 $s'm'$ 求出其 H、W 面投影 sm、$s''m''$。根据 e'，在 sm 上定出 e，在 $s''m''$ 上定出 e''。这种以素线为辅助线的作图法，称为素线法。

求 F 点的其他投影，如图 3-6c)所示。过 F 点作一纬圆，其 H 面投影 f 必在以 S 为圆心，以 sf 为半径所作的圆周上。所以，可以 S 为圆心，sf 为半径，先作出纬圆的 H 面投影后，再在纬圆 V、W 面的积聚性投影中定出 f' 和 f''。由 H 面投影可知，F 点在右、前半部分圆锥面上，故 f' 为可见，f'' 为不可见。这种以纬圆为辅助线的作图方法，称纬圆法。

综上所述，正圆锥体的投影特点如下：

在轴线所垂直投影面上的投影为一圆，其他两投影为全等的三角形。在圆锥面上取点时，可采用素线法，也可采用纬圆法。不论采用哪种方法，其结果完全相同。

三、球

1 球的形成及投影

球是由半圆以其直径为轴旋转一周形成的，如图 3-7a)所示。球的三面投影，是三个直径相等且等于球的直径的圆，如图 3-7b)、c)所示，三个圆的圆周是球的轮廓素线在三个投影面上的投影，它们也是球前后、上下、左右各半球可见与不可见部分的分界线。V 面投影是平行于 V 面的最大正平圆的投影，它的 H、W 面投影在相应的轴线上；H 面投影是平行于 H 面的最大水平圆的投影，它的 V、W 面投影在相应的轴线上；W 面投影是平行于 W 面的最大侧平圆的投影，它的 V、H 面投影也在相应的轴线上。

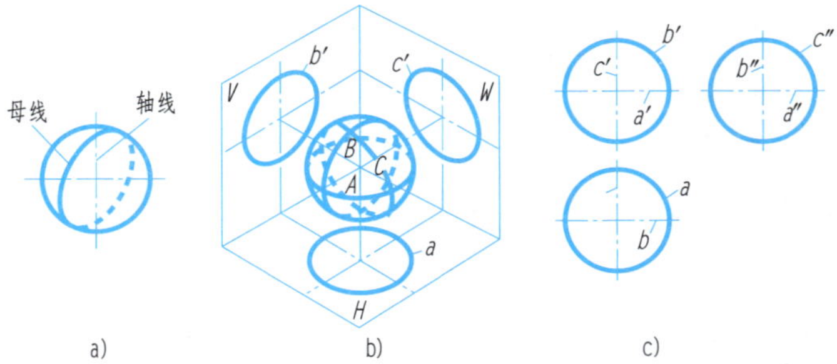

图 3-7 球的立体图及投影图

2 球面上取点

球面上取点也应在球面取线，可采用纬圆法求出。

【例题 3-3】 已知球面上两点 A 和 B 的投影 a、b'，求 A、B 的其他两投影，如图 3-8 所示。

(1)分析

在球面上取点采用纬圆法，作出过 a 点的纬圆，而 b 点在轮廓线上，纬圆不需再画。

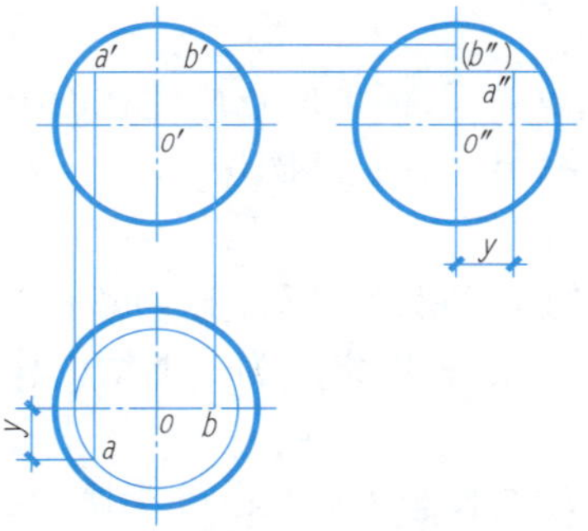

图 3-8　球面上取点

(2)作图方法

在 H 面投影上，以 O 为圆心，oa 为半径画圆，即得所求的辅助圆(水平圆周)的 H 面投影。

求 A 点时，因已知 H 面投影 a 为可见，故所作辅助圆 V 和 W 面投影，应位于上半球且均积聚成和 X 轴、Y 轴平行的直线。

由 a 引连线可在辅助圆的 V、W 面投影上求出 a' 和 a''。因 A 点在前半球的左上方，故 a 和 a'' 均为可见。

求 B 点时，由于 b' 在 V 面投影的轮廓线上，所以 b 和 b'' 分别在球的 H 面和 W 面投影的中心线上。又因 B 点在球的右上方，故 b 为可见，(b'') 为不可见。

综上所述，球的投影特点如下：

三面投影均为三个大小相等的圆。在球面上取点，采用纬圆法(即采用水平圆、正平圆或侧平圆)。

3.3　截切体和相贯体的投影

一、截切体

平面与立体相交，即立体被平面所截；与立体相交的平面称截平面；截平面与立体表面的交线称截交线；截交线所围成的平面图形称截断面；被平面切割后的立体称截切体(又称切割体)，如图 3-9 所示。

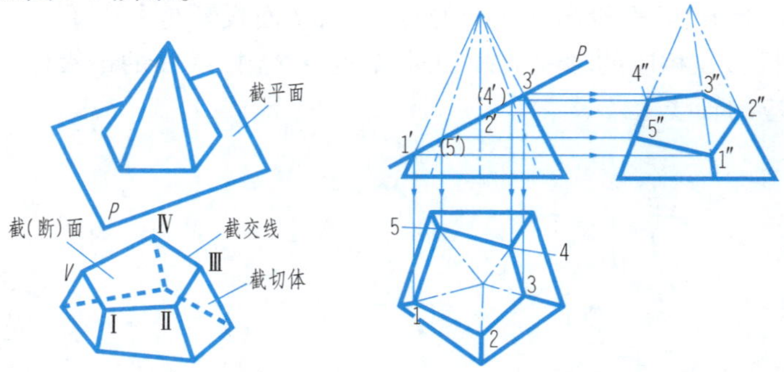

21-截交线的形成

图 3-9　五棱锥的切割体

a)截断面Ⅰ、Ⅱ、Ⅲ、Ⅳ、Ⅴ；b)根据正面积聚投影 1′、2′、3′、4′、5′求其水平、侧面投影并依次连接，切掉部分用双点划线表示，最后整理加深

由于立体的形状不同，截切平面的位置不同，因此截交线的形式也不相同，但它们都具有下列特性：

(1)截交线是截平面与立体表面的共有线。

(2)截交线是封闭的平面图形，如平面曲线、平面多边形或二者的组合。

求截交线的实质，可归结为求立体表面与截平面的交线问题。

1　平面与平面立体相交

平面与平面立体相交，其截交线为一封闭的折线，即平面多边形。

求其截交线的方法与步骤如下：

①找点：即找出截平面与立体表面的交点，方法与立体表面取点一样（前面已讲过）。

②连线：连线时位于同一棱面的两点才能相连，且根据投影方向不同，可见的连成实线，不可见的连成虚线。

（1）平面与棱柱相交

【例题 3-4】 如图 3-10a）所示，一直四棱柱与一正垂面 P 相交，求其截交线。

①分析：

a. 该立体为直四棱柱，因此截断面为一封闭的平面四边形 $ABCD$，A、B、C、D 四个点为 P 平面与四个棱的交点。

b. 因为 $ABCD$ 在正垂面 P 上，其正面投影有积聚性，与 P 面重合，它的水平投影与该立体的水平投影重合，侧面投影可根据立体表面上求点的方法求得，然后连线（方法前面已讲过）。

22-棱柱的截交线

②作图：

如图 3-10b）所示。

（2）平面与棱锥相交

如图 3-11 所示，三棱锥被一正垂直面 P 所截，求其截交线。

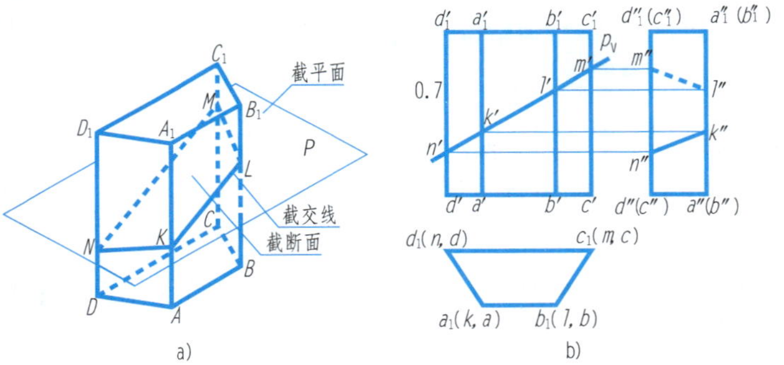

图 3-10 平面与直四棱柱相交

a）立体图；b）投影图

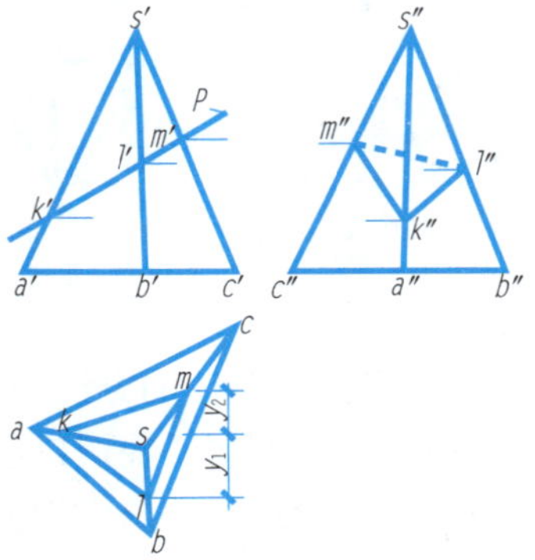
图 3-11 平面与三棱锥相交

①分析：

a. 该立体为三棱锥，因此截断面为三角形 ABC，A、B、C 三个点为 P 平面与三个棱的交点。

b. 因为 ABC 在正垂直面 P 上，其正面投影与 P 面重合，水平投影、侧面投影可根据立体表面上求点的方法求得，最后连线（方法同前）。

②作图：

如图 3-11 所示。

【例题 3-5】 如图 3-12d）所示为一个具有切口的正三棱锥，求其 H、W 面投影。

①分析：

a. 切割体可以看作是由一个完整的几何体，被几个截平面截切后留下来的形体。该体可以看成一个完整的正三棱锥，被平面 P（水平面）、Q（侧平面）、R（正垂面）所截，其截交线分别为三个封闭的几何图形。

b. 除分别作出各截平面的投影外，还要作出各截平面间的交线。

c. $P /\!/ H$，在 H 面投影反映实形；$Q /\!/ W$ 面，在 W 面投影反映实形；$R \perp V$，在 H、W 面反映类

似几何图形。

②作图：

如图3-12a)、b)、c)所示。

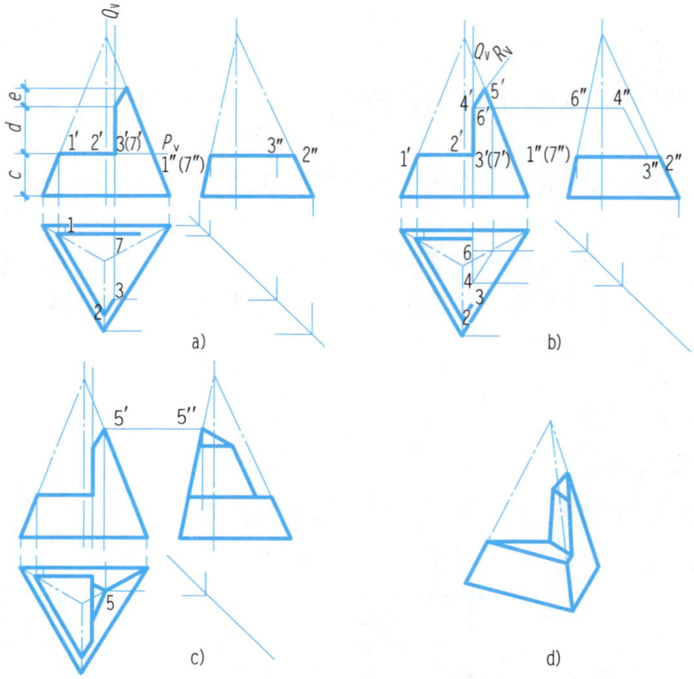

图3-12　具有切口的正三棱锥的作图步骤

a)已知条件；b)、c)作图过程；d)立体图

求平面切割体的方法与步骤如下：

a. 找点：先在反映切口位置的投影图中标点，标点时，棱与平面相交处标一个点，平面变化处标两个点，然后求出它们的其他两投影。

b. 连线：位于同一棱面的点依次连接，然后连接平面变化处的交线，连线时应注意可见的连成实线，不可见的连成虚线。

c. 整理：平面立体切去的棱，画成细点画线（短时也可画成细实线），留下的棱画成粗实线。

练一练：如图3-13所示为一切口的三棱锥，试作其 *H* 面、*W* 面投影。

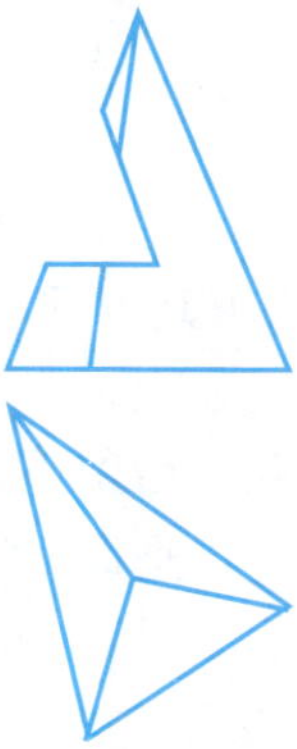

图3-13　完成切口三棱锥的投影

2 平面与曲面立体相交

平面与曲面立体相交，其截交线一般是封闭的平面曲线，或由平面曲线和直线段组成的封闭平面图形，特殊情况下也可能是平面多边形（如三角形、矩形等）。

求其截交线的方法与步骤：

①判断：判断出平面与曲面立体相交时截交线的形状。

②找点：确定截交线上的特殊点，如极限点（最高、最低、最前、最后、最左、最右点）、可见与不可见的分界点以及对作图有意义的点；再根据需要，在特殊点之间求一些辅加点。

③连线：最后根据所求点用圆滑的曲线依次连接，可见的连成实线，不可见的连成虚线，特殊情况为直线段。

（1）平面与圆柱相交

由于截平面与圆柱轴线的相对位置不同，平面与圆柱相交时，产生的截交线共有三种情况，如表 3-1 所示。

平面与圆柱相交的三种情况 表 3-1

平面 P 的位置		
P 面垂直于圆柱轴线	P 面倾斜于圆柱轴线	P 面平行于圆柱轴线
截交线形状		
圆	椭圆	矩形
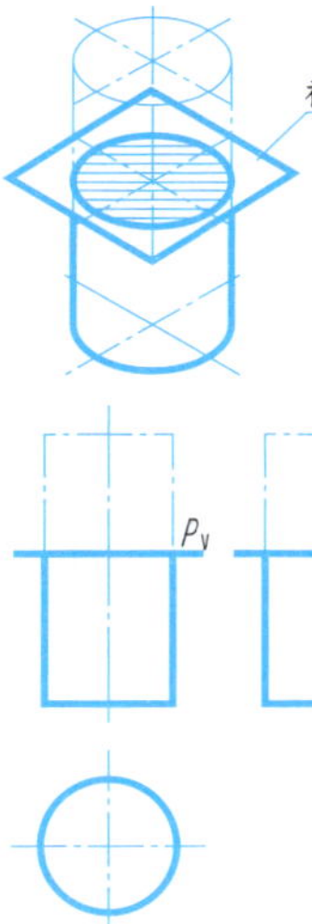	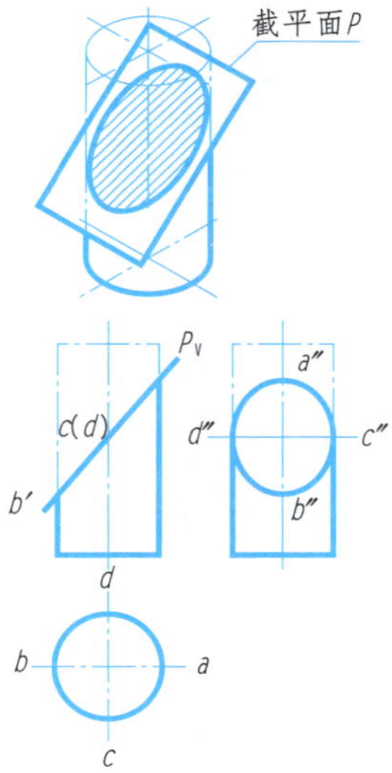	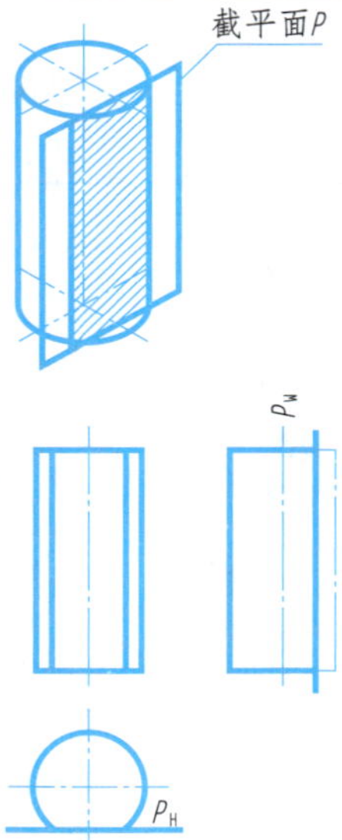

【例题 3-6】 如图 3-14a）所示，求圆柱被正垂面 P 切割后的投影图。

①分析：

截平面 P 与圆柱轴线倾斜，其截交线为椭圆。标点时，首先标出长短轴的四个端点即特殊点（在四条轮廓素线上）A、B、C、D，然后再在中间标出四个辅加点 E、F、G、H，求这八个点的方法同前面在圆柱面上取点。椭圆的 V 面投影与截平面 P 重合积聚成一条斜线；W 面投影与圆柱面的 W 面投影重合为一圆；H 面投影为椭圆，应求出八个点的 H 面投影，然后用光滑的曲线连接，最后整理加深。

②作图：

如图 3-14b）所示。

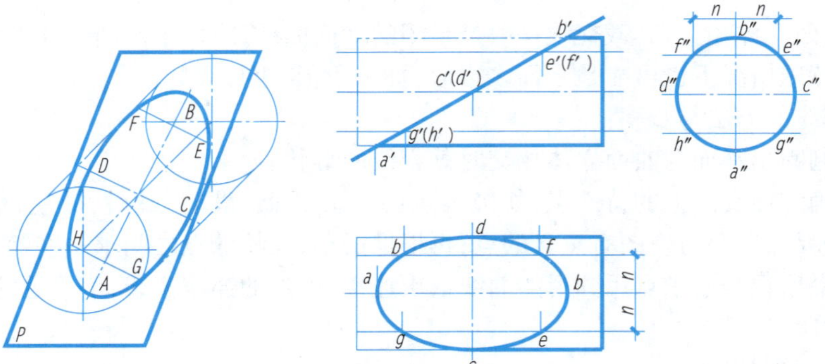

a） b）

图 3-14　平面与圆柱相交

a）立体图；b）投影图

（2）平面与圆锥相交

由于截平面与圆锥体轴线的相对位置不同，平面与圆锥相交时产生的截交线有五种情况，如表 3-2 所示。

平面与圆锥相交的五种情况　　表 3-2

平面 P 的位置				
P 面垂直于圆锥轴线	P 面倾斜于圆锥轴线与所有素线相交	P 面平行于圆锥面上一条素线	P 面平行于圆锥面上两条素线	P 面通过锥顶
截交线形状				
圆	椭圆	抛物线	双曲线	三角形
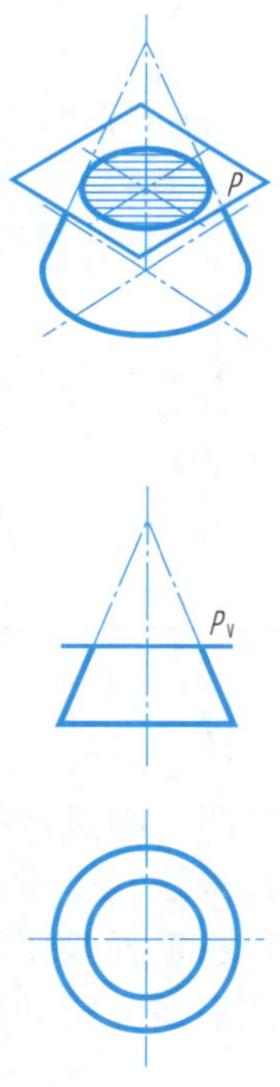	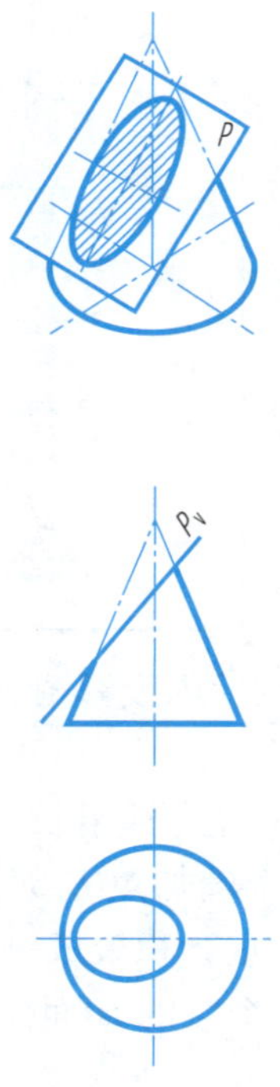	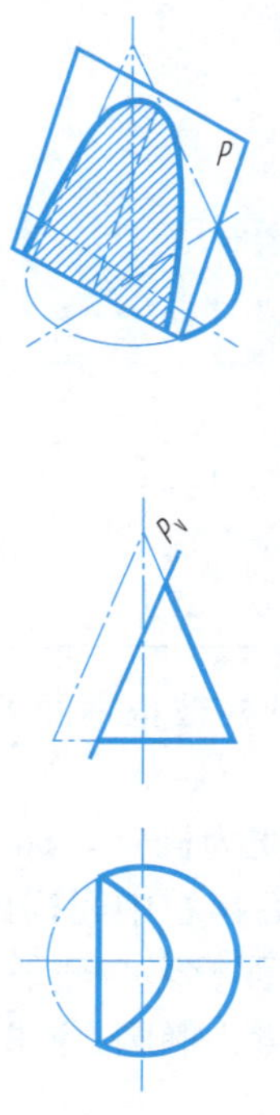	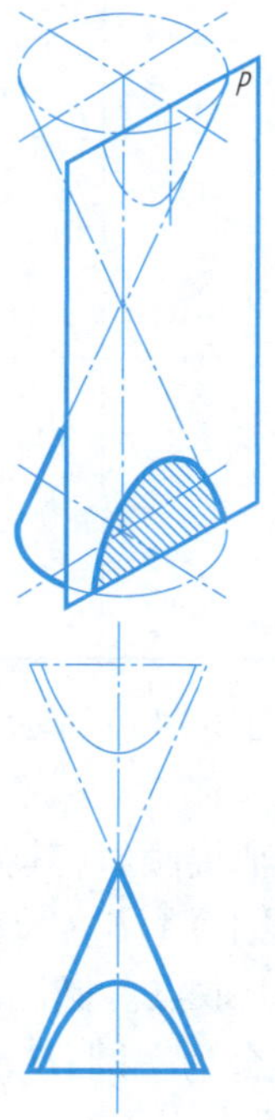	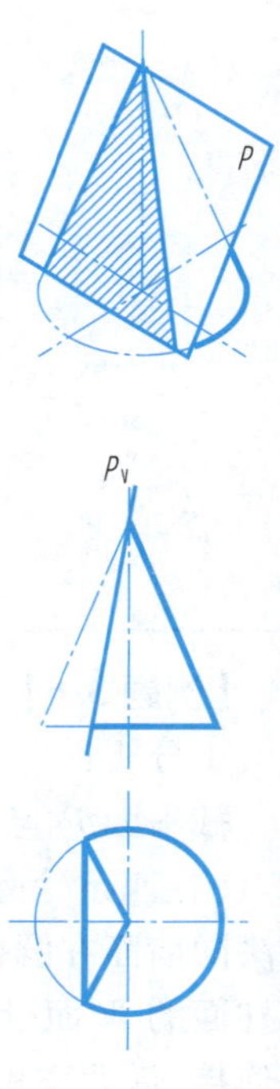

【例题 3-7】 如图 3-15 所示,圆锥被平面 P 切割,求截交线。

①分析:

截平面 P 平行于圆锥轴线,其截交线为双曲线。标点时,应先在反映切口的投影图中标出其特殊点,即双曲线的顶点(在最前的轮廓素线上 C)和开口最大处的两点(在底圆上 A、B),再标出中间的两个辅加点(E、F),如图 3-15 所示。然后找出点的其他两投影,方法同圆锥面上取点,该双曲线的 H、W 面投影积聚成线,V 面投影反映实形。连线时用光滑的曲线连接,最后整理加深。

②作图:

如图 3-15b)所示。

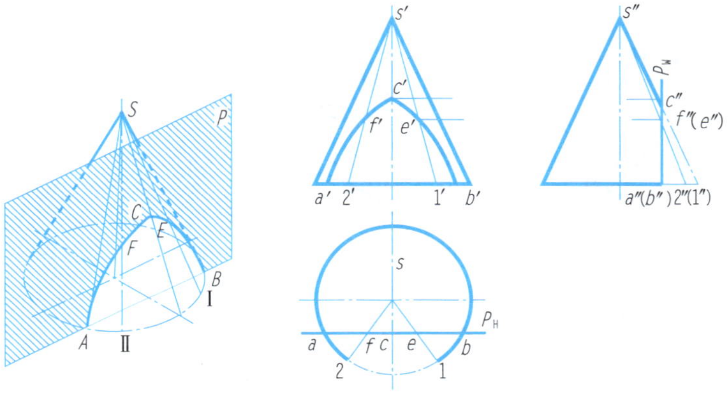

a) b)

图 3-15 平面与圆锥相交

a)立体图;b)投影图

二、两立体相贯

两立体相交,也称为两立体相贯。相交的两立体成为一个整体称为相贯体,两立体的表面交线称为相贯线。

工程建筑物常由一些基本几何体所组成,当他们彼此相交时,就产生了相贯线。如图 3-16a)、b)所示,涵洞的端墙和基础与圆管相交所产生的相贯线,在绘制工程图时应画出。

由于相贯线是两立体表面的交线,因此相贯线是两立体表面的共有线,相贯线上的点就是两立体表面上的共有点,称为相贯点。此外,相贯线又是两立体的分界线。

相贯线的形状随立体形状和两立体的相对位置不同而不同,一般分为全贯和互贯两种类型。当一个立体全部贯穿另一个立体时,产生两组封闭的相贯线,称为全贯,如图 3-17a)所示;当两个立体相互贯穿时,则产生一组封闭的相贯线,称为互贯,如图 3-17b)所示。

相贯线的形式可以分为三种:第一种是两立体相交时表面所产生的相贯线,如图 3-17 所示;第二种是两个穿孔的立体相交时,他们不仅在两立体的外表面产生相贯线,而且在两穿孔立体的内表面也产生相贯线,如图 3-18b)所示。第三种是贯通孔,如图 3-19 所示,一立体被挖通穿孔后形成贯通孔。

两立体相交可分为平面立体和平面立体相交[图 3-17]、平面立体和曲面立体相交[图 3-16]以及曲面立体和曲面立体相交[图 3-18、图 3-19]。

23-相贯线概述

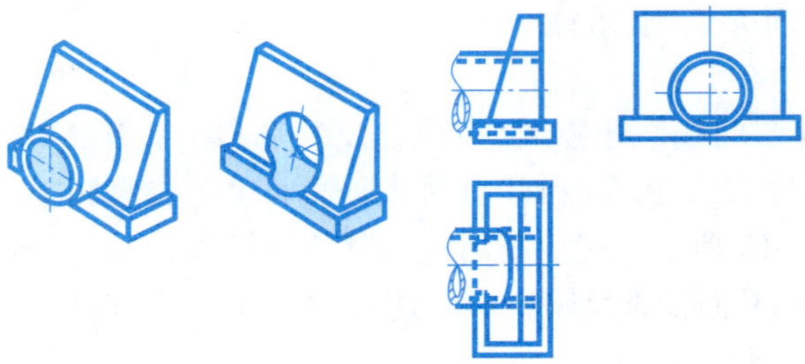

a)　　　b)

图 3-16　涵洞的端墙和基础与圆管相交

a)立体图;b)投影图

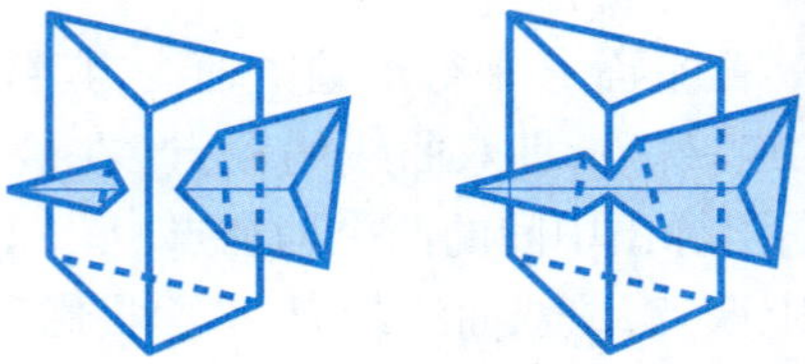

a)　　　b)

图 3-17　两立体相交

a)全贯时有两组封闭的相贯线;b)互贯时有一组封闭的相贯线

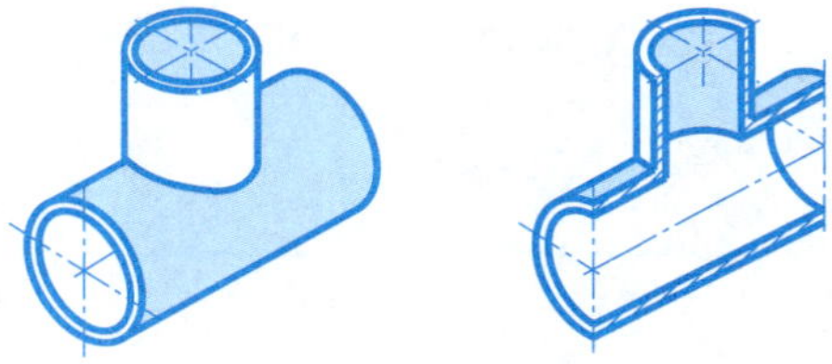

a)　　　b)

图 3-18　两穿孔立体产生的相贯线

a)外表面相贯线;b)内表面相贯线

图 3-19　贯通孔

3.4　组合体的投影及尺寸标注

一、组合体的投影

工程结构物或构件,从组成上可看成是由几个基本体组合而成。即两个或两个以上基本体组合而成的形体称为组合体。

1　组合体的组成形式

组合体按其组合形式的不同可分为下列几种:

(1)叠加式　可以看作是由若干个几何体堆砌或拼合而成。

(2)切割式　可以看作是由一个几何体切除了某些部分而成。

(3)混合式　可以看作是由上述叠加和切割型混合而成。

如图 3-20a)、b)、c)所示,分别为叠加式、切割式、混合式组合体。

2　组合体投影图的画法

由于组合体是由若干个基本几何体组合而成的,构成工程结构物最基本的几何元素是点、线、面,而立体的表面是由线、面构成,所以组合体投影图的画图方法可采用形体分析法和线面分析法。

形体分析法是画组合体投影图的基本方法，即将组合体分解成几个基本体，分析出它们的内、外形状和相互的位置关系，将基本体的投影图按其相对位置进行组合，这样得到的投影图为组合体的投影图。

而对于不规则的形体，还必须采用线面分析法。线面分析法就是把立体分解为线、面等几何元素，运用线、面的投影特性，再根据它们的相对位置关系，画出形体的投影图。

现以图3-21所示涵洞为例，说明组合体投影图的一般作图步骤。

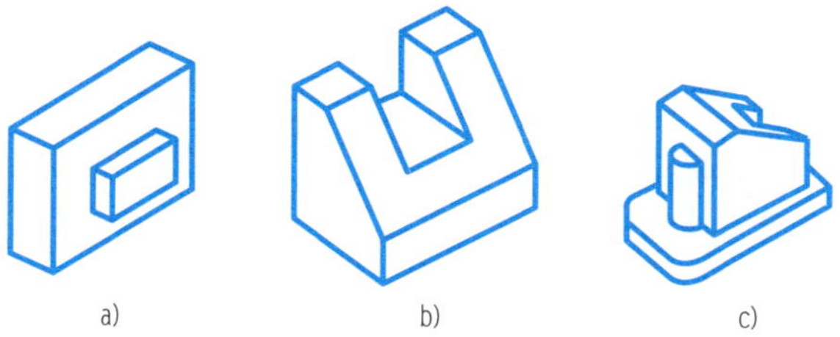

图3-20　组合体

a)叠加式；b)切割式；c)混合式

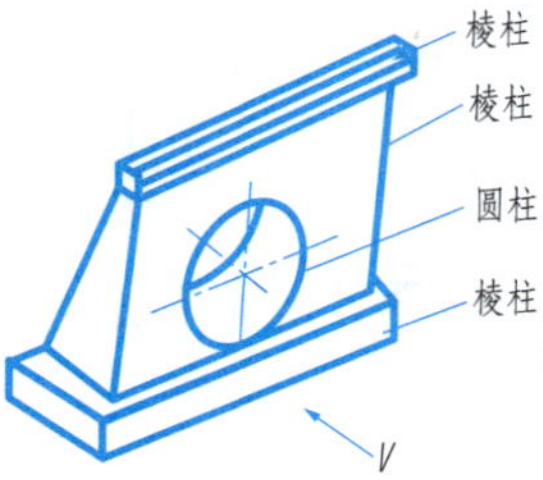

图3-21　涵洞口

(1)形体分析

该涵洞口可以看作由基础(四棱柱体)、台身(挖去圆孔的四棱柱体)、缘石(横放的五棱柱体)组成；位于下面的基础顶与中间的台身底共面且对称放置，顶上的缘石底与台身顶面向前错开。

(2)投影方向的选择

在工程图样中，常以 V 面图为主要图样，因此在正常位置情况下，以较能反映形体形状特征的一面作为立面图，同时还要使投影图中虚线最少。即将形体的主要面或形式复杂且又能反映形体特征的一面平行于 V 面。

如图3-21所示，图中投影方向较能准确地反映涵洞口的形状特征，又便于布图，所以确定该方向为正面投影方向。

(3)确定投影图的数量

根据组合体组成的复杂程度，在正确、完整、清楚地表达形体的原则下，使投影图的数目最少。涵洞口的洞身只用 V 面和 H 面投影就能表达清楚，但基础和缘石还需要 W 面投影才能确定其形状，因此涵洞口这一组合体采用三面投影。

(4)画组合体的投影图

①选择比例和图幅；

②布置投影图，确定基准线，如图3-22a)所示；

③画投影图底稿，如图3-22b)所示；

④检查并加深图线，如图3-22c)所示；

⑤标注尺寸，如图3-22d)所示；

⑥填写标题栏。

如图3-23a)所示为混合式组合体。桥台的形状分析如图3-23b)所示，该组合体是由挡土墙(切割的四棱柱)、台身(四棱柱)、台帽(四棱柱、四棱台)和基础(切割四棱柱)组合而成的。图3-23c)为桥台的三面投影图。

作图步骤如图3-23所示。

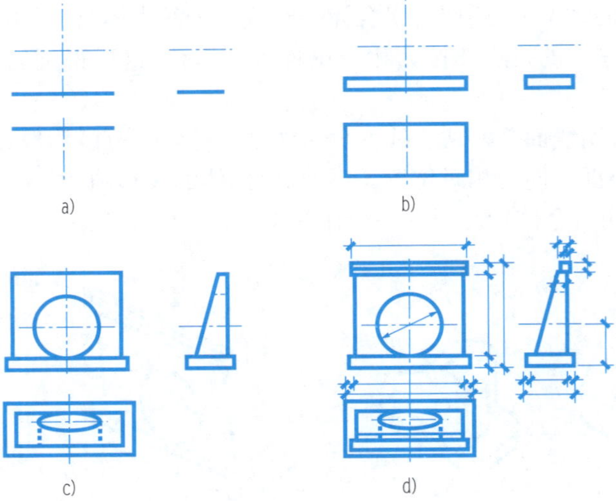

24-根据立体图完成组合体的三面投影

图 3-22　涵洞口投影图的画图步骤

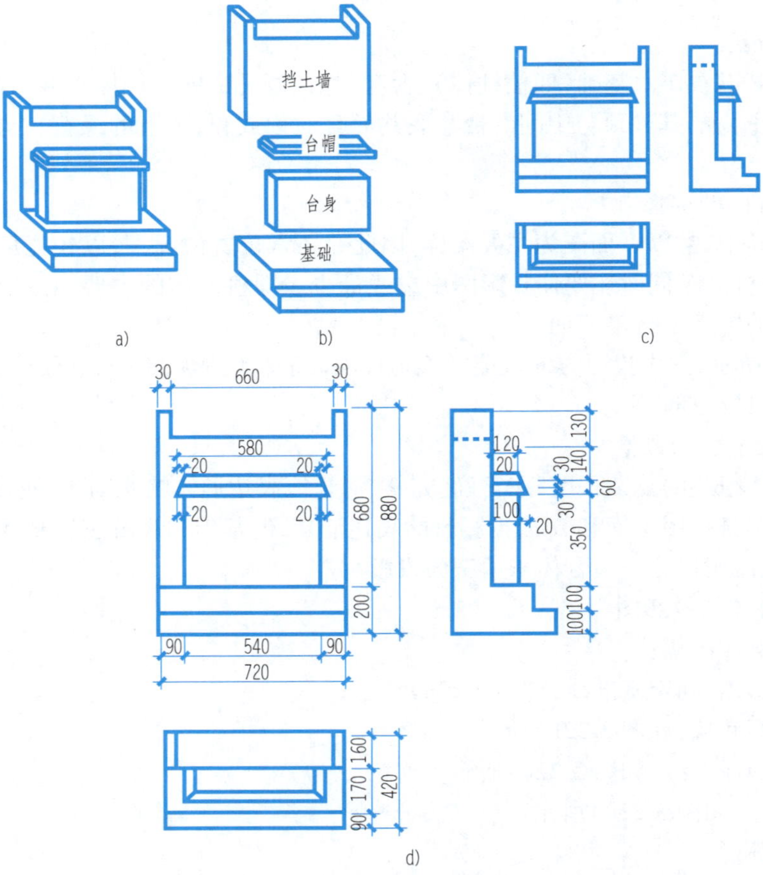

图 3-23　桥台的投影图画法(尺寸单位:cm)

a)混合式组合体;b)桥台的形体分析;c)桥台的三面投影;d)桥台的尺寸标注

如图 3-24a)所示为一不规则形体的立体图,其投影图画法应采用线面分析法,作图步骤如图 3-24b)、c)、d)所示。

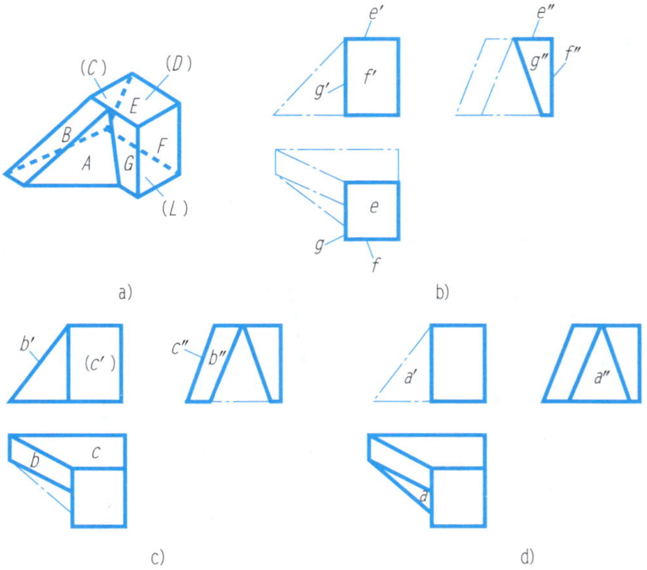

图 3-24　用线面分析法作形体的投影图

a) 组合体的直观图；b) 作水平面 E、正平面 F、侧平面 G 的投影；c) 作正垂面 C 的投影；d) 作一般面 A 的投影，整理加深各面

画组合体的投影图，应将形体分析法和线面分析法结合起来运用，以图 3-25 为例说明如下。

在作桥台投影图之前，首先要进行形体分析或线面分析。

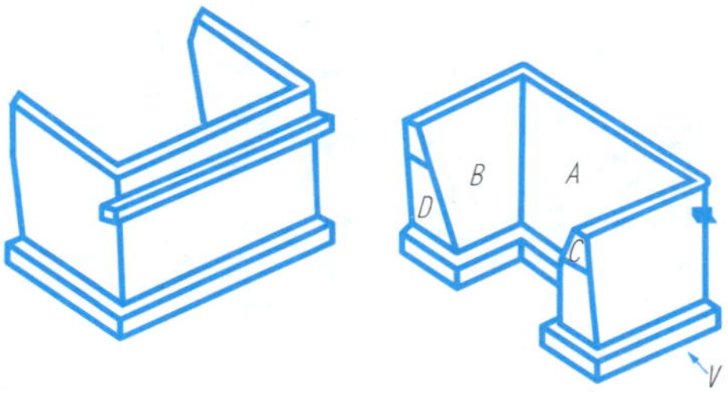

图 3-25　桥台立体图

形体分析：由图 3-26 中可以看出，桥台是由台身和基础切割的基本体组成，台身是由前墙、翼墙、台帽（四棱柱）组成的，前墙和翼墙都属于不规则的形体，所以对它们只能进行线面分析。

线面分析：对图 3-26 中标注的后墙 A 和翼墙中的三个对称面 B、C、D 四个面进行分析。A 为梯形正垂面、B 为侧垂面、C、D 两面都为正垂面，A、B、C、D 四个面的各面在投影图中的对应位置关系如图 3-27 所示。

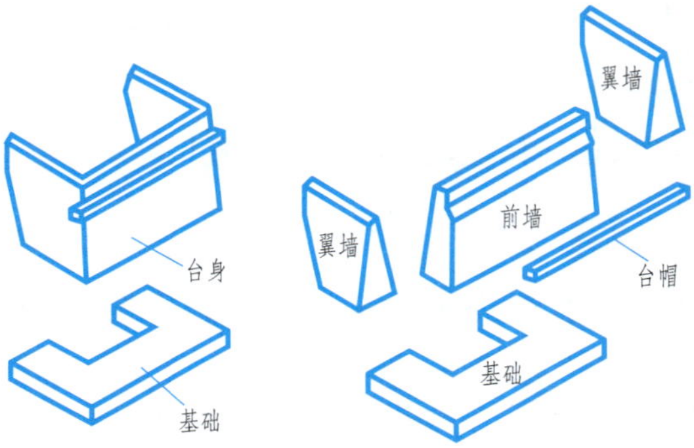

图 3-26　桥台的形体分析

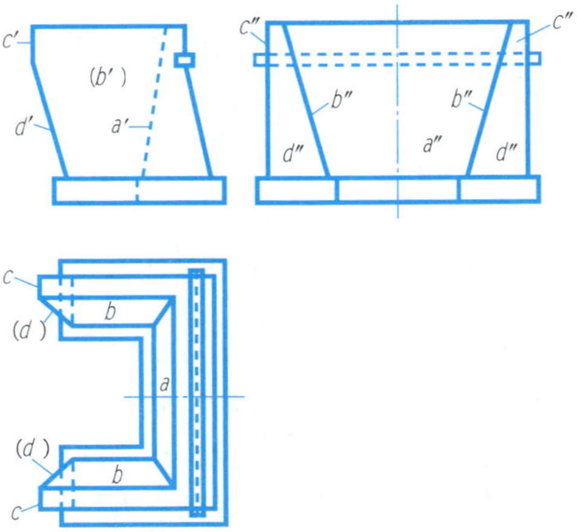

图 3-27　桥台的投影图

二、组合体的尺寸标注

1 基本几何体的尺寸标注

基本几何体的尺寸标注是组合体尺寸标注的基础。常见的基本几何体及带切口的基本形体的尺寸标注如图 3-28、图 3-29 所示。

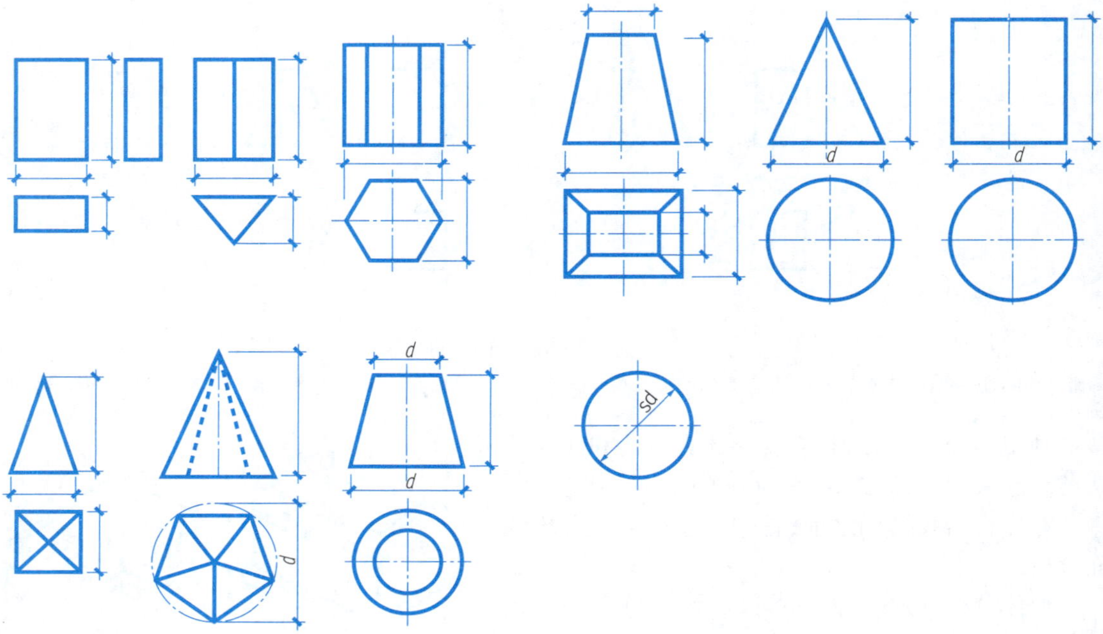

图 3-28 基本体的尺寸标注

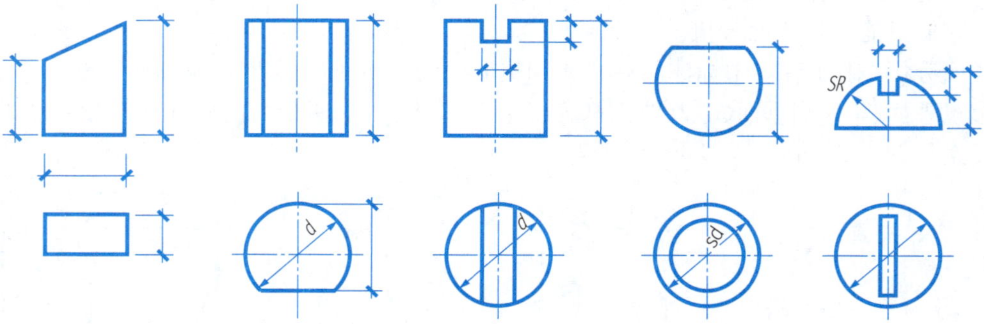

图 3-29 切割体的尺寸标注

注意：对于切割体，除标注基本几何体的尺寸外，还应标注出截平面的位置尺寸。

2 组合体的尺寸标注

投影图只能表达形体的形状和各部分的相互位置关系，要确定形体的真实大小和各部分的相对位置，满足施工的需要，还必须标注足够的尺寸。

这里只介绍尺寸标注的基本方法，关于尺寸的形式和尺寸的基本规格，要符合国家颁布的《图标》，参阅单元 1 制图基本规格的有关内容。

（1）尺寸的种类

标注组合体的尺寸时，应标注出定形、定位和总体三种尺寸，现以图 3-23d）为例进行说明。

标注组合体的尺寸，应以形体分析法为基础，标注出如下几方面。

①定形尺寸。即确定各基本形体的大小尺寸。如图 3-23d）所示，基础部分：长 720，宽 420，高 200（100 + 100）；挡土墙部分：长与基础相同，宽为 160，高为 680（其中挡板高为 130 等）。

②定位尺寸。即确定各基本形体之间的相对位置尺寸。如图 3-23d）所示，在正面投影中，台身与基础的定位尺寸是 90、90，台帽与台身的定位尺寸是 20、20；在侧面投影中，台帽与台身的定位尺寸是 20。

③总体尺寸。即确定组合体外形的总长、总宽、总高的尺寸。如图 3-23d）所示，桥台总长为 720，总宽为 420，总高为 880。

（2）尺寸的标注

①标注尺寸的顺序。先标注定形尺寸，再标注定位尺寸，最后标注总体尺寸。

②标注尺寸的要求。标注组合体的定位尺寸时，必须选择一个或几个标注尺寸的起点，即尺寸基准，才能确定各组成部分的左右、前后、上下关系。尺寸基准，一般长度方向选择左侧面或右侧面；宽度方向选择前面或后面；高度方向选择顶面或底面；若物体是对称的，还可选择对称中心轴线作为尺寸基准。

（3）组合体尺寸标注中的注意事项

①尺寸标注要符合国家制图标准的规定。

②尺寸标注要求完整、清晰、易读。

③同一形体的定形、定位尺寸，尽量注在反映该形体形状、位置特征的投影图上，且排列整齐，小尺寸在内，大尺寸在外，采用封闭式。

④尺寸标注要明显，一般标注在图形之外和两投影图之间，便于读图。

⑤以形体分析法为基础，按顺序标注出各基本体的定形、定位尺寸，不得遗漏。

三、组合体投影图的读图

画图是将空间的形体用投影图表达在一个平面上。读图是根据投影原理，通过对投影图的分析，想象出形体的空间形状。读图和画图是相反的思维过程。

培养和提高读图能力的关键，是熟悉各种位置直线、平面（或曲面）以及基本体的投影特性，掌握投影规律及正确的读图方法和步骤。

形体的形状通常不能根据一个投影图来确定，至少需要两个或两个以上的投影图。读图时，必须把几个投影图联系起来思考，才能准确地确定形体的空间形状。如图 3-30 所示，图 a）、b）、c）三个投影图中的正面、水平投影都一样，但从侧面可以看出，三个形体的结构形状是

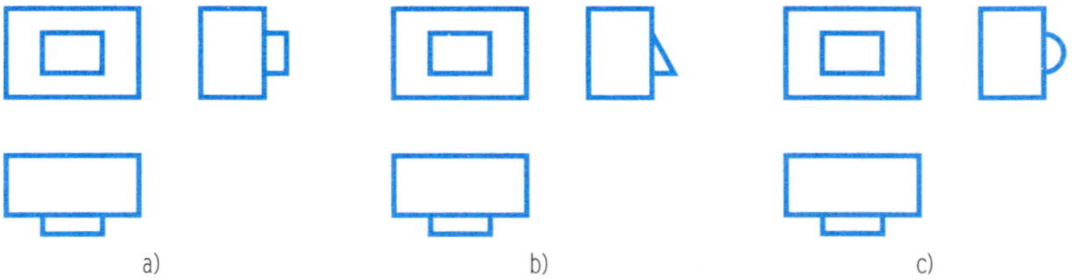

图 3-30　形体的投影

不一样的。

根据读图分析的侧重点不同，组合体的读图方法可分为形体分析法、线面分析法和拉伸法。

1 形体分析法

形体的三面投影图具有“长对正、高平齐、宽相等”的关系，那么组合体的各个基本形体的三面投影图也遵循“三等”关系。形体分析法就是根据投影图分析组合体的组成方式，再应用投影规律分析各组成部分的形状和与投影面的相对位置，以及他们之间的相对位置关系，把这些基本形体再按原来的位置进行组合，从而想象出组合体的形状。如图3-31所示为一组合体的读图步骤。

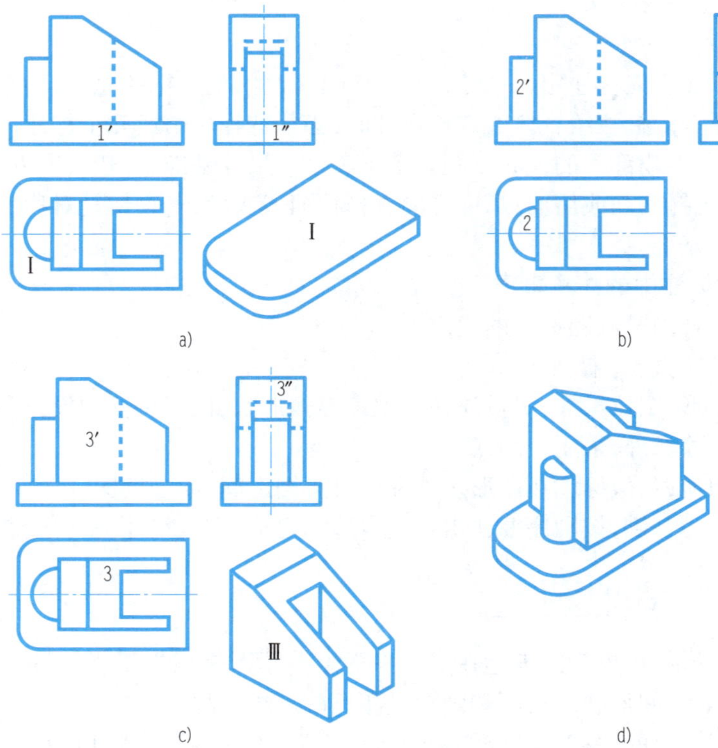

图3-31　形体分析法读图

读图时，应先从较为清晰的投影图着手。图3-31中正面投影能够反映组合体的形状特征，因此应以正面投影为主，从图中可以看出组合体由三部分组成；再根据“三等关系”在其他投影图中找出对应的图形轮廓，由此想象出几何体的形状；最后再根据其组合时的相对位置关系，把想象出的三个几何体综合到一起，确定出组合体的整体形状。

2 线面分析法

当组合体或组合体的局部形状较复杂，不便使用形体分析法时，应采用线面分析法。

构成工程结构物最基本的几何元素是点、线、面，形体的三面正投影就是这些线、面的三面正投影的组合。线面分析法就是根据投影图，应用投影规律分析组成组合体的线、面的空间形状和与投影面的相对位置关系，再按原来的位置进行组合，从而想象出组合体的形状。

用线面分析法读图，关键要分析出投影图中每一线框和每一线段所表示的几何元素种类。

(1)投影图中的封闭线框

一般情况下，投影图中的封闭线框代表形体的一个面(平面、曲面或两个相切的面)的投影。如图 3-32 所示，矩形线框 p 表示前面中间凸起的面在 H 面的投影，矩形线框 q 表示前面中间半圆柱体在 H 面上的投影，矩形线框 r 表示前面中间倾斜的平面在 H 面的投影。

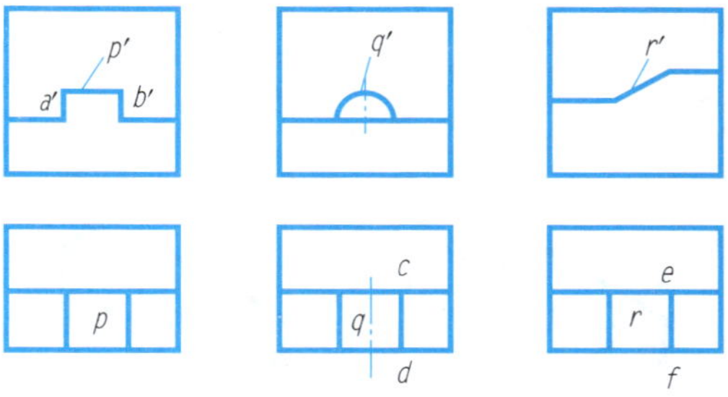

图 3-32 线框及图线的含义

(2)投影图中的任一条线段

投影图中的任一条线段可能是投影面垂直面积聚的投影、曲面体轮廓素线的投影或两平面交线的投影。如图 3-32 所示，$a'b'$ 为 P 面在 V 面积聚的投影，cd 为圆柱体轮廓素线的 H 面投影，ef 为两平面交线的 H 面投影。

用线面分析法读图，要从明显的实线线框(虚线最少的)组成的投影图入手，按顺序确定每一个线框，并找出其对应的投影(类似形或线段)，将形体上各棱线、各面识读清楚，最后想象出整体形状。

试用线面分析法读出图 3-33 所示桥台翼墙的空间形状。

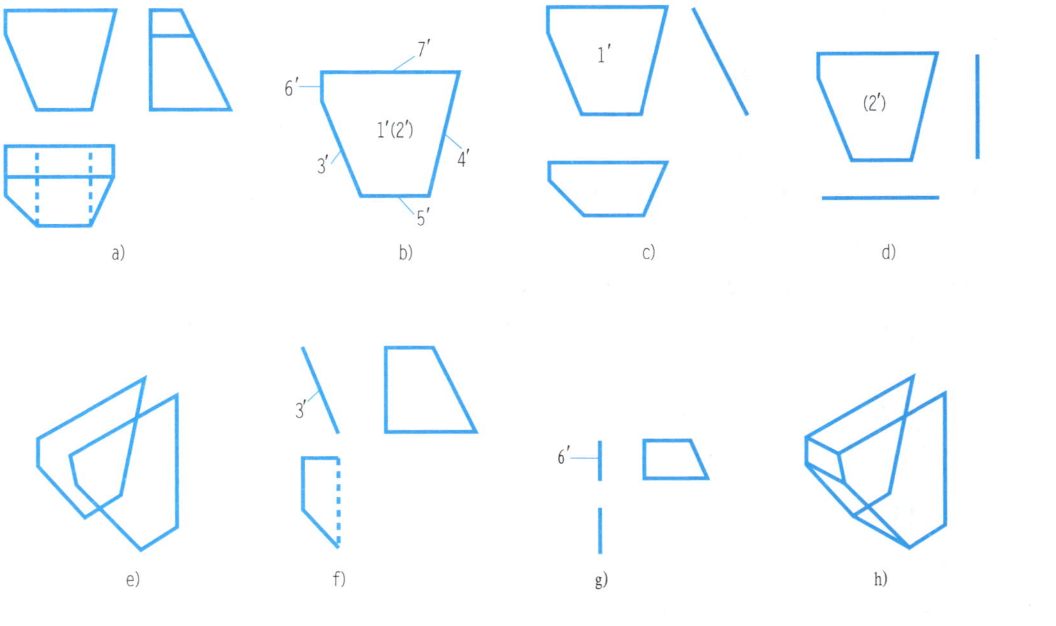

图 3-33

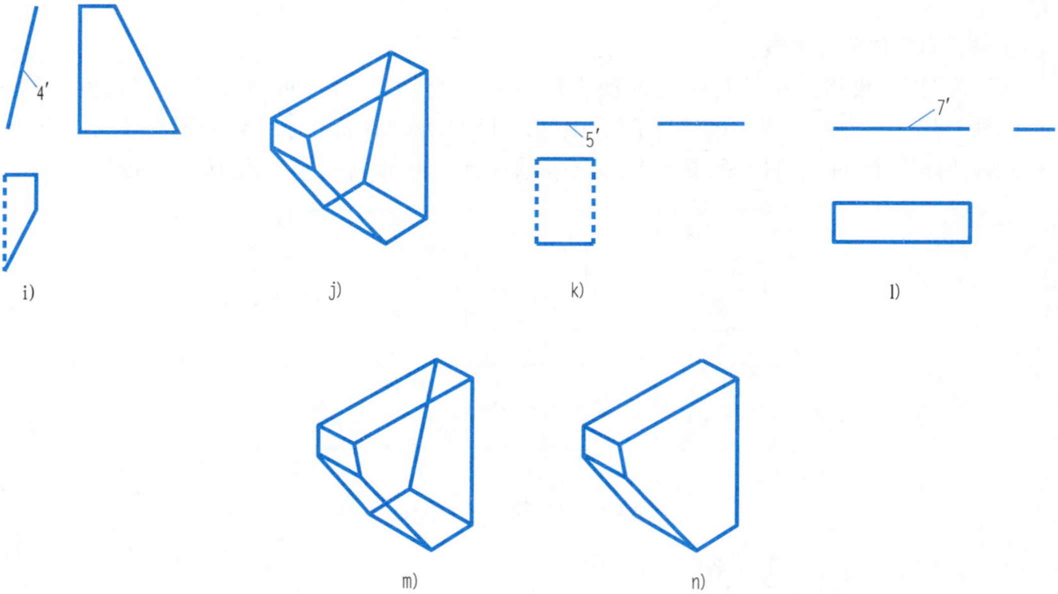

图 3-33　线面分析法读图

a)形体的三面投影;b)面的分解;c)1 平面的三面投影;d)2 平面的三面投影;e)读出 1、2 平面;f)3 平面的三面投影;g)6 平面的三面投影;h)读出 3、6 平面;i)4 平面的三面投影;j)读出 4 平面;k)5 平面的三面投影;l)7 平面的三面投影;m)读出 5、7 平面;n)桥台翼墙立体图

(1)分析

从已知的三面投影图可以看出,V 面只有一个线框,所以不能用形体分析法读图。由于翼墙的 V 面投影是一个封闭的五边形线框,说明翼墙是由七个平面围成,如图 3-33b)所示。

(2)确定各表面的形状和空间位置

①从已知的三面投影图可以分析出 1 平面(前端面)是侧垂面;2 平面(后端面)是正平面,如图 3-33c)、d)、e)所示。

②从已知三面投影图可知 3 平面(左下侧面)是正垂面;6 平面(左上侧面)是侧平面,如图 3-33f)、g)、h)所示。

③从已知三投影面图可知 4 平面(右侧面)是正垂面,如图 3-33i)、j)所示。

④从已知三投影面图可知 5 平面(下底面)是水平面,7 平面(上顶面)也是水平面,如图 3-33k)、l)、m)所示。

(3)综合想象形体的空间形状

桥台翼墙立体图如图 3-33n)所示。

想一想

如图 3-34a)所示,一不规则形体,你能用线面分析法想象出其空间形状吗?试用线面分析法叙述其画图步骤。如图 3-34b)所示为其参考图。

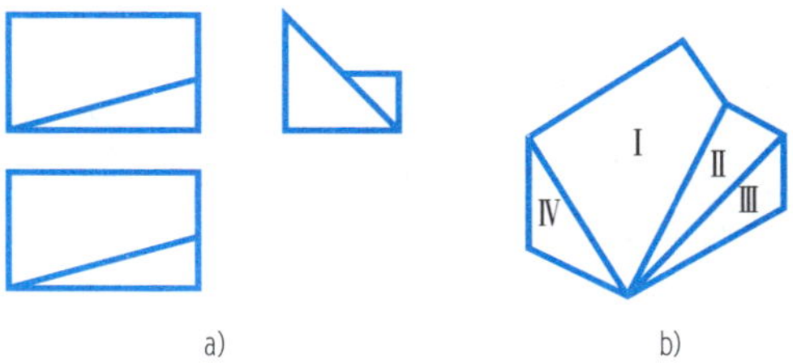

图 3-34　不规则形体

a）投影图；b）立体图

3 拉伸法

拉伸法读图是投影的逆向思维，即把反映形体形状特征的投影图沿一定的投影方向从投影面拉回空间，完成形体的投影图阅读。拉伸法读图一般用于柱体或平面切割立体而形成的简单体。

运用拉伸法读图时，关键是在给定投影图中找出反映立体特征的线框。一般来讲，当立体的三个投影图中有两个投影图中的大多数线条互相平行，且都是平行同一投影轴，而另一投影图是一个几何线框，该线框就是反映立体形状特征的线框。

如图 3-35a）所示为桥台基础用拉伸法的读图步骤。

分析：在三面投影图中，V 面和 W 面投影图的大多数图线都平行 Z 轴，而 H 面投影是一个几何图形，所以 H 面投影的几何图框就是反映立体形状特征的线框，如图 3-35b）所示。在读图时用拉伸的方法，把 H 面的图框沿 Z 坐标方向一定的高度，完成组合体的阅读，如图 3-35c）、d）所示。

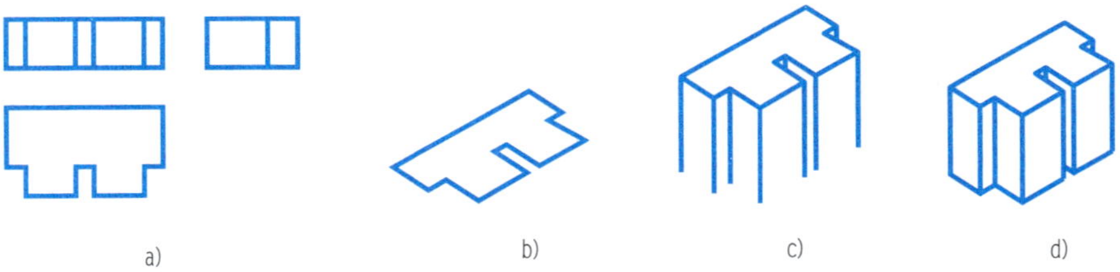

图 3-35　拉伸法读图

a）桥台的三面投影图；b）反映形状特征的面；c）拉伸过程；d）拉伸结果

单元小结

本单元主要介绍了立体的分类；平面立体、曲面立体的投影及其表面取点、取线的方法；截切体投影图的画法及平面立体、曲面立体截交线的作图步骤；组合体投影图作图、读图、尺寸标注方法及步骤。通过学习，学生应进一步掌握其投影特点及作图步骤与方法。

自我检测

1. 立体的分类及基本体的概念是什么？
2. 平面与立体相交截交线的特性及求截交线的方法、步骤是什么？

3. 平面与圆柱相交、平面与圆锥相交的形式及截交线的形状是什么？
4. 两立体相贯及相贯线的概念是什么？
5. 组合体的组成形式及画图方法、步骤是什么？
6. 组合体尺寸种类、尺寸标注方法以及标注尺寸时的注意事项是什么？
7. 组合体画图、读图方法是什么？

单元4

轴测投影

学习目标

1. 掌握轴测投影的概念、分类、优缺点及投影特性；
2. 了解轴测投影绘制的基本方法；
3. 掌握正等测投影、斜轴测投影绘图步骤及方法；
4. 了解轴测投影类型及轴测投影方向的选择。

学习任务

1. 能看图区分轴测图和三面投影图；
2. 能绘制平面体、圆和曲线正等测投影图；
3. 能绘制形体的斜等测、斜二测投影图。

学习指南

在前面的单元中，我们所讲的正投影图能够完整、准确地表达形体的形状和大小，且作图简便，所以在工程中被广泛使用。但这种图缺乏立体感，在识读时必须把三个投影图联系起来，才能想象出空间形体的全貌，这就要求读图者具有一定的读图能力，把三面正投影图综合阅读，才能读懂形体的空间形状。所以在实际工作中有时需要富有立体感的图形来表达设计结果或作为辅助图样。本单元每个学生应沿着如下流程进行学习：

了解轴测投影的形成过程→掌握轴测投影的概念及分类→掌握轴测投影的特性→掌握正等测、正面斜轴测投影的作图步骤→掌握圆和曲线正等测投影的作图方法及步骤→了解轴测投影类型及投影方向的选择。

教学建议

本单元教学过程中，应尽量结合学生熟悉的生活环境以及实际工作中的典型实例，边讲解、边示范、边练习，实现“教、学、做”一体化的教学方法，培养学生养成善于观察和勤于动手的良好习惯，逐步提高空间想象能力，强化识图技能训练。在教学过程中，教师还可以借助课件、动画、视频等数字化资源，使教学内容具体化、直观化、生动化、趣味化，激发学生学习兴趣，提高教学质量和效果，使学生进一步掌握轴测投影的形成过程及各种轴测投影图的作图方法及步骤。

4.1 轴测投影的基本知识

想一想

如图 4-1a）所示。这种投影图中的每一面投影，反映形体长、宽、高三个方向长度中的哪些方向的长度？图 4-1a）、b）两种图形哪一种更容易看懂形体的形状？为什么？

在实际工作中，为了帮助读图，更直观地了解空间形体的结构，工程中常用富有立体感的轴测投影来表达工程设计的结果或作为辅助图样，如图 4-1b）所示。轴测投影图能够把形体的长、宽、高三个向度反映在一个图上，所以比较直观，容易看懂，因此轴测投影图被广泛地应用于工程实践中。但是，轴测投影图也有缺点，首先对形体的形状表达不全面；其次是没有反映出形体各个侧面的实形，量度性差，其绘制方法也比较麻烦。

一、轴测投影图的形成

前面讲过，作正投影图的基本条件之一，就是投射线与投影面垂直，如图 4-1 所示。从图中不难看出，量度形体长度及高度的 *OX* 轴及 *OZ* 轴在正面图上都能如实地反映出来，而量度形体宽度的 *OY* 轴在正面图上的投影积聚成一点，即正投影的每个投影图只能表示形体两个方向的向度，这是它缺乏立体感的原因所在。如图 4-2 所示，如果采用平行投影的方法，在适当位置设置一个投影面 *P*，选择一个不平行于形体棱线的投影方向 *S*，即用一组平行投射线将形体连同确定该形体位置的空间直角坐标系一起，按投射方向投射到投影面 *P* 上，这样在 *P* 面上得到的投影图称为轴测投影图，简称轴测图，又称轴测投影。接受轴测投影图的投影面 *P*，称为轴测投影面；投射到轴测投影面上的空间坐标轴，称为轴测投影轴，简称轴测轴。

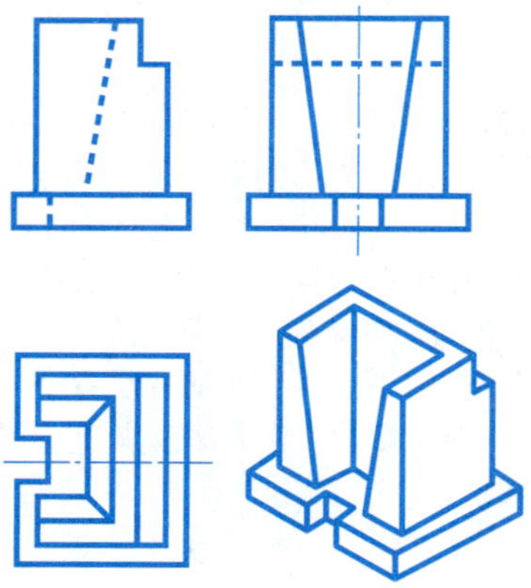

a）　　b）

图 4-1　正投影图和轴测投影图

a）投影图；b）轴测图

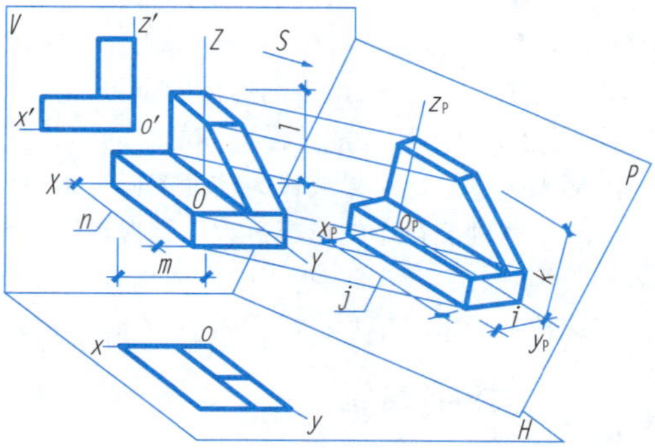

图 4-2　轴测图的形成

二、轴间角和轴向变化率

如图 4-2 所示，空间形体的三个坐标轴 *OX*、*OY*、*OZ* 在轴测投影面 *P* 上的投影（轴测轴）分

别用 o_px_p（或 o_1x_1）、o_py_p（或 o_1y_1）、o_pz_p（或 o_1z_1）表示，三个轴测轴间的夹角 $\angle x_po_pz_p$、$\angle y_po_pz_p$ 及 $\angle x_po_py_p$ 称轴间角。因空间形体的坐标轴在轴测投影面均有投影，则在轴测投影图中，空间三个坐标轴的单位投影长度，与其对应的空间单位长度之比，称为轴向变化率（又称轴向变形系数）。沿 X、Y、Z 轴的轴向变化率，分别用 p、q、r 表示。设空间三个坐标轴单位长度均为 a，它在轴测投影面上的投影长度分别为 e、f、g，则

$$p = e/a \qquad q = f/a \qquad r = g/a$$

25-轴测图的形成

26-轴间轴、轴间角和轴向变形系数

三、轴测投影的分类

轴测投影图虽然仍采用平行投影的方法绘制，但是它不像正投影那样有三个投影面，而是只有一个投影面。投射线与投影面可以是垂直的，也可以是倾斜的。按投射线与投影面的相对位置不同，可将轴测投影分为正轴测投影和斜轴测投影两类。

正轴测投影——投射方向垂直于轴测投影面。

斜轴测投影——投射方向倾斜于轴测投影面。

这两类轴测投影按其轴向变化率不同，又可分为下列三种：

正（或斜）等测轴测投影——三个轴向变化率都相等，简称正（或斜）等测。

正（或斜）二测轴测投影——三个轴向变化率有两个相等，简称正（或斜）二测。

正（或斜）三测轴测投影——三个轴向变化率都不相等，简称正（或斜）三测。

为了获得立体感较强且作图又简便的轴测图，工程上常采用正等测（或正二测）、斜等测、斜二测等类型。

四、轴测投影的特性

轴测投影具有下列特性：

（1）轴测投影仍属平行投影，具有平行投影的特性。

（2）凡与空间坐标轴平行的线段，其轴测投影平行于相应的轴测轴，且与相应坐标轴的轴向变化率相等。

（3）在轴测图中，沿着三个轴测轴方向可以度量长度（但必须通过一定的轴向变化率换算，然后进行度量）。

五、轴测投影图绘制的基本画法

轴测图绘制的基本方法有坐标法、叠加法和切割法，其中坐标法是最基本的方法，其他方法都是在坐标法基础上进行的。

27-点的轴测投影的画法

1 坐标法

首先将空间坐标系确定在形体的适当位置，根据形体的尺寸和各坐标轴的

关系,得出形体各控制点的坐标,再根据其坐标画出这些控制点的轴测图,然后连接各控制点,最后整理,即可得到各形体的轴测图。

2 叠加法

根据形体分析的方法,将组合体分解成几个基本形体,再依次根据各基本形体之间的相对位置逐个作出轴测图,最后组合在一起即可得到该组合形体的轴测图。这种方法适用于叠加型组合体。

3 切割法

将形体看作一个简单的基本形体绘出轴测图,然后将多余的部分逐步切割掉,最后即可得到该形体的轴测图。这种方法适用于切割型组合形体。

当绘制比较复杂的轴测图时,则需综合上述方法绘制。不论采用哪种作图方法,都应注意:画轴测投影图时,应先确定轴向变化率和轴间角,然后根据投影特性画出轴测投影图。至于空间中不与坐标轴平行的任意线段的轴测图,则只能作出该直线两端点的轴测投影,然后相连,而不能沿非轴测轴方向直接量度。

下面主要介绍正等测、斜等测、斜二测的绘制方法。

4.2 正等测投影

在正轴测投影中,当空间直角坐标轴 OX、OY、OZ 与轴测投影面的倾角都相等时,所得到的轴测投影图称为正等测投影图,简称正等测图,如图 4-3a)所示。

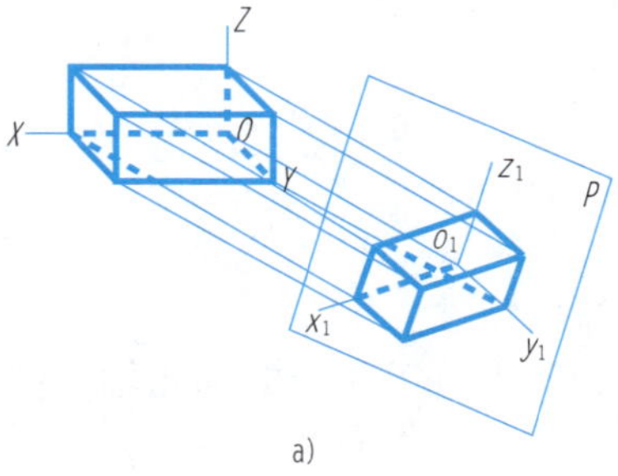

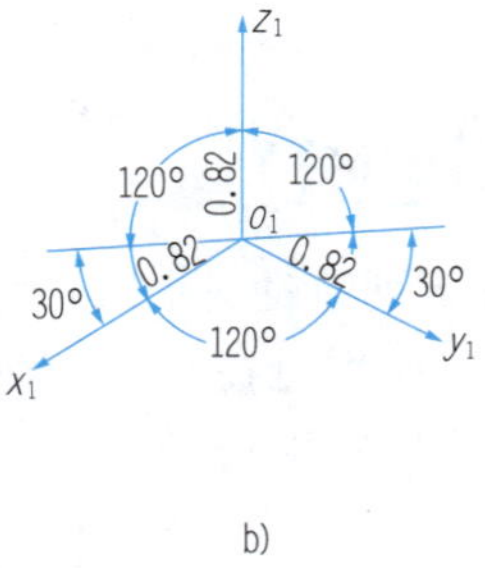

图 4-3 正等测投影

a)正等测投影的形成;b)轴间角和轴向变化率

在正等轴测投影中,由于三个坐标轴与轴测投影面的倾角相等,根据几何知识可知,在轴测投影面上三个轴测轴之间的夹角均为 120°;三个轴测轴的轴向变化率也相等,通过空间几何知识计算得出三个轴向变化率为:$p = q = r \approx 0.82$。

按照这个轴向变化率作图,度量长度时需要计算,为使作图简便,在实际画图时,通常采用简化系数作图,即 $p = q = r \approx 1$,用简化系数画出的轴测图比实际投影得到的轴测图每一个轴向尺寸都放大了 $1/0.82 \approx 1.22$ 倍。

一、正等测图的画法

首先，按轴间角均为120°画出轴测轴。画图时应先画 z_1，使 z_1 处于铅垂方向，然后根据轴间角画出 x_1、y_1，如图4-4所示。然后再对形体进行分析，确定空间坐标轴位置，得出形体各控制点的坐标后，即可按照轴测投影图的基本绘制方法进行作图。

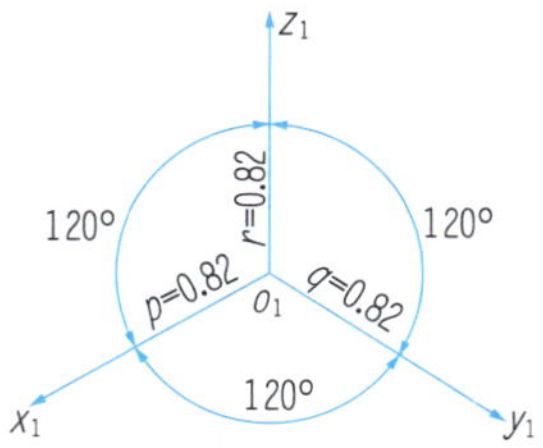

图4-4　正等测轴

28-五棱柱正等测图的画法

【例题4-1】 根据五棱柱的三面投影图，完成其正等测投影图，如图4-5a）所示。

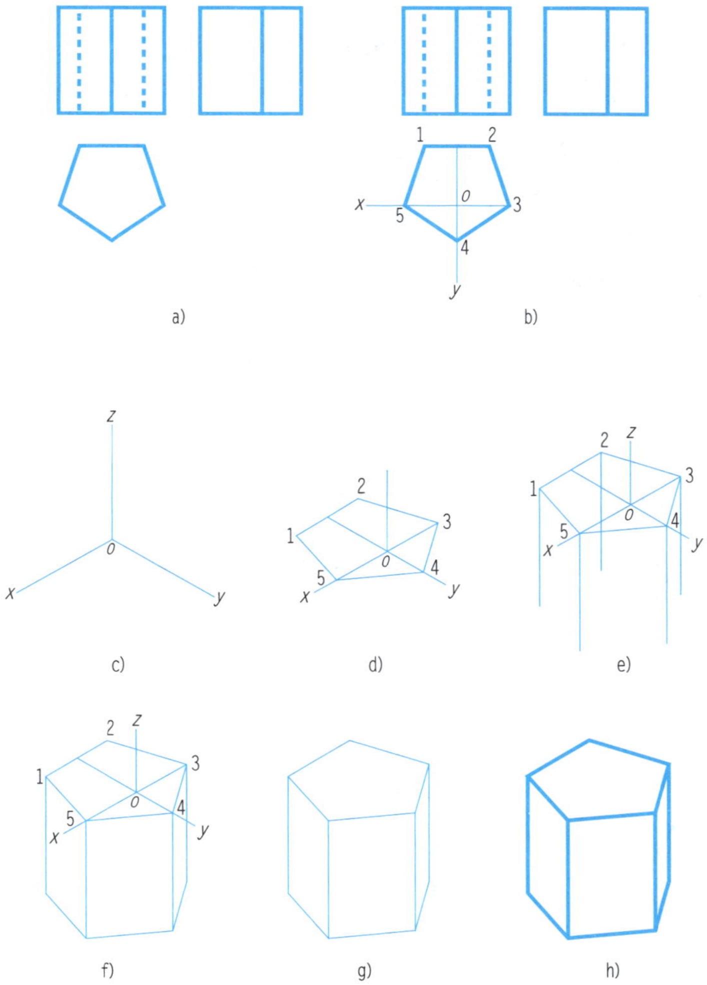

图4-5　绘制五棱柱的正等测投影图

分析作图过程：

绘制棱柱体的轴测投影图时，应先用坐标法完成棱柱的顶面，再根据棱柱的高完成相互平行的棱线，最后完成棱柱的底面。轴测投影图中看不见的图线可不画。

作图步骤如下：

(1)在三面投影图中确定坐标原点，如图 4-5b)所示。

(2)建立轴测图坐标系，如图 4-5c)所示。

(3)绘制五棱柱顶面，如图 4-5d)所示。

(4)绘制五棱柱棱线，如图 4-5e)所示。

(5)绘制五棱柱底面，如图 4-5f)所示。

(6)去掉作图线，如图 4-5g)所示。

(7)加深图线，如图 4-5h)所示。

想一想

如图 4-6a)所示为五棱锥的三面投影图，你能完成其正等测图吗？请你构思一下作图步骤。图 4-6b)所示为其参考图。

【例题 4-2】 作出图 4-7a)所示的挡土墙的正等测投影图。

分析：挡土墙可分成基础和墙身两部分，作图方法可采用坐标法和叠加法。

作图步骤如下：

(1)画出基础的轴测图，如图 4-7b)所示。

(2)再在基础顶面上定出墙身上的 A 点，如图 4-7c)所示。

(3)然后根据 A 点作出墙身端面的轴测图。

(4)最后画出墙身并整理，即可得到挡土墙的轴测图，如图 4-7d)所示。

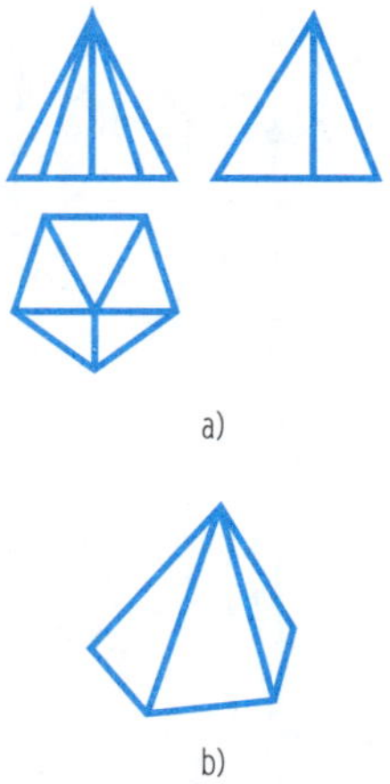

图 4-6 绘制五棱锥正等测图

a)投影图；b)正等测图

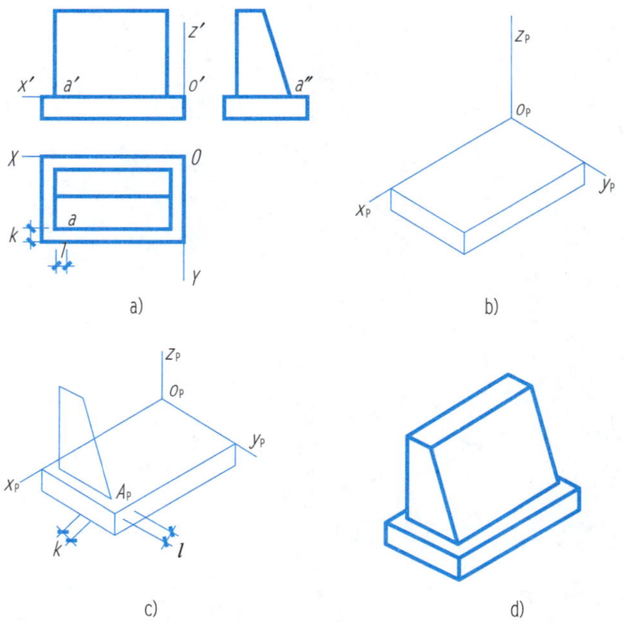

图 4-7 挡土墙的正等测图

a)投影图；b)、c)、d)作图过程

【例题 4-3】 如图 4-8a)所示为组合体的三面投影图,完成其正等测图。

分析:由已知的三面投影图可知,该组合体是在四棱柱的基础上由八个截平面经三次切割而成的,所以,可用切割法完成组合体的轴测投影图。

作图步骤如下:

(1)建立正等测图坐标系,如图 4-8b)所示。

(2)画四棱柱的正等测图,如图 4-8c)所示。

(3)根据截平面位置逐个切去被切部分,如图 4-8d)、e)、f)所示。

(4)校核整理,加深可见轮廓线,如图 4-8g)所示。

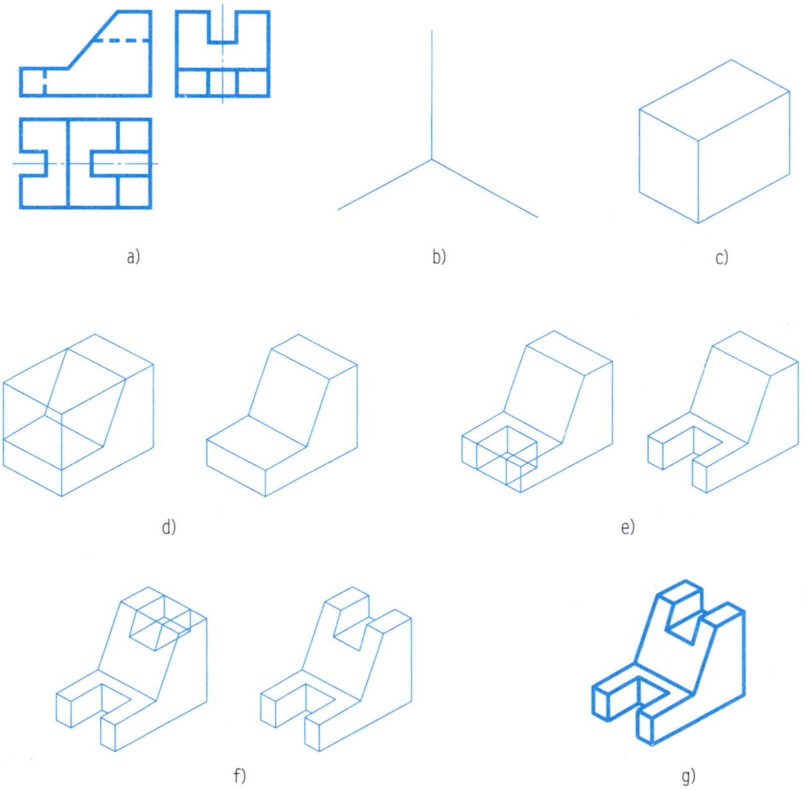

图 4-8 组合体正等测图画法

a)组合体的三面投影图;b)正等测轴;c)正四棱柱轴测图;d)第一次切割后轴测图;e)第二次切割后轴测图;f)第三次切割后轴测图;g)组合体正等测图

练一练:如图 4-9 所示,已知基础的两面投影,补画 *W* 面投影,并画出正等测图。

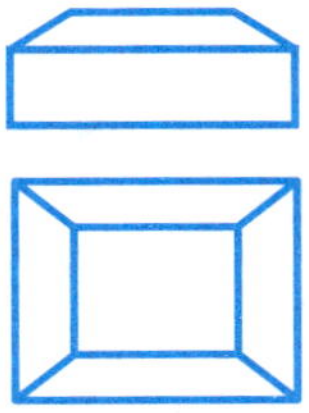

图 4-9 基础的投影图

二、圆和曲线正等测图的画法

在正等测投影中，三个坐标面对轴测投影面都是倾斜的，当圆处于正平、水平、侧平位置时，轴测投影为椭圆，工程上常用近似椭圆的画法来作圆的轴测图，三种圆的作法完全相同。现以水平圆为例，作图步骤如图 4-10 所示。

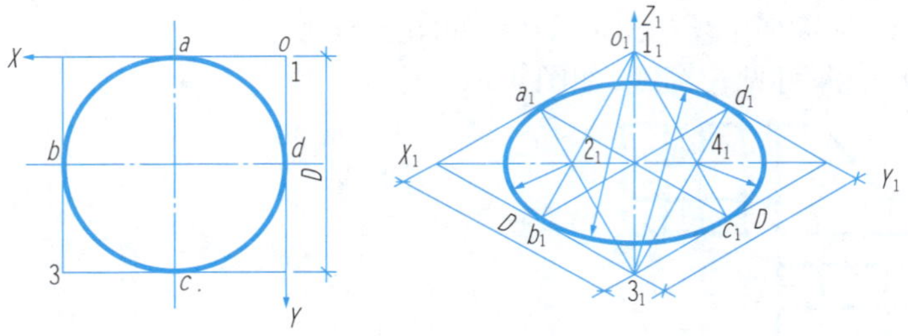

图 4-10　圆的正等测图近似画法

（1）在圆的正投影图上确定坐标轴。

（2）作圆的外接正方形。

（3）作正方形的轴测投影菱形，a_1、b_1、c_1、d_1 为菱形的各边中点，连接 a_13_1、d_13_1、b_11_1 和 c_11_1，交出 2_1、4_1。

（4）分别以 1_1、3_1 为圆心，相应的长为半径，即以 1_1c_1 或 3_1d_1 为半径作圆，以 2_1、4_1 为圆心时，以 2_1b_1 或 4_1d_1 为半径作圆弧。由四段圆弧连接成椭圆的方法即为水平圆正等测投影的近似画法。

如图 4-11 所示，从图中可以看出：平行于坐标面 *XOY*、*XOZ*、*YOZ* 的圆的正等测椭圆的长轴都在菱形的长对角线上，短轴都在短对角线上；长轴的方向分别与相应的轴测轴垂直，短轴的方向则分别与相应的轴测轴平行。在近似椭圆中，当采用简化轴向变化率时，长轴 ≈ $1.22D$、短轴 ≈ $0.7D$（D 为圆的直径），如图 4-11所示。

在实际工作中，有时还会遇到四分之一圆的正等测投影，如图 4-12a）所示，平面图中有四个圆角，即四段圆弧分别与四边形四条边相切。在正等测图中，这四段圆弧的轴测投影可视为同一椭圆的不同弧段。其画法如图 4-12b）所示，自圆弧两切线上的切点，分别作直线垂直于两切线，再以此两垂线的交点为圆心作圆弧来代替椭圆弧。

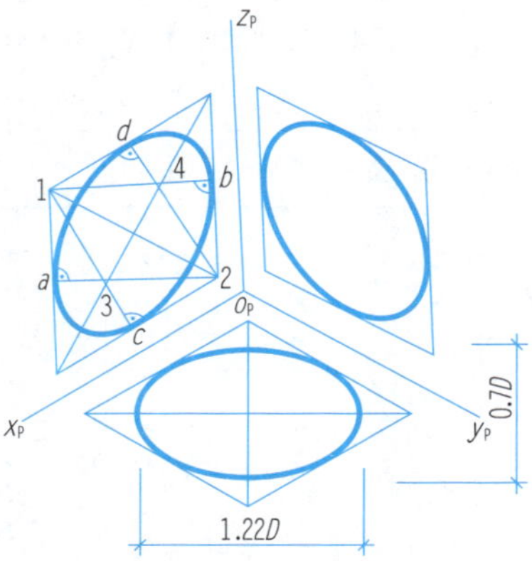

图 4-11　圆的正等测图

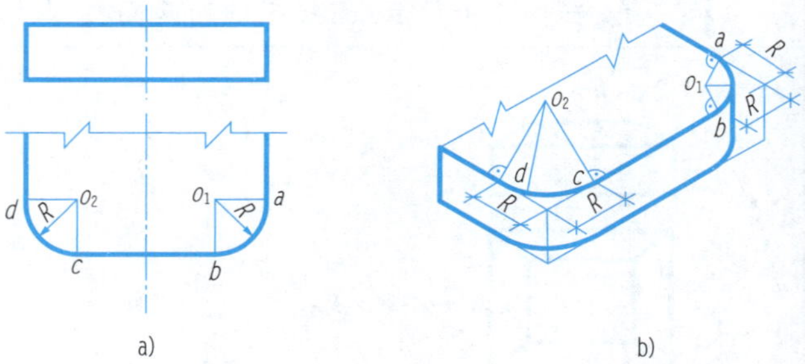

图 4-12　1/4 圆的正等测图

a）投影图；b）轴测图

【例题 4-4】 作如图 4-13a)所示圆锥的正等测图。

作图步骤如下：

(1)建立坐标轴,如图 4-13a)所示。

(2)画出轴测轴,根据底圆直径 D 作该圆的外切正方形的正等测图,画出圆锥的高,如图 4-13b)所示。

(3)过锥顶作底面圆的公切线。

(4)擦去多余线条,加深图线即得圆锥的正等测图,如图 4-13c)所示。

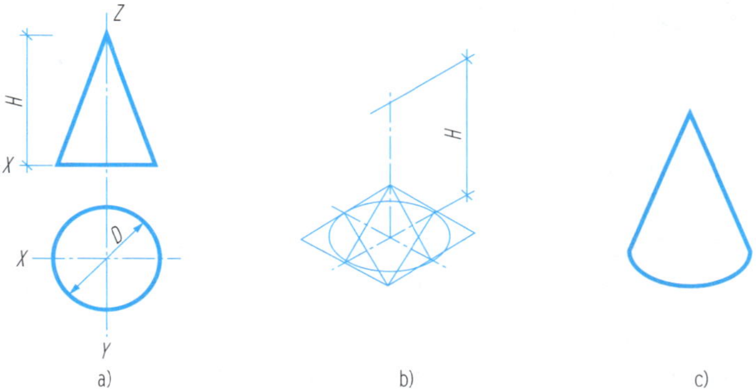

图 4-13　圆锥正等测图画法

练一练：如图 4-14 所示,已知圆柱的两面投影,完成圆柱的正等测图。

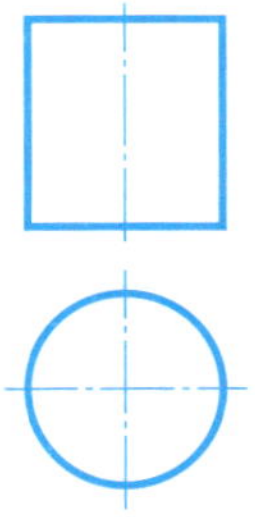

图 4-14　圆柱投影图

【例题 4-5】 如图 4-15a)所示,给出一圆端形桥墩的两面投影,画其正等测图。

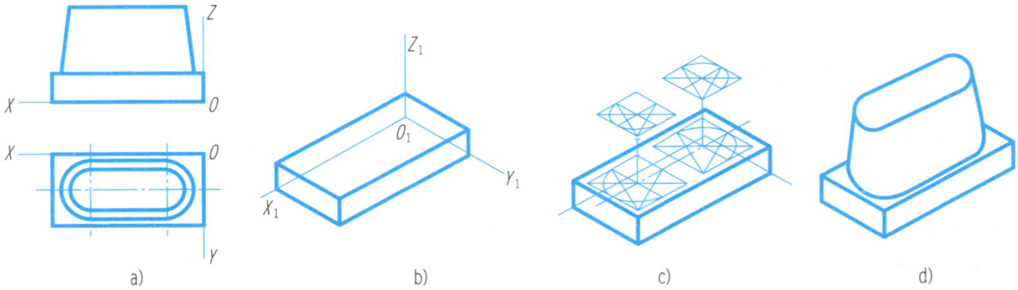

图 4-15　桥墩的正等测图

a)投影图;b)、c)、d)轴测图作图过程

从图中可以看出，桥墩是由基础和墩身两部分所组成，其具体作法如下：

(1)先画轴测轴，再画长方形的基础，如图4-15b)所示。

(2)在基础顶面上作出墩身底面和顶面两端的半圆形，其轴测投影为椭圆的一部分，如图4-15c)所示。

(3)作上、下椭圆的切线，擦去多余的线条、整理，即得桥墩的轴测图，如图4-15d)所示。

4.3 斜轴测投影

一、斜轴测投影的概念

在轴测投影中，如果投射线与投影面倾斜，则称为斜轴测投影。通常取 XOZ 坐标面平行于轴测投影面，则 X_1 轴和 Z_1 轴的轴向变化率为1，两轴测轴的轴间角为90°。当正立面的斜轴测投影反映实形时，这种斜轴测投影，又称为正面斜轴测投影，如图4-16a)所示。

在正面斜轴测投影中，由于投射方向有无穷多，故 Y 轴投影后，可以形成任意的轴向变化率和任意的轴间角。因此，Y 轴的轴向变化率和轴间角可以任意选择，一般选 Y_1 的轴向变化率为1、1/2等，Y_1 轴与水平方向的夹角可以选择30°、45°、60°等。当 Y_1 的轴向变化率为1时，称为斜等测图。当 Y_1 的轴向变化率采用1/2时，称为斜二测图。常用的轴向变化率和轴间角，如图4-16b)所示。

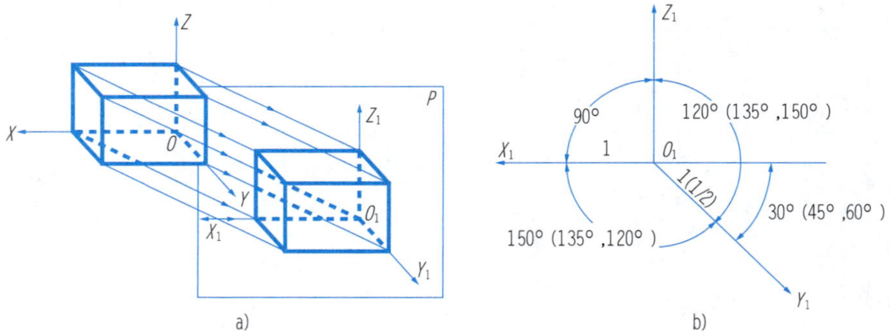

图4-16 斜轴测图的形成

a)形成；b)轴测轴

二、正面斜轴测投影的画法

正面斜轴测投影的作图步骤如下：

(1)确定形体与 XOZ 坐标面平行的面。

(2)画出该面在 V 面投影上的投影图，并根据形体的具体形状特征确定各控制点，过各点画30°或45°、60°的斜线。

(3)在斜线上按 q 的取值，定出后表面上各控制点，并连接。

(4)整理加深后即得形体的斜轴测图。

【例题 4-6】 如图 4-17a)所示为简化后的隧道洞口的三面图,求其斜等测图。

作图步骤如下:

(1)选取隧道洞口前面作为 XOZ 的坐标面。

(2)画出与立面完全相同的正面形状,并过各点画 60°的斜线,如图 4-17b)所示。

(3)再在斜线上按 $q=1$ 定出后表面上各点,并连接。

(4)整理后即得隧道洞口的斜等测图,如图 4-17c)所示。

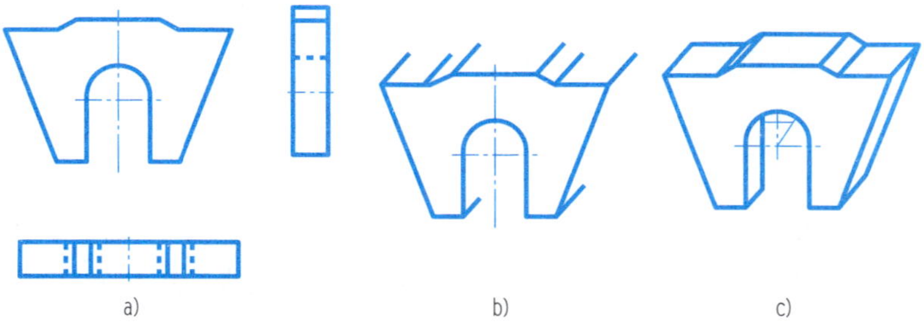

图 4-17 隧道洞口的斜等测图

a)投影图;b)、c)轴测图的作图过程

【例题 4-7】 作如图 4-18a)所示涵洞洞口的斜二测图。

作图方法与步骤同[例题 4-6],详见图 4-18b)、c)。

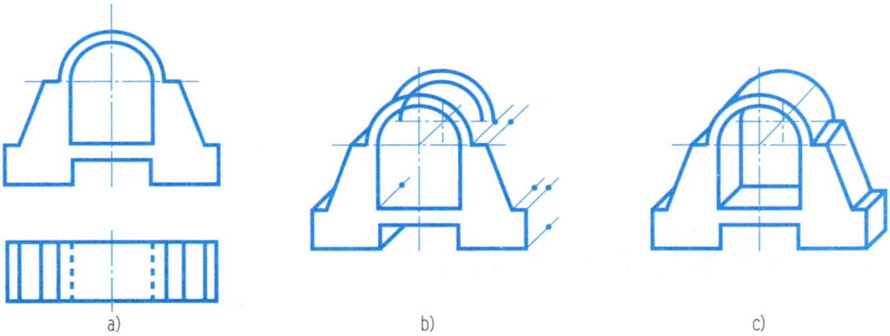

图 4-18 涵洞口的斜二测图

a)投影图;b)、c)轴测图的作图过程

(1)选涵洞洞口前表面作为 XOZ 坐标面。

(2)画出与 V 面完全相同的正面形状,并过各点画 45°的斜线,如图 4-18b)所示。

(3)再在斜线上按 $q=0.5$ 定出后表面上各点,并连接。

(4)整理加深后即得涵洞洞口的斜二测图,如图 4-18c)所示。

【例题 4-8】 写出立体字“中”。

作图步骤如下:

(1)先按笔画宽度写出“中”字,如图 4-19a)所示。

(2)然后沿 Y_1 轴方向按设定字体厚度定出对应各点,如图 4-19b)所示。

(3)连接、整理加深即得立体字,如图 4-19c)所示。

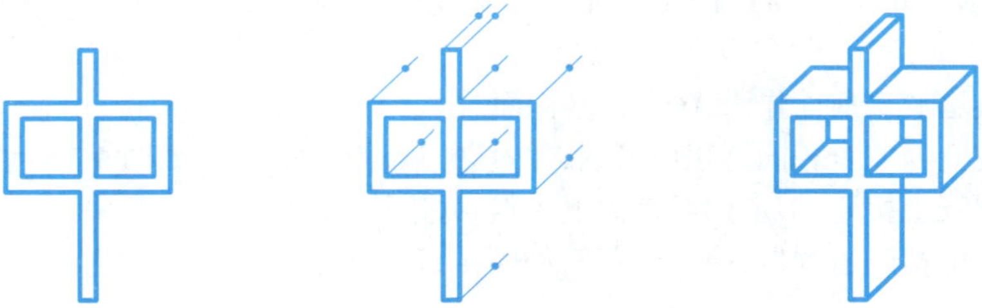

图 4-19 写立体字

想一想

如图 4-20a) 所示为 T 形梁的两面投影图，你能画出它的斜二测图吗？正等测图如何画出？对比一下二者的区别。能叙述它们的作图步骤吗？图 4-20b) 为 T 形梁斜二测图参考图。

图 4-20 T 形梁的斜二测图
a) 投影图；b) 斜二测图

4.4 轴测投影的选择

通过对正等测图、正面斜轴测图的分析，不难看出轴测图能比较直观地表现出形体的立体形状。但是，在这些方法中，用哪一种方法效果更好？形体如何摆放，更能表现形体面貌？投影方向如何选择？则必须根据形体的形状特征来分析确定。

一、轴测投影类型的选择

轴测图最重要的特性就是立体感强，直观性好。为了更直观地表达形体，应选择对形体表现有利的轴测投影类型，以提高图样的直观性，尽量减少分析阅读。如图 4-21 所示的柱墩轴测图，如果采用正等测图来表现，正等测的投影方向恰好导致前角的竖向棱线重合，显得图样呆板；如果采用斜二测图表现该柱墩，则图样的直观性增强了。在正等测图中，三个轴间角和轴向变化率均相等，平行于三个坐标平面的圆的轴测投影（椭圆）画法相同，且作图方便，因此，被广泛应用，如图 4-22 所示。斜二测图作图简便，特别适用于正面形状复杂且前后断面全等、曲线较多的形体，如图 4-23 所示。

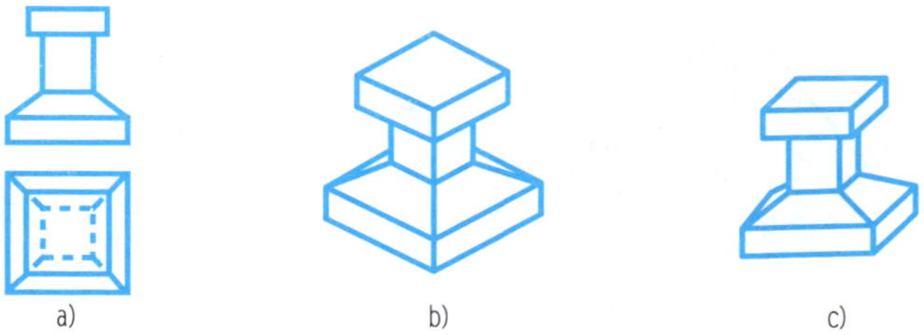

图 4-21　柱墩的正等测图和斜二测图

a) 正投影图；b) 正等测图；c) 斜二测图

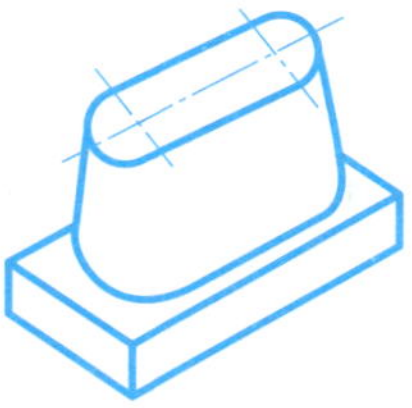

图 4-22　桥墩模型的正等测图

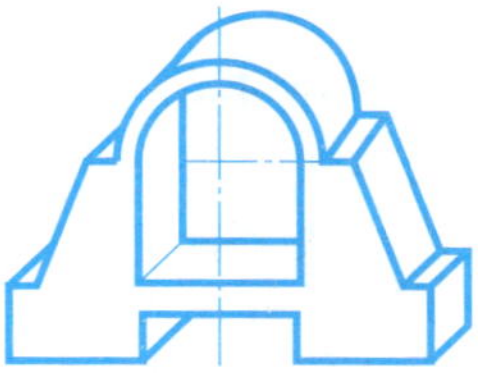

图 4-23　涵洞管节的斜二测图

二、轴测投影方向的选择

在确定了轴测图的类型以后，还需根据形体的形状选择一适当的投影方向，使需要表达的部分更为明显。选择投影方向，即明确观察者从哪个方向去观察形体。如图 4-24 所示，画出了四种不同观察方向的正面斜二测图。

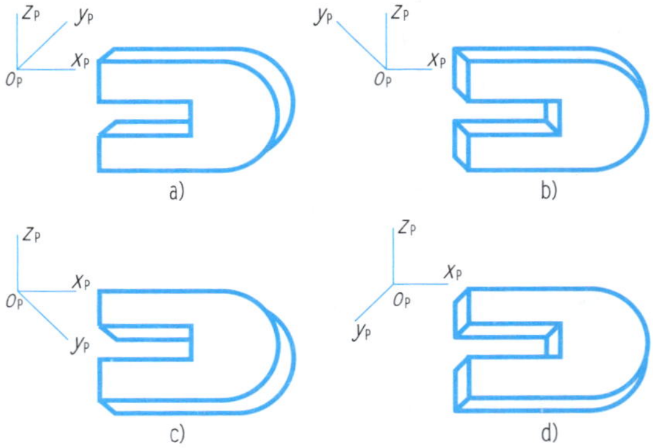

图 4-24　四种不同方向正面斜二测图

a) 向左下观察；b) 向右下观察；c) 向左上观察；d) 向右上观察

如图 4-25 所示为形体从不同方向投影所得的三个正等测图。其中，图 b) 主要显示形体的上、前、左部分；图 c) 显示的是形体的上、前、右部分；图 d) 显示形体的底、前、右部分。从图形的直观性来看，图 b) 最好，图 c) 次之，图 d) 主要表现形体底部的形状，底部为一平板，而复杂的部分未表达出来，所以效果较差。

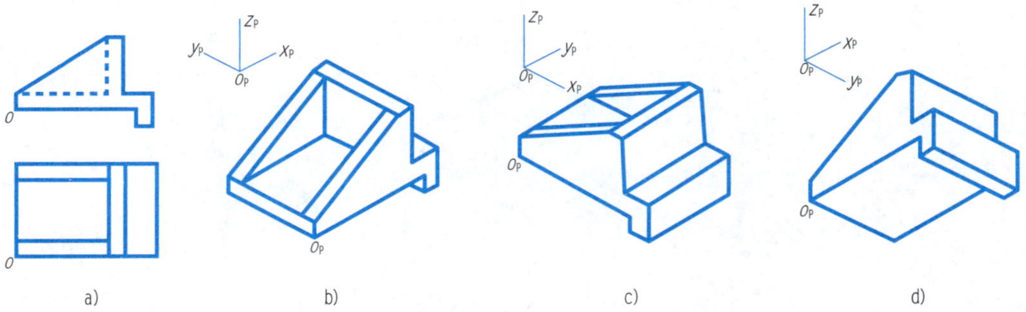

图 4-25　三种不同投影方向的正等测图

a) 投影图；b) 直观性较好；c) 直观性次之；d) 直观性较差

单元小结

本单元主要介绍了轴测投影的形成过程及其优缺点；轴测投影分类、基本投影特性；正等测投影、斜轴测投影的作图方法及步骤；轴测投影类型及投影方向选择。通过学习，使学生掌握轴测投影的形成过程、基本性质、作图方法及步骤。

自我检测

1. 轴测投影的概念、分类、优缺点及投影特性是什么？

2. 轴测投影图绘制的基本方法是什么？

3. 正等测投影的概念及轴间角、轴向变化率各为多少？

4. 圆的正等测投影图作图步骤是什么？

5. 斜轴测投影、正面斜轴测投影的概念是什么？正面斜轴测投影的轴间角、轴向变化率如何确定？

6. 正面斜轴测投影的作图步骤是什么？

单 元 5

剖面图和断面图

学习目标

1. 掌握剖面图、断面图的形成及标注方法；
2. 掌握剖面图、断面图的种类及画图注意事项；
3. 掌握剖面图及断面图的区别。

学习任务

1. 能根据投影图选用合适的剖切方法绘制剖面图；
2. 能根据投影图正确绘制断面图。

学习指南

在绘制形体的投影图时，形体上不可见的轮廓线是用虚线表示的。当构造物的内部结构比较复杂或遮挡部分较多时，投影图中会产生许多虚线，这些虚线相互交叠或与其他图线重合，影响了图面的清晰，给看图带来麻烦，且尺寸难以标注。有时为了表示被表面遮盖的形体内部结构以及它们所用的建筑材料，工程上常采用剖面图或断面图来解决。本单元每个学生应沿着如下流程进行学习：

了解剖面图、断面图的形成过程→掌握剖面图、断面图的概念→掌握剖面图、断面图的标注规定→掌握剖面图、断面图的分类→掌握剖面图、断面图投影图的作图方法及步骤。

教学建议

本单元教学过程中，应尽量结合学生熟悉的生活环境以及实际工作中的典型案例，边讲解、边示范、边练习，充分体现“教、学、做”一体化教学模式，促使学生养成善于观察和勤于动手的良好习惯，逐步提高空间想象能力，强化识图技能训练。在教学过程中，教师还可以借助课件、动画、视频等数字化资源，使教学内容具体化、直观化、生动化、趣味化，激发学生学习兴趣，提高教学质量和效果，使学生进一步掌握剖面图、断面图的形成过程、分类、标注方法及剖面图、断面图的作图方法及步骤。

想一想

工程构造物都是比较复杂的实体,画图时结构内外图线相互交错、重叠较多,那么读图时你能分清内外结构吗?每一部分的形状容易读懂吗?

5.1 剖面图

一、剖面图的形成

为了能清晰地表达形体的内部构造,假想用一个剖切平面在形体的适当位置剖切开,移去剖切平面与观察者之间的部分,将余下的部分按垂直于剖切面的方向投影,所得到的投影图称为剖面图(简称剖面)。

如图5-1a)所示是台阶的投影图,侧面图上的“踏步”是用虚线表示的。如图5-1c)所示,假想用一个平行于侧立面的剖切平面1—1将台阶剖切开,并把剖切平面左边的部分移开,然后从左向右投影,即得出形体的剖面图。形体被切面即剖切平面与形体接触部分画上平行等间距的45°细实线,称为剖面线,如图5-1b)所示。

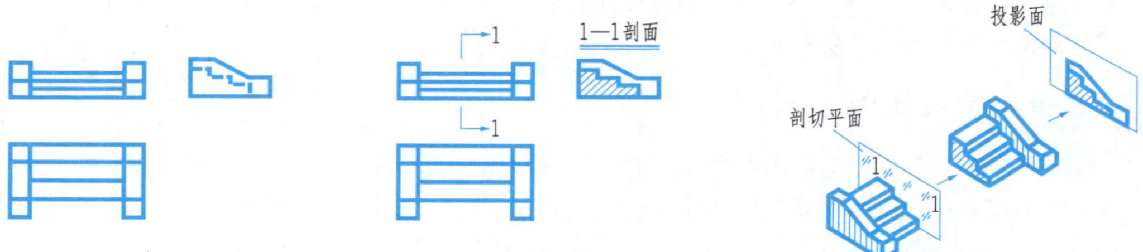

图5-1　剖面图的形成

a)投影图;b)剖面图表示法;c)立体图

在剖面图上为了分清形体被剖切的部分和没有被剖切的部分,在剖切平面与形体接触的部分要画上剖面线或材料图例,以表明结构物的材料。常用的材料图例可参阅表5-1。

常用的材料图例符号　　表5-1

材料名称	图　例	材料名称	图　例	材料名称	图　例
水泥混凝土		细粒式沥青混凝土		干砌片石	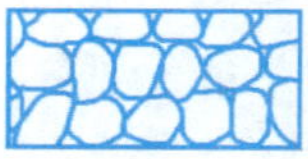
钢筋混凝土		中粒式沥青混凝土		浆砌片石	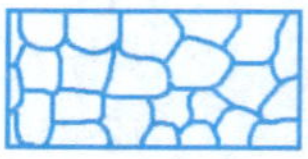

续上表

材料名称	图　例	材料名称	图　例	材料名称	图　例
水泥稳定土		粗粒式沥青混凝土	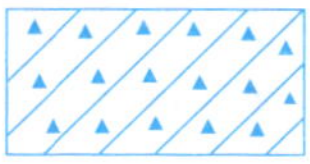	浆砌块石	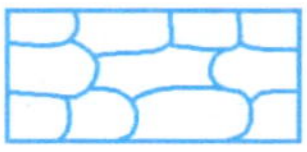
水泥稳定砂砾	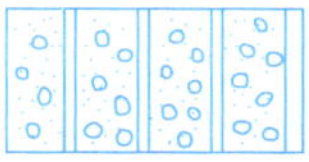	沥青碎石	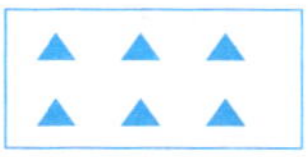	木材横断面	
水泥稳定碎砾石	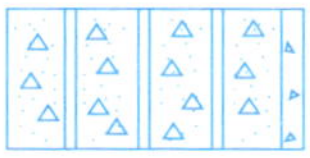	沥青贯入碎砾石		木材纵断面	
石灰土		沥青表面处治		自然土壤	
石灰粉煤灰		泥结碎砾石		夯实土壤	
石灰粉煤灰土	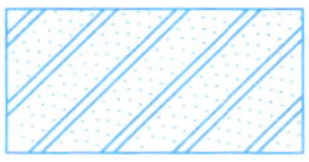	泥灰结碎砾石		天然砂砾	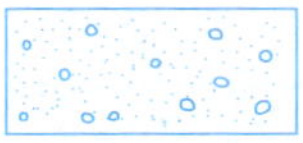
石灰粉煤灰砂砾	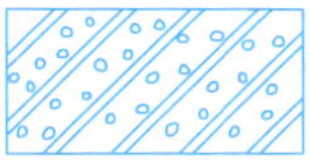	级配碎砾石	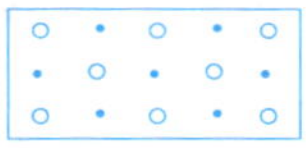	橡胶	
石灰粉煤灰碎砾石		填隙碎石	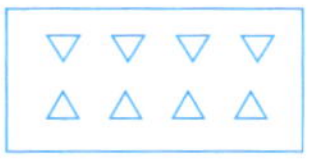	金属	

二、剖面图的标注

1 剖切符号

剖切符号由剖切位置线（又称剖切线）和投影方向线组成。

剖面图的剖切位置由剖切位置线来表示，即在剖切位置的起、止处各画一短粗实线，长度为 6 ~ 10mm，绘图时不能与形体的轮廓线相交。

投影方向线在剖切位置线的外端且垂直于剖切位置线，也用粗实线绘制，其长度为 4 ~ 6mm，用箭头表示剖切后的投影方向。

2 剖面图的编号及标注方法

剖切符号要进行编号，编号采用一组阿拉伯数字或英文字母。顺序按由左至右、由上至下连续编排，并标注在投影方向线一侧且水平书写。剖面图编号应标注在投影图上方居中，编号成对书写，并以一根 5 ~ 10mm 长的细实线将成对的编号分开。图名底部绘制与图名等长的粗、细实线，两线间净距为 1 ~ 2mm。

3 绘制剖面图的注意事项

（1）剖切平面的位置要选在能完整表达形体特征的位置。剖切平面一般选用特殊位置平面，并应通过形体内部结构的主要轴线。

（2）画剖面图时，在剖切平面后方的可见轮廓线均应画出，不能遗漏；剖切平面与形体接触的部分，一般要绘出材料图例，在不指明材料时，用45°斜细实线绘出图例线，间隔要均匀，一般为2～6mm；在同一形体的各剖面图中，剖面线方向、间距应一致。

（3）剖面图中，形体剖切后，不可见部分变为可见，应将原有虚线改画成实线，剖面图中一般不画虚线。

（4）由于剖切平面是假想的，所以画剖面图后，并不影响其他投影图的完整性，其他投影图要完整地绘出。

三、剖面图的种类

形体的形状多种多样，可以根据形体的内部构造和外形构造选用适当的剖切方法。下面介绍常用的几种剖面图。

1 全剖面图

假想用一个剖切平面把形体全部剖切开画出的剖面图称为全剖面图，简称全剖面。采用全剖面可以清楚地表示形体的内部构造，但外部形状不能表示出来。所以全剖面适用于形状不对称或外形比较简单、内部结构比较复杂的形体。如图5-2所示为一重力式U形桥台，用一个正平面作为剖切平面把它剖开，如图5-2b）所示是桥台的全剖面图。

29-全剖面图

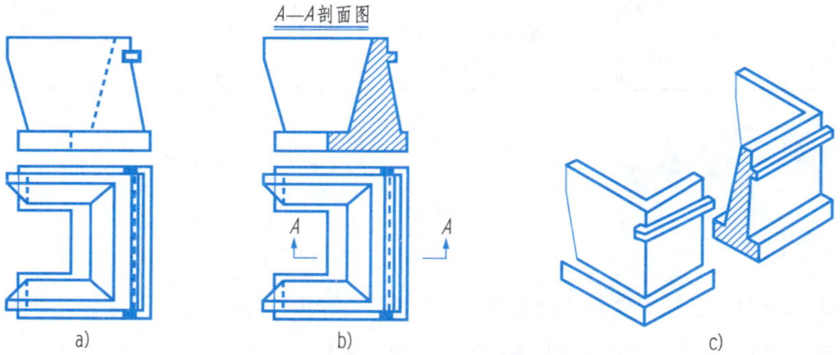

图5-2　重力式桥台的全剖面图

a）桥台两面投影；b）桥台全剖面图；c）桥台立体图全剖过程

画全剖面图应注意下列事项：

（1）形体剖切后图上的虚线变为可见，故应将虚线改画成实线。

（2）形体剖切后各基本几何体相交处已无分界线，故应将原有线条擦去（剖面图中一般不画虚线）。

2 半剖面图

当形体内外形均为对称图形，而外形又比较复杂时，假想用一个剖切平面将形体的一半剖切开画出的剖面图称为半剖面图，简称半剖面。在投影图上可以视对称轴线为界，一半画出投影图，另一半表示内部构造。这种剖面图将形体表达的比较全面，但仅适用于对称投影图。如图5-3b）所示为一蓄水池的半剖面图。

30-半剖面图

画半剖面图应注意下列事项：

(1)半外形图和半剖面图的分界线应画成细点画线(对称线),而不画成实线。

(2)半剖面图一般习惯画在右半边、下半边或前半边,如图 5-3、图 5-4 所示。

(3)半剖面图和全剖面图的剖切线完全相同,只有观察图的内容才能判定他是全剖或半剖,且标注方法相同。

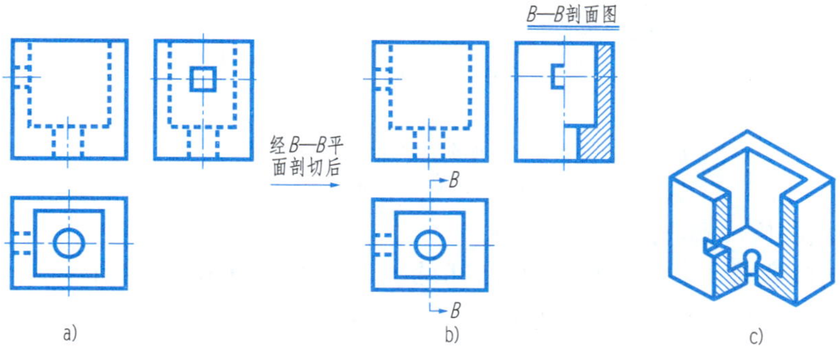

图 5-3　蓄水池的半剖面图

a)剖切前;b)剖切后;c)立体图

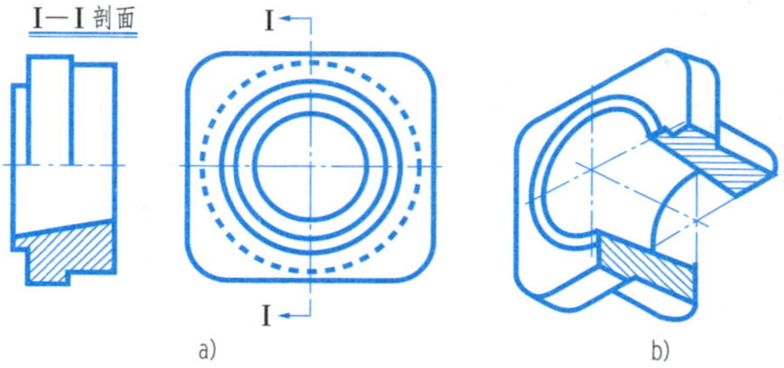

图 5-4　锚环的半剖面图

a)半剖面图;b)立体图

3 局部剖面图

当形体外形复杂、内形简单且需保留大部分外形、只需表达局部内形时,在不影响外形表达的情况下,可以采用一个剖切平面局部地剖开形体来表达结构内形所得到的剖面图为局部剖面图。局部表达范围可根据需要而定,局部剖面图与投影图的分界线选用折断线或波浪线,不得用形体的轮廓线,也不得超出图形轮廓线。

如图 5-5 所示是用局部剖面图表示沟管内部构造情况。

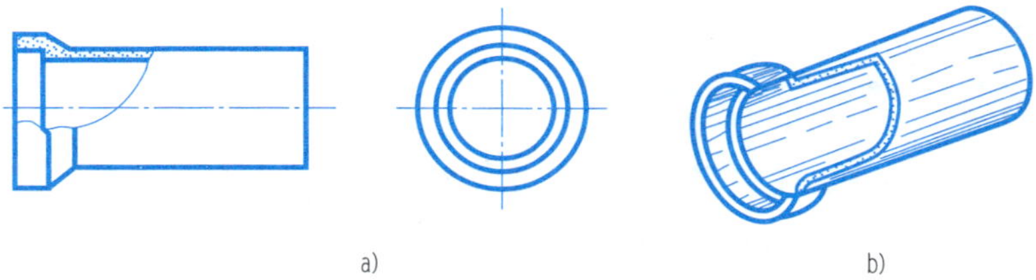

图 5-5　沟管的局部剖面图

a)局部剖面图;b)立体图

31-局部剖面图

如图 5-6 所示是路面的结构分层局部剖面图。

局部剖面是一种比较灵活的表达方法,在不应作全剖面(需要保留部分外形)和不宜作半剖面(投影图不对称)的情况下,局部剖面弥补了其他表达方法的不足。

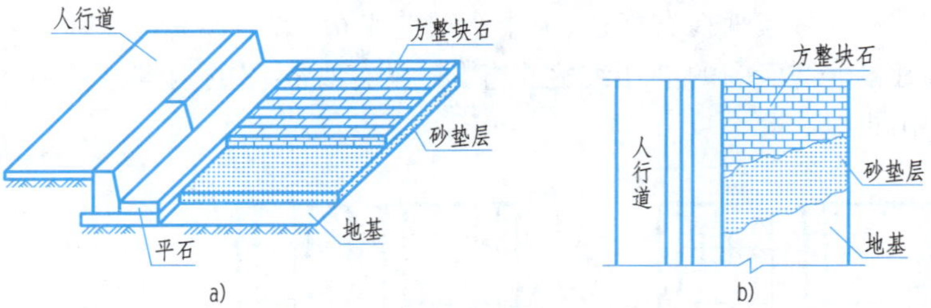

图 5-6　路面的结构分层局部剖面图

a)立体图;b)局部剖面图立体图

画局部剖面图应注意下列事项:

(1)采用折断线时,构件需要全部被断开,折断符号应画在被折断的图面以内。

波浪线多用于局部断开以表示构造层次,波浪线的起始点必须以轮廓线为界。

(2)形体为对称图形时,可以作半剖面。但如果对称轴线恰好和形体轮廓线的投影相重合,则不宜作半剖面图,而作局部剖面图,如下列几种情况。

①轮廓线在形体的外表面,则少剖一些,即波浪线画在轴线的右侧,如图 5-7a)所示。

②轮廓线在形体的内部,则多剖一些,即波浪线画在轴线的左侧,如图 5-7b)所示。

③形体的外形和内部都有轮廓线,则可采用如图 5-7c)办法处理,即综合了图 5-7a)和 b)两种情况。

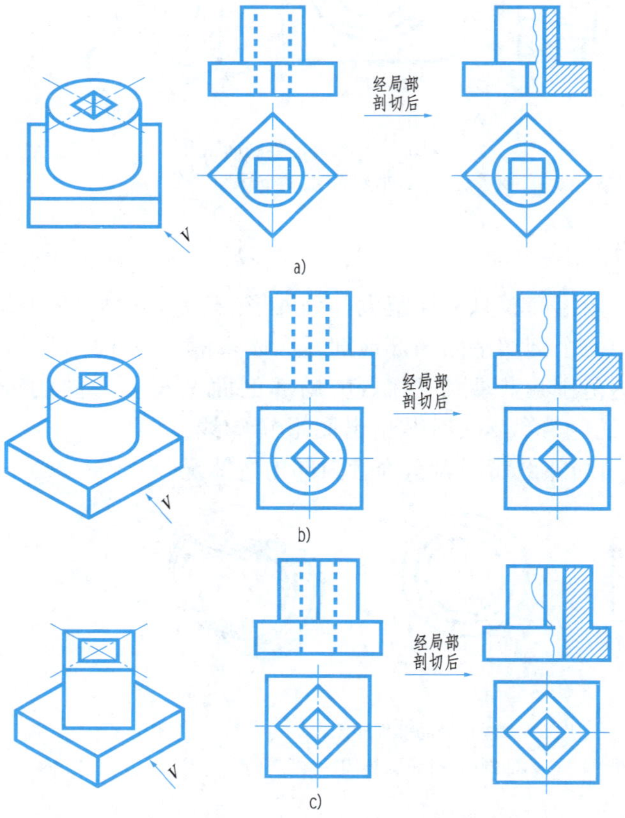

图 5-7　中心线和轮廓线重合的局部剖面图

a)中心线和外轮廓线重合;b)中心线和内轮廓线重合;c)中心线和内、外轮廓线重合

4 阶梯剖面图

32-阶梯剖面图

如果形体内部结构层次较多，采用一个剖切平面难以将形体内部的构造情况全部表达清楚，则可用两个或两个以上相互平行的剖切平面剖切形体，这样剖切后得到的剖面图称为阶梯剖面图。

如图 5-8a)、b)所示圆井的水平面投影图，是采用两个相互平行的平面 1—1 剖切后画出的。

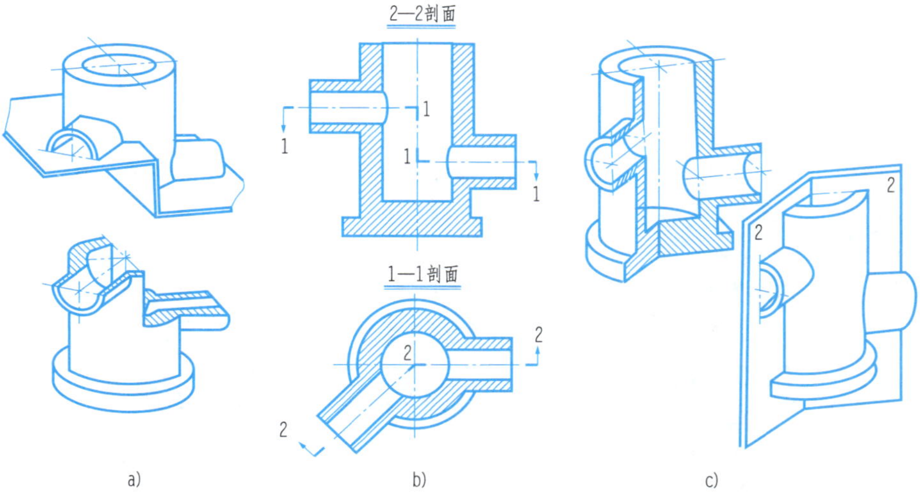

图 5-8　圆井的阶梯剖面图和旋转剖面图

a)立体图；b)阶梯剖面图和旋转剖面图；c)立体图

画阶梯剖面图应注意下列事项：

(1)剖切的起止点和转折处均应把剖切线画出，但转折处的剖切线不能与轮廓线相重合。

(2)在阶梯剖面图中，不画剖切平面转折处产生的交线。

(3)剖切的起止点均应注明编号，转折处可以不注。但如与其他图容易发生混淆时，转折处也应在转角的外侧加注相同的编号。

5 旋转剖面图

采用两个相交的剖切平面剖切形体，且其交线垂直于某一投影面，把两个平面剖切得到的图形旋转到与投影面相平行的位置再进行投影，这样画出的剖面图称为旋转剖面图。

如图 5-8b)、c)所示，用包含并相交于圆井轴线上的两个铅垂面 2—2(交线垂直于 *H* 面)去剖切圆井，再把左边剖切得到的图形旋转成正平面，连同右边剖面剖切得到的图形(右边已是正平面，不用旋转)一起投影，便得到 2—2 剖面图。

注意：旋转剖面图的标注要求同阶梯剖面图。画旋转剖面图时，在剖切平面后面的其他结构仍按原来的位置投影。

33-旋转剖面图

6 展开剖面图

剖切面是用曲面或用平面与曲面组合而成的铅垂面(随着工程构造物中线的弯曲而弯曲)，然后将剖切后的形体展开(拉直)，使它平行于正平面并进行投影，这样画出的剖面图称为展开剖面图。

如图 5-9 所示为一弯道桥，桥的平面图为直线和圆弧合成的图形，它的纵剖面图是展平后画出的。路线的纵断面图就是展开剖面图。

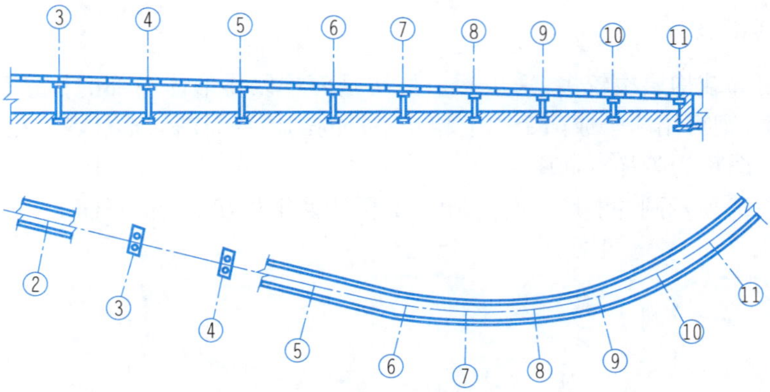

图 5-9　弯桥的展开剖面图

四、举例

【例题 5-1】　如图 5-10 所示为窨井的投影图，三个图均采用剖面图绘出。

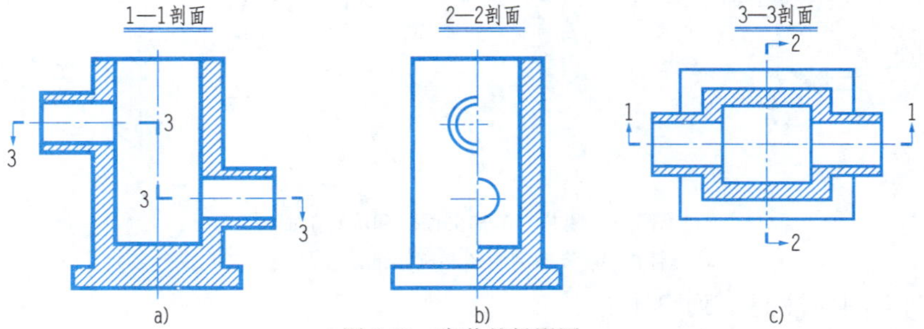

图 5-10　窨井的投影图

a)、b)、c)剖面图

(1)立面图

采用全剖面图，从剖切符号 1—1 可以看出剖切平面是通过窨井的前、后对称面的，这样可以看出其内部构造情况。

(2)平面图

采用阶梯剖面图，从正面投影图的剖切符号 3—3 可以看出两个水平剖切平面通过圆管的中心线。

(3)侧面图

采用半剖面图，左半部表示外形，右半部表示内部构造。

【例题 5-2】　如图 5-11d)为一桥梁上部结构的行车道板的投影图，三个图均分别被剖切。

(1)立面图

采用半立面和 2—2 剖面合并而成。2—2 剖面平行于 V 面，从而显示了行车道板的纵向构造情况，这个图为半纵剖面图。

(2)平面图

采用半平面和 1—1 剖面合并而成。1—1 剖面平行于 H 面，从而显示了行车道板纵横梁的布置情况，为梁格布置系统。

(3)侧面图

采用了阶梯剖面，为了表示跨端剖面和跨中剖面，用平行于 W 面的 3—3 剖面将行车道板横向剖切，称为横剖面图。

行车道板的直观剖切情况如图 5-11a)、b)、c)所示。

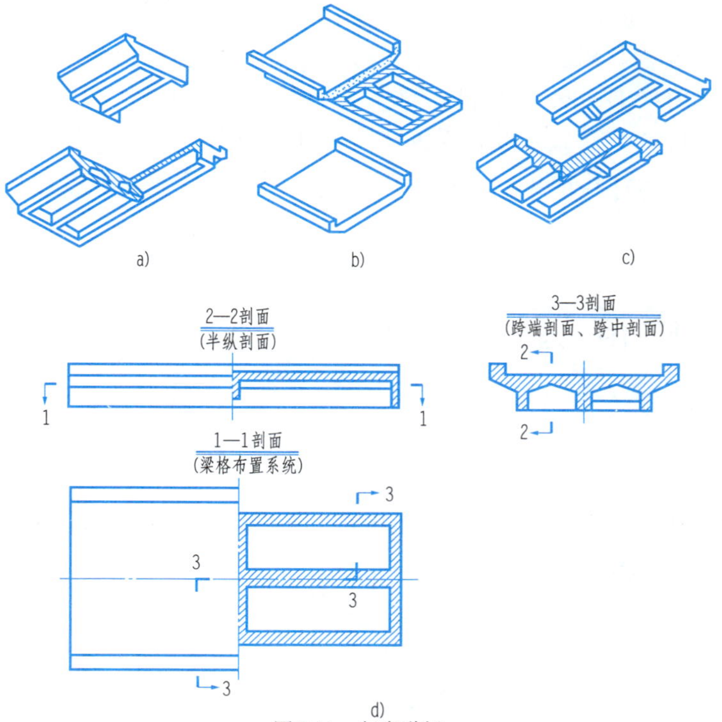

图 5-11 行车道板

a)、b)、c)立体图;d)投影图

【例题 5-3】 如图 5-12a)所示为一沉井的投影图,*V* 面采用半剖面图、*W* 面采用阶梯剖面图绘出。

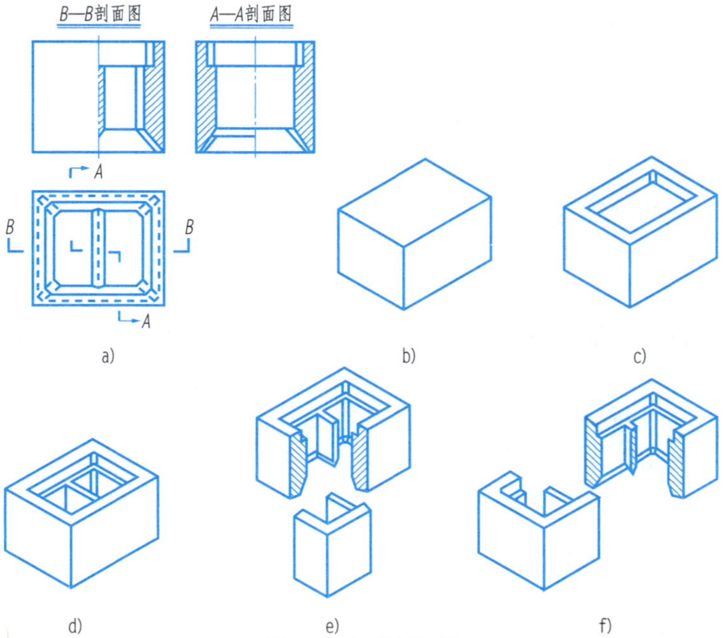

图 5-12 沉井剖切图

a)沉井的投影图;b)沉井外形的立体图;c)沉井第一次挖切的立体图;d)沉井第二次挖切的立体图;e)沉井半剖切的立体图;f)沉井阶梯剖切的立体图

因为沉井左右对称，其立面图投影采用半剖面图表达。虽然沉井前后对称，但因为沉井中间有一道隔墙，所以侧面投影图不宜采用半剖面图，故采用阶梯剖面图。

从半剖面图和 H 面投影图可以看出沉井的外形是四棱柱，如图 5-12b）所示。

从半剖面图和阶梯剖面图可以看出沉井是在四棱柱的基础上经过三次挖切而成。第一次是在四棱柱的上部挖切了一个倒角的四棱柱孔，如图 5-12c）所示；第二次是在四棱柱的中间挖切了两个倒角的四棱柱孔，如图 5-12d）所示；第三次是在四棱柱的下部挖切了一个倒角的四棱台。

5.2 断面图

一、断面图的形成

假想用一个剖切平面将形体剖切，只绘出与剖切平面相接触部分的图称为断面图，简称断面。即截交线围成的平面图形，如图 5-13 所示。

34-断面图的形成

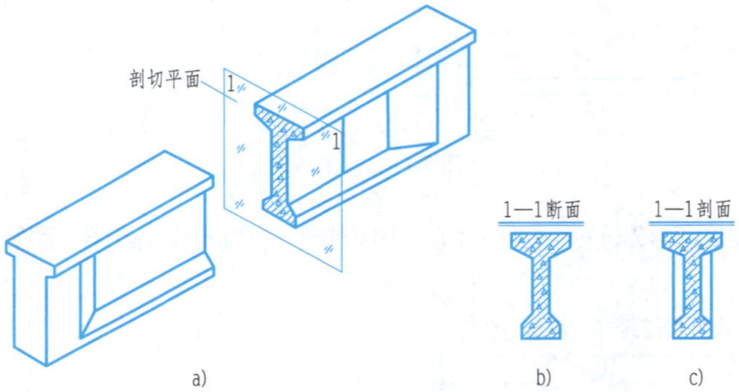

图 5-13　断面图的形成

a）立体图；b）断面图；c）剖面图

注意：断面图主要用来表示形体某一位置的断面形状，是“面”的投影。剖面图是形体被剖切后，画出留下部分的投影，是“体”的投影。

二、断面图的标注

断面图的剖切符号用剖切位置线表示。即用粗实线，长度宜为 6 ~ 10mm。

断面图的剖切符号要编号，编号方法和剖面图相同，注写在剖切位置线的一侧，数字所在的一侧就是投影方向。断面编号的标注方法和剖面图相同。

断面图也要在剖切平面与形体接触的部分绘出材料图例，在不指明材料时，用 45°斜细实线绘出断面线。

三、断面图的种类

1 移出断面图

移出断面图就是把断面图画在投影图的外边。注意：移出断面的轮廓用粗实线绘制。如

图 5-14 所示，为了表示立柱的断面形状，把断面图画在投影图外边。

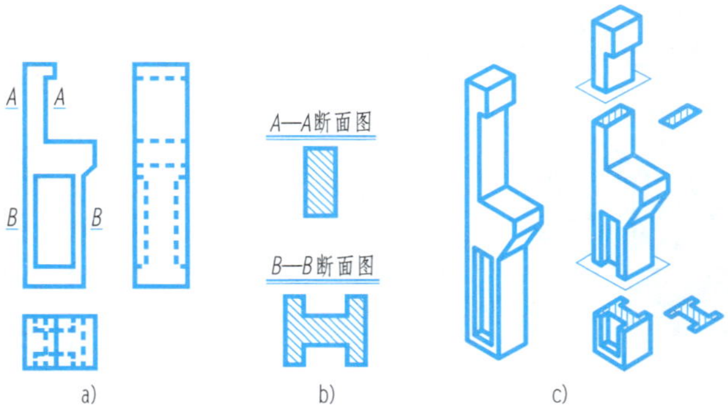

图 5-14　立柱移出断面图的形成

a) 立柱三面投影图；b) 立柱断面图；c) 立柱立体图的剖切过程

如图 5-15 所示为挡土墙的工程图。为了表示各个不同断面的形状，这时可在投影图中根据需要定出不同位置的剖切线，在投影图外适当位置把各断面图画出，并对应注明编号。本图中挡土墙的各个断面均采用较大比例画出。

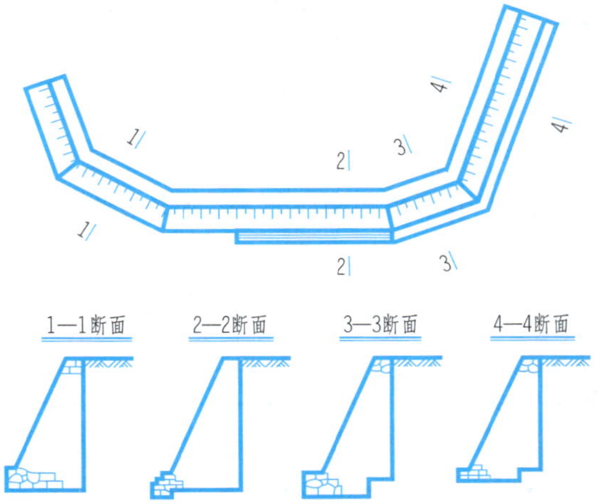

图 5-15　挡土墙的移出断面图

2　重合断面图

重合断面图就是把断面图和投影图重叠画在一起。画图时注意：把剖切后的断面旋转 90°和投影图画在一起，重合断面图的轮廓线用细实线画出，也可不加标注。当重合断面的轮廓线与投影图的轮廓线重合时，投影图的轮廓线不能间断，仍采用粗实线画出。

如图 5-16 所示，用重合断面表示水平放置的角钢。

如图 5-17 所示是桥台两边的锥形护坡，采用重合断面把护坡和挡土墙的材料和轮廓线表示出来。

3　中断断面图

中断断面图就是把断面图画在投影图的断开处。这种断面图适用于较长的杆件和各种型钢，如图 5-18 所示，角钢形式采用中断断面图画出。画图时注意：画中断断面图应采用折断线把长构件断开，且断开的两端应对称；中断断面图的轮廓线用粗实线画出；中断断面图也可不标注。

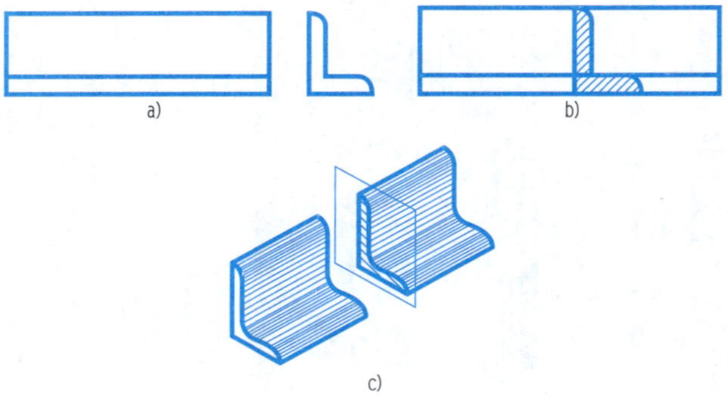

图 5-16 角钢重合断面图的形成

a)角钢投影图;b)角钢重合断面图;c)角钢立体图的剖切

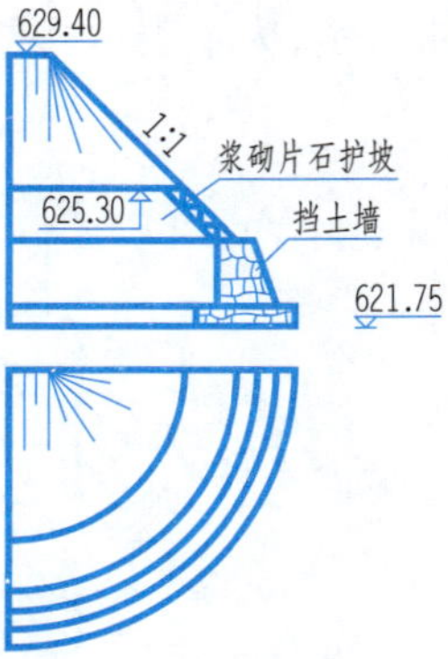

图 5-17 桥台锥坡及挡土墙的重合断面图

图 5-18 角钢中断断面图

练一练:如图 5-19 所示为 T 形梁的两面投影图,画出它的移出断面、重合断面和中断断面图。

图 5-19 T 形梁两面投影

四、举例

【例题 5-4】 图 5-20 为一变截面梁的投影图和立体图。选择了正立面图与 1—1 剖面、2—2 断面和 3—3 断面来表示。1—1 剖面采用全剖面图,2—2 断面和 3—3 断面是移出断面图。

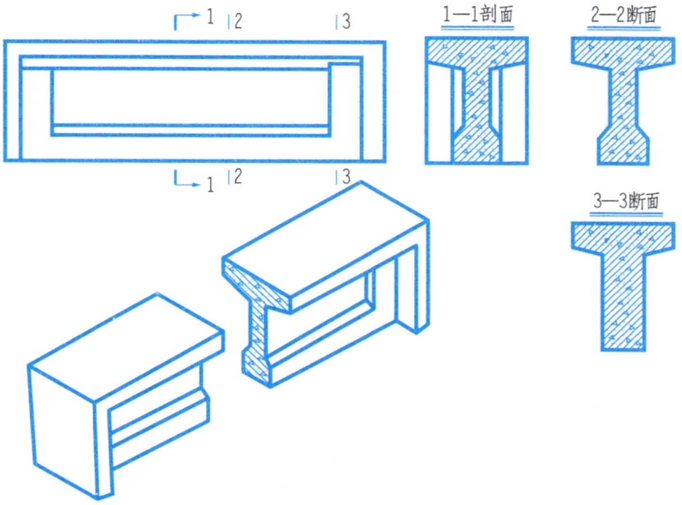

图 5-20　变截面梁的断面图和剖面图

【例题 5-5】　如图 5-21 所示为一变截面梁的投影图。由于梁身断面不断变化，故变截面梁的投影图采用几个断面来表示。

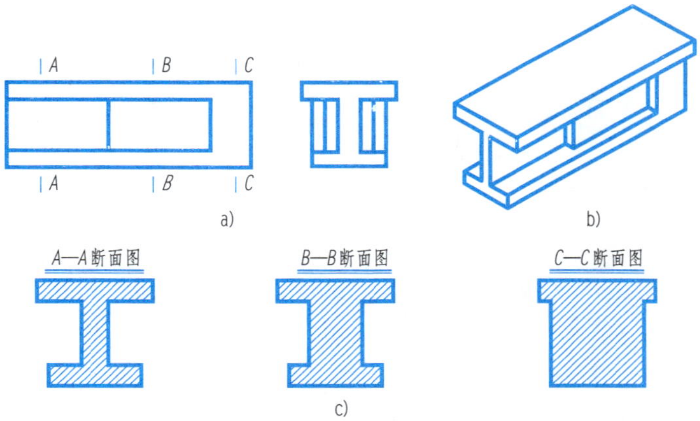

图 5-21　变截面梁的投影图

a）梁的三面投影图；b）梁的立体图；c）梁的断面图

单元小结

本单元主要介绍了剖面图、断面图的形成过程；剖面图、断面图的概念、分类及标注方法；剖、断面图的作图步骤及方法。通过学习，学生应掌握剖、断面图的概念、分类、标注方法、作图步骤与方法。

自我检测

1. 剖面图的概念、分类及画图注意事项是什么？
2. 剖面图、断面图的标注方法是什么？
3. 断面图的概念、分类及画图注意事项是什么？

单 元 6

公路工程图的识读

学习目标

1. 了解公路路线的三种工程图的名称；
2. 了解公路路线的特点；
3. 熟悉路线平面图、路线纵断面图、路基横断面图的内容和特点；
4. 了解平面交叉口的形式及立体交叉口的类型；
5. 了解城市道路排水系统工程图、城市道路防护工程图的内容与特点。

学习任务

1. 读懂路线平面图、路线纵断面图、路线横断面图；
2. 能够绘制路线纵断面图、路基横断面图；
3. 读懂城市道路排水系统及城市道路防护工程图。

学习指南

公路工程图是指导路基和路面工程施工的依据。能读懂公路工程图和绘制路线纵断面图与路基横断面图是每一位公路工程技术人员必备的素质。要想读懂公路工程图就必须熟悉路线平面图、路线纵断面图、路基横断面图、城市道路排水系统及防护工程图中包括的内容及各图的特点。每一位学生应按如下流程进行学习：

了解公路工程图的名称→熟悉路线平面图、路线纵断面图、路基横断面图、城市道路排水系统及防护工程图的内容及图中各符号的意义→熟悉路线平面图、路线纵断面图、路基横断面图、城市道路排水系统及防护工程图的特点→掌握路线纵断面图、路基横断面图的绘制。

教学建议

本单元教学过程中，应尽量结合学生熟悉的生活环境以及实际工作中典型的工作案例，边讲解、边示范、边练习，充分体现“教、学、做”一体化的教学模式。在教学过程中，教师还可以借助课件、动画、视频等数字化资源，使教学内容具体化、直观化、生动化、趣味化、激发学生学习兴趣、提高教学质量和效果，使学生读懂路线平面图、路线纵断面图、路基横断面图、城市道路排水系统及防护工程图，并让学生结合某工程路线，绘制路线纵断面图、路基横断面图。

6.1 公路路线工程图

公路是一种供车辆行驶和行人行走的带状结构物。它的基本组成包括路基、路面、桥梁、涵洞、隧道、防护工程及排水设施等。公路路线是以公路的中心线(简称中线)来表示。公路路线的线形,由于受地形、地物和地质条件的限制,在平面上是由直线段和曲线段组成,在纵面上是由平坡段和上坡段、下坡段及竖曲线组成。因此,从整体上来看,公路路线是一条空间曲线。

公路路线工程图是以路线平面图、路线纵断面图和路基横断面图来表达。由于公路建筑在大地表面狭长地带上,公路竖向高差和平面的弯曲变化都与地面起伏形状紧密相关,因此,公路路线工程图的图示方法与一般工程图不同,它是以地形图作为平面图,以纵向展开断面图作为立面图,以横断面作为侧面图,并且大都各自画在单独的图纸上,利用这三种工程图,共同表达公路的空间位置、线形和尺寸。

一、路线平面图

路线平面图是表达路线的平面状况(直线和曲线),以及沿线两侧一定范围内的地物、地面起伏情况与路线的相互关系。在路线平面图上,一般采用等高线及图例来表示。

1 路线平面图的内容

图 6-1 为某公路 K88 +500 ~ K90 +000 段路线平面图。其内容包括地形、路线两部分。

(1)地形部分

①比例。为了清晰地表示图样,根据地形起伏情况的不同,地形图采用不同的比例,一般在山岭区采用 1∶2 000,丘陵和平原区采用 1∶5 000。本图比例采用 1∶5 000。

②坐标网与指北针。在路线平面图上应画出坐标网或指北针,指出公路所在地区的方位与走向,同时坐标网或指北针又可作为拼接图纸时校对之用。本图采用坐标网。图中

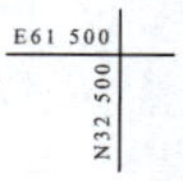

表示两垂直线的交点位置为距坐标原点北 32 500(m)、东 61 500(m)。

③等高线。等高线表示地形起伏。图中每条等高线之间的高差为 2m。等高线越密,表示地势越陡;等高线越稀,表示地势越平坦。从图中可看出,该图的上方和下方都为丘陵地形,下方有三条小河流和一个水库的水流入到干流河道,中间是地势平坦的川坝。图中还示出了地名以及村庄、桥梁、水库堤坝的位置。

(2)路线部分

①路线表示。由于路线平面图所采用的绘图比例较小(本图为 1∶5 000),公路的宽度无法按实际尺寸画出,因此,在路线平面图中,路线是用粗实线沿着路线中心线表示的。图中的粗实线表示了公路路线的位置和方向。

②路线长度与里程。为了清楚地看出路线的总长和各段之间的长度,一般在路线上从起点到终点,沿前进方向的左侧注写里程桩(K),通常以符号"◐"表示桩位,在符号上面注写如 K89,即距路线起点 89km。公里桩之间路线上设有"|"标记者表示百米桩,按《图标》规定,数

转角桩坐标表

JD	X	Y
191	32 325.000	61 890.000
192	31 280.000	61 250.000

导线点成果表

编号	X	Y	高程
F63	32 187.159	61 779.231	386.602
F64	31 391.237	61 421.357	420.158

×××设计院	××公路××合同段	路线平面图	设计		复核		审核		图号	

图 6-1　路线平面图

字写在短细线端部，字头朝向上方，如图 6-1 所示。图中所示路线的总长为 1.5km。

③平面线形。路线的平面线形有直线形和曲线形。对于曲线形路线的公路转弯处，在平面图是用交角点编号来表示，如图 6-1 所示 JD191 表示为第 191 号交角点。路线平面图中对曲线还需标出曲线起点 ZY（直圆）、曲线中点 QZ（曲中）、曲线终点 YZ（圆直）的位置，对带有缓和曲线的路线则需标出 ZH（直缓）、HY（缓圆）、QZ（曲中）、YH（圆缓）、HZ（缓直）的位置。图中从交角点 JD191 和 JD192 可以看出，公路是沿着路线前进方向，在 JD191 处向右转弯，在 JD192 处向左转弯。

④三角点。图中还标出了导线点（三角点）编号的位置（▽F63、▽F64）。

⑤曲线表及坐标表。图中的表是“曲线要素表”，列出曲线要素或交点在大地坐标网中的位置；另一个是“导线点成果表”，列出了导线在大地坐标网中的位置。

平面图上路线前进的方向规定从左往右，以便和纵断面图对应。

2 地物表示法及路线画法

(1)地物的表示方法

沿线地物及新建桥涵、挡土墙等构造物都用图例来表示。表 6-1 列出了路线平面图中常用的地物图式（根据国家测绘总局出版的《地形图图式》）。涵洞和其他构造物除画出图式外，还应标出构造物的里程桩号。

路线平面地物图示 表 6-1

名称	图例	名称	图例	名称	图例
机场		港口		井	
学校		变电室		房屋	
土堤		水渠	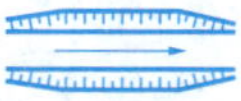	烟囱	
河流		冲沟		人工开挖	
铁路		公路		大车道	
小路		低压电力线 高压电力线	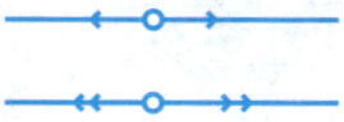	电信线	
果园		旱地		草地	
林地		水田		菜地	
导线点		三角点		圆视点	
水准点		切线交点		指北针	

(2)路线的画法

由于公路路线具有狭长曲折的特点,要将整条路线清晰地画在一张图纸上是不可能的,因此需要分段画在若干张图纸上。使用时将图拼接起来,如图 6-2 所示。路线分段应在直线部分取整数桩号断开,断开的两端均应画出垂直于路线的接图线(点画线)。接图时,应以相邻两图纸的路线中心线为准,并将接图线重合在一起,每张图的右上角绘出角标,注明图纸序号及总张数。在每张图的下方或最后一张图的右下角绘出标题栏(图标)。

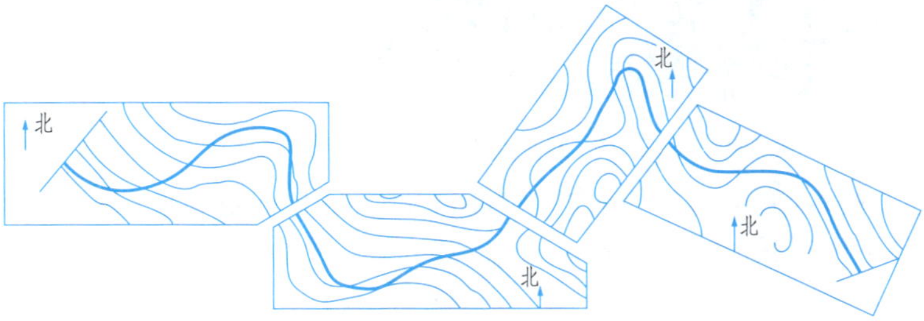

图 6-2　路线图幅拼接示意图

在设计路线时如有比较线,可以同时绘出,正线一般用粗实线,比较线用粗虚线。每张图纸上还应标出一些当地地名。

3 画路线平面图应注意的事项

(1)先画地形图,然后画路线中心线。

(2)等高线按"先粗后细"步骤徒手画出,要求线条顺滑。

(3)路线平面图应从左向右绘制,桩号为左小右大。

(4)路线中心线用绘图仪器按先曲线后直线的顺序画出。为了使中心线与等高线有显著的区别,一般以两倍左右的曲线(粗等高线)粗度画出。

(5)平面图的植物图例,应朝上或向北绘制;每张图的右上角应有角标(也可用表格形式),注明图纸序号及总张数。

(6)平面图中字体的方向,应根据图标的位置来定。

二、路线纵断面图

公路路线是根据地形来设计的,而地形又起伏曲折,变化很大,要画出明晰的路线立面图是不可能的,因此以路线纵断面图来代替一般图示中的立面图。路线纵断面图的作用是表达路线中心纵向线形以及地面起伏、地质和沿线设置构造物的概况。

1 路线纵断面图的形成

路线纵断面图是通过公路中心线用假想的铅垂面进行剖切展平后获得的,见图 6-3。由于公路中心线是由直线和曲线所组成,因此剖切的铅垂面既有平面又有柱面。为了清晰地表达路线纵断面情况,特采用展开的方法将断面展平成一平面,然后进行投影,形成了路线纵断面图。

2 路线纵断面图的内容

路线纵断面图包括图样和资料表两部分,图样画在图纸的上方,资料表在图纸的下方。

图 6-3　路线纵断面图形成的示意图

资料表的格式较多，有简有繁，但作用是相同的。图 6-4 是某公路一段路线的纵断面图。从 K0 +420 至 K1 +165.86，长 745.86m。现将其内容简介如下。

(1)图样部分

①比例。路线纵断面图水平向表示路线的长度，铅垂向表示地面及设计路基边缘的高程。由于地面线和设计线的高差比起路线的长度小得多，如果铅垂向与水平向用同一比例画就很难把高差明显地表达出来，所以规定铅垂向的比例比水平向的比例放大 10 倍，这样画法，图上路线坡度虽与实际不符，但能清楚地显示铅垂向坡度的变化。一般山岭区水平向采用 1∶2 000，铅垂向采用 1∶200；在丘陵区和平原区因地形变化较小，所以水平向采用 1∶5 000，铅垂向采用 1∶500。一条公路纵断面图有若干张，应在第一张的适当位置(在图纸右下角图标内或左侧竖向标尺处)注明铅垂、水平向所用比例。图 6-4 中铅垂向比例采用 1∶200，水平向比例采用 1∶2 000。在图纸右上角注出图纸分式编号，分母表示图纸总张数，分子表示本张图纸的序号，从图 6-4 可知，纵断面图纸共有 13 张，本图图纸序号为 2。

②地面线。图上不规则的细折线是地面线。它是根据一系列中心桩的地面高程连接而成的。具体画法是将水准测量所得各桩的高程按铅垂向 1∶200 的比例，点绘在相应的里程桩上。然后顺次把各点用直尺连接起来，即为地面线。地面线用细实线画出。

③设计线。图上比较规则的直线与曲线相间的粗实线称为设计坡度线，简称设计线，表示路基边缘的设计高程。它是根据地形、技术标准等设计出来的。设计线用粗实线画出。

④竖曲线。在设计线纵坡变更处(变坡点)，应按《公路工程技术标准》(JTG B01—2014)的规定设置竖曲线，以利于汽车行驶。竖曲线分为凸形和凹形两种，分别用“┌┬┐”和“└┬┘”符号表示。并在其上标注竖曲线的半径 R、切线长 T 和外距 E。图 6-4 路线纵断面图中，在 0 +660 处设有一个凹形竖曲线。如变坡处不设竖曲线，则在图上该处注明不设。

⑤桥涵构造物。当路线上有桥涵时，应在设计线上方(或下方)桥涵的中心位置处标出桥涵名称、种类、大小及中心里程桩号，并采用“○”符号来表示。如图 6-4 中的 $\frac{1-75\times75\text{石盖板涵}}{0+773}$ 表示在里程 K0 +773 处设有一座单孔石盖板涵，断面尺寸为 75cm × 75cm。在新建的大、中桥梁处还应标出水位高程。

⑥水准点。沿线设置的水准点，都应按所在里程注在设计线的上方(或下方)，并标出其编号、高程和路线的相对位置，如图上 $\frac{BM_2\ \text{左侧 10m 岩石上}}{57.493\ \text{桩号}\ 0+580}$ 表示在里程 K0 +580 处的左侧 10m 的岩石上设有第二号水准点，其高程为 57.493m。

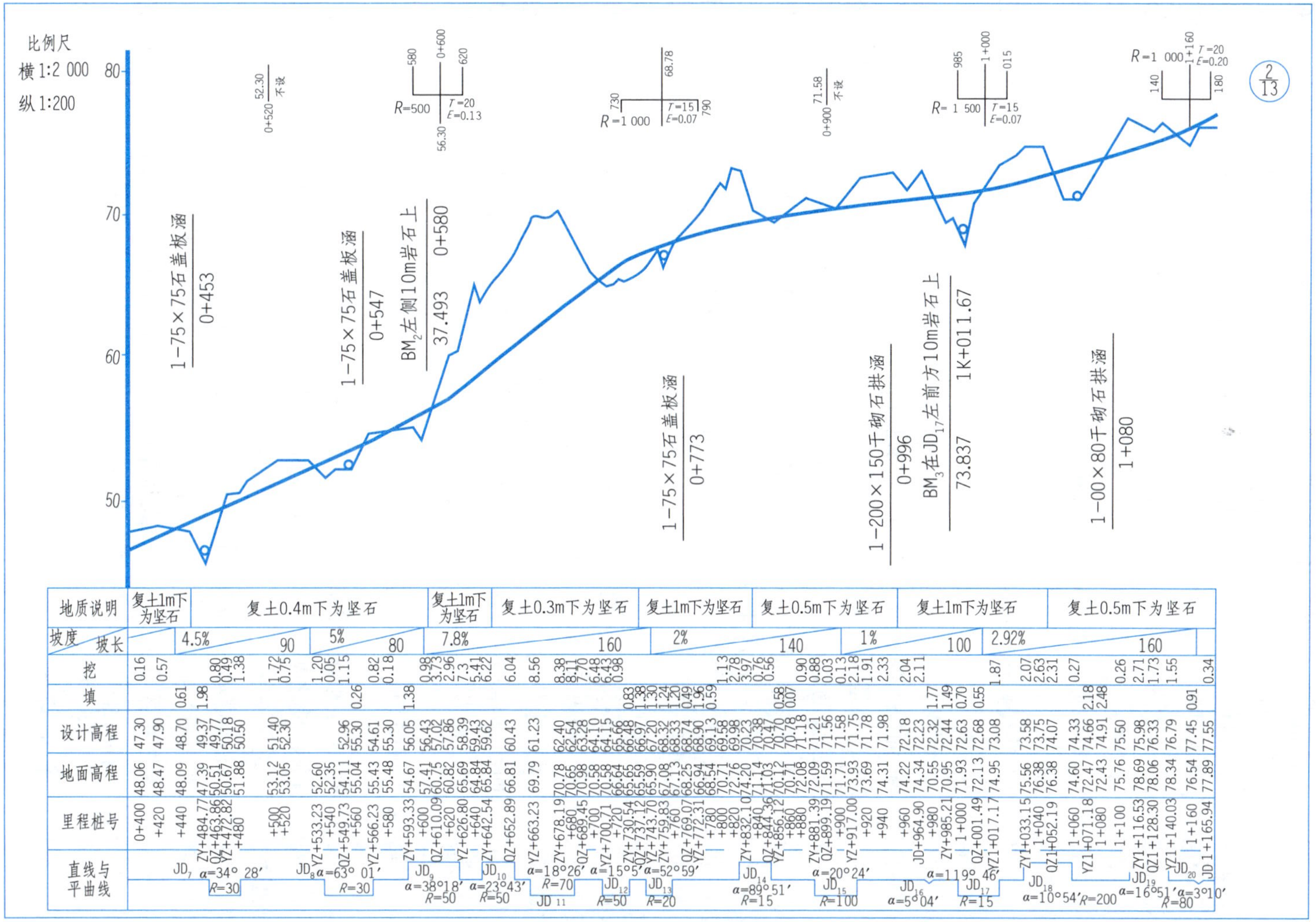

比例尺
横 1:2 000
纵 1:200
1−75×75石盖板涵
0+453
1−75×75石盖板涵
0+547
BM2左侧10m岩石上
37.493 0+580
1−75×75石盖板涵
0+773
1−200×150干砌石拱涵
0+996
BM3在JD17左前方10m岩石上
73.837 1K+011.67
1−00×80干砌石拱涵
1+080
地质说明
坡度 坡长
挖
填
设计高程
地面高程
里程桩号
直线与平曲线

图 6-4 路线纵断面图

(2)资料表

①地质说明。标出沿路线的地质情况,为设计、施工提供资料。

②坡度/坡长。是指设计线的纵向坡度及长度,表的第二栏中每一分格表示一坡度,对角线表示坡度的方向,先低后高表示上坡,先高后低表示下坡。对角线上方数字表示坡度,下方数字表示坡长,每一坡段的长度是该段的终止桩号与起始桩号的差值,坡长以米(m)为单位。如图6-4中第三分格内注有"5%/80",表示顺路线前进方向是上坡,坡度为5%,坡长80m。如在不设坡度的平路范围内,则在格中画一水平线,上方注数字"0",下方注坡长。各分格线为变坡点位置,应与竖曲线中心线对齐。

③挖。路线的设计线低于地面线时,需要挖土。这一项的各个数据是各点(桩号)的地面高程与设计高程的差。

④填。路线的设计线高于地面线时,需要填土。这一项的各个数据是各点(桩号)的设计高程与地面高程的差。

⑤设计高程。设计线上各点(桩号)的高程为设计高程。

⑥地面高程。地面线上各点(桩号)的高程为地面高程。

⑦桩号。各点的桩号是按测量所测的里程填入表内,单位为米(m)。有些数据前有ZY、QZ和YZ符号,表示圆弧的起点、中点和终点,后面的数据表示起点、中点和终点的里程桩号,里程桩号之间的距离在表中按横向比例列入。因此,图中的设计线、地面线、竖曲线和涵洞等位置以及资料表中的各个项目都要与相应的桩号对齐。

⑧平曲线。平曲线一栏是路线平面图的示意图。直线段用水平线表示,曲线(弯道)用下凹或上凸图线表示,如图中 JD_7 $\alpha=34°28'$ $R=30$ 表示第7号交角点沿路线前进方向左转弯,转折角 $\alpha=34°28'$,平曲线半径 $R=30$m。

又如 JD_9 $\alpha=38°18'$ $R=50$ 表示第9号交角点沿路线前进方向右转弯,转折角 $\alpha=38°18'$,平曲线半径 $R=50$m。两铅垂线间的距离为曲线长度。

当转折角小于某一定值时,不设平曲线。"定值"随公路等级而定。如四级公路的转折角≤5°时,不设平曲线,但需画出转折方向。如 JD_{20},用"∨"符号表示路线向左转弯,若是用"∧"符号,则表示路线向右转弯。

3 画路线纵断面图的注意事项

(1)路线纵断面图用透明方格纸画,方格纸上的格子一般纵横方向均按1mm为单位分格,每5cm处印成粗线,使之醒目,便于使用。用方格纸画路线纵断面图,既可省用比例尺,加快绘图速度,又便于进行检查。

(2)图宜画在方格纸的反面,使擦线时不致将方格线擦掉。

(3)画路线纵断面图与画路线平面图一样,从左至右按里程顺序画出。

(4)纵断面图标题栏绘在最后一张图或每张图的右下角,注明路线名称,纵、横比例等。每张纸右上角应有角标,注明图纸序号及总张数。

三、路基横断面图

在公路沿线设置的中心桩处,根据测量资料和设计要求顺次画出的垂直于路线中心线的断面图为路基横断面图。路基横断面图的作用是表达各中心桩处横向地面起伏及设计横断面的情况，路基形式、边坡坡度、路基顶面高程等。它是用来计算土石方数和作为路基施工时的依据。

1 路基横断面图的形成

在路线每一中心桩处假设用一平面垂直于设计中心线进行剖切，画出剖切面与地面的交线。再根据填挖高度和规定的路基宽度和边坡，画出路基横断面设计线，即成为路基横断面示意图，如图6-5所示。路基横断面图的水平和铅垂方向采用同一比例，一般用1∶200，也可用1∶100和1∶50。

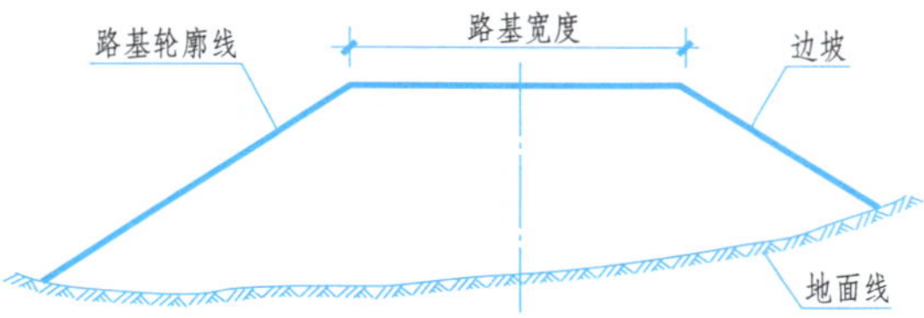

图6-5　路基横断面示意图

2 路基横断面图的形式

路基横断面图形式基本上有下列三种。

（1）填方路基

填方路基即路堤，如图6-6a）所示，在图下注有该断面的里程桩号、中心线处的填方高度T(m)以及该断面的填方面积A_T(m^2)。

（2）挖方路基

挖方路基即路堑，如图6-6b）所示，图下注有该断面的里程桩号、中心线处挖方高度W(m)以及该断面的挖方面积A_W(m^2)。

（3）半填半挖路基

半填半挖路基是前两种路基的综合，如图6-6c）所示。在图下仍注有该断面的里程桩号、中心线处的填T（或挖W）高度以及该断面的填方面积A_T(m^2)和挖方面积A_W(m^2)。

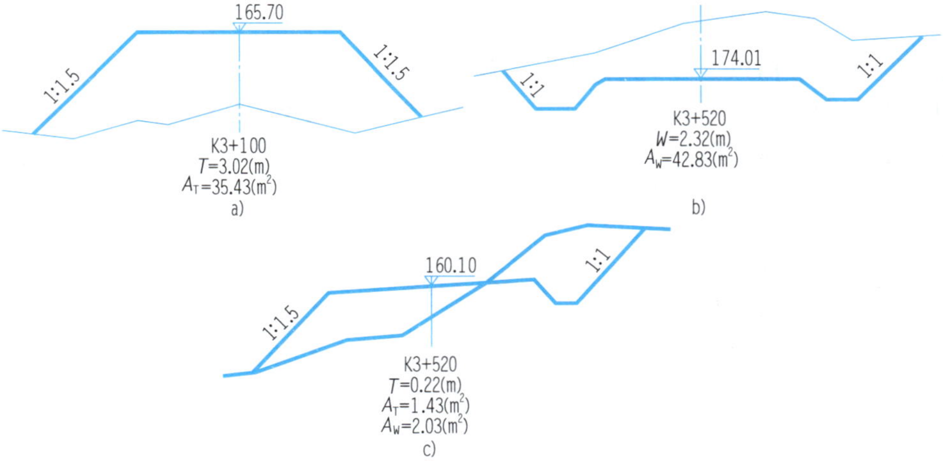

图6-6　路基横断面的基本形式

a）填方路基；b）挖方路基；c）半填半挖路基

3 画路基横断面图的注意事项

（1）画路基横断面图使用透明方格纸，既要便于计算断面的填挖面积，又要给施工放样带来方便。路基横断面图画图顺序应沿着桩号从下到上、从左至右画出。

(2)横断面图的地面线一律画细实线,设计线一律画粗实线。

(3)在每张路基横断面图的右上角应写明图纸序号及总张数,在最后一张图的右下角绘制图标,如图 6-7 所示。

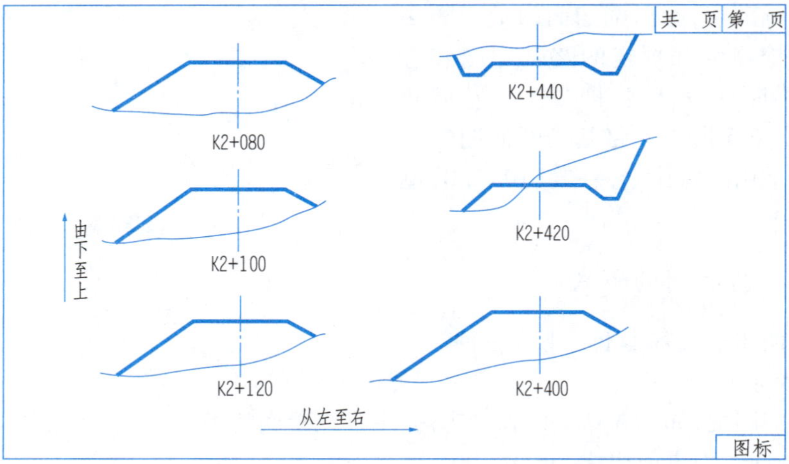

图 6-7 路基横断面图

想一想

公路路面结构层图有哪几种?应怎样表示?

四、公路路面结构层图

路面是在路基顶面以上行车道范围内用各种不同材料分层铺筑而成的一种层状结构物。路面根据使用材料性能的不同分为柔性路面和刚性路面两大类。其组成主要包括行车道、中央分隔带、路肩和路缘石,以上各部分的关系在标准横断面图上可以表达(图 6-8)。路面结构图如图 6-9 所示,主要表达各结构层的材料和设计厚度。

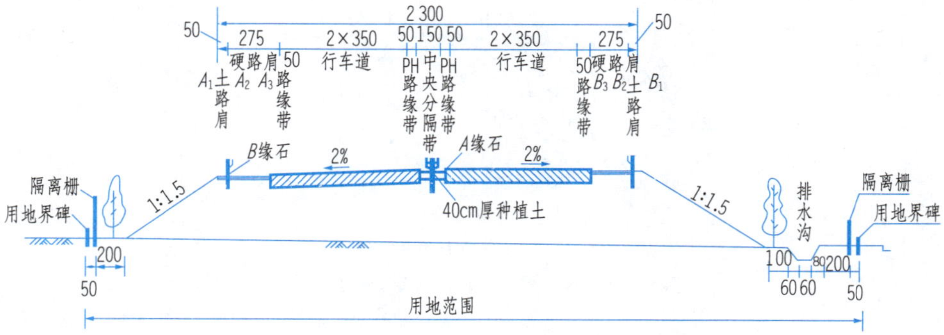

注:
1. 图中尺寸均以cm为单位;
2. 本设计文件中,PH为设计高程,距测量中线75cm,A_1、B_1为土路肩,距中线1 150cm;A_2、B_2为硬路肩外边缘,距中线1 100cm;A_3、B_3 为包括路缘带的行车道外边缘,距中线875cm。

图 6-8 路面组成示意图

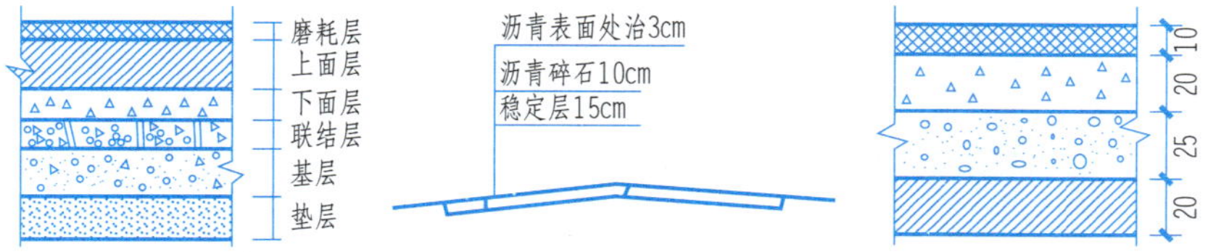

图 6-9　路面结构层示意图(尺寸单位:cm)

1 水泥混凝土路面结构图(图 6-10)

(1)路面结构图 *A*、*B*

如图 6-10 所示,路面结构图分为图 *A* 或图 *B*。图中标注的尺寸 30cm,表示路面基层的顶面靠近硬路肩处比路面宽出 30cm,并以 1∶1的坡度向下分布。图中标注的尺寸 10cm,表示硬路肩面层下的基层比顶面面层宽出 10cm。

(2)中间带构造图

此图将中间带的各部尺寸、构件的位置、选用的材料情况等都表示了出来,其目的就是让有关施工人员能按图中的要求施工放线、安装、检查及验收,以避免出现争执。

(3)水泥混凝土缘石大样

此图的目的是在预制或现浇施工时,施工人员能按此图制作安装模板。

2 沥青混凝土路面结构图(图 6-11)

(1)沥青混凝土路面横断面图

沥青混凝土路面横断面图与路基标准横断面图相比,土路肩、硬路肩、行车道等部分的尺寸标注基本上是一样的,不同之处在于前者比后者所用的比例要大,前者一般采用 1∶100 的比例。路基顶面不是一条水平线,而是将路拱的坡度画出,并标注了路拱的坡度及方向,除此之外,还将路面结构层及中央分隔带较为清楚地用示意图的方式画了出来。此图的目的是要让施工人员对路面结构能有一个轮廓性的了解。

(2)中央分隔带及路面结构图

图左侧的尺寸标注分别为 5、7、20 和 *h*,它表示在整个路段的路面施工过程中,面层和基层的厚度保持不变,即沥青混凝土的厚度为 5cm,沥青碎石的厚度为 7cm,石灰土稳定碎石的厚度为 20cm,*h* 表示底基层的厚度。*h* 的值在不同的路段,其数值会发生变化,其变化与路基的回弹模量 E_0 有关。

中央分隔带处的尺寸标注及图示,告诉施工人员,两路缘石中间需要填土,填土顶部从路基中线向两路缘石倾斜,其坡度均为 1%。水平标注的 5 和竖直标注的 7、5 则表示安装路缘石的混凝土底座的尺寸,底座下的石灰土稳定碎石的底座外侧边缘开始以 1∶1的坡度向下延伸。图中还将路缘石和底座的水泥混凝土的强度等级注了出来,目的是提醒施工人员,以避免施工中产生差错。

行车道路面底基层在与硬路肩的分界处,其宽度超出基层 25cm 之后以 1∶1的坡度向下延伸。

硬路肩的面层、基层和底基层,其尺寸标注分别为 5、15、20,则表示整个路段中硬路肩的结构层均保持该厚度不变。在硬路肩与土路肩的分界处,基层的宽度超出面层 10cm 之后以 1∶1的坡度延伸至底基层的底部。

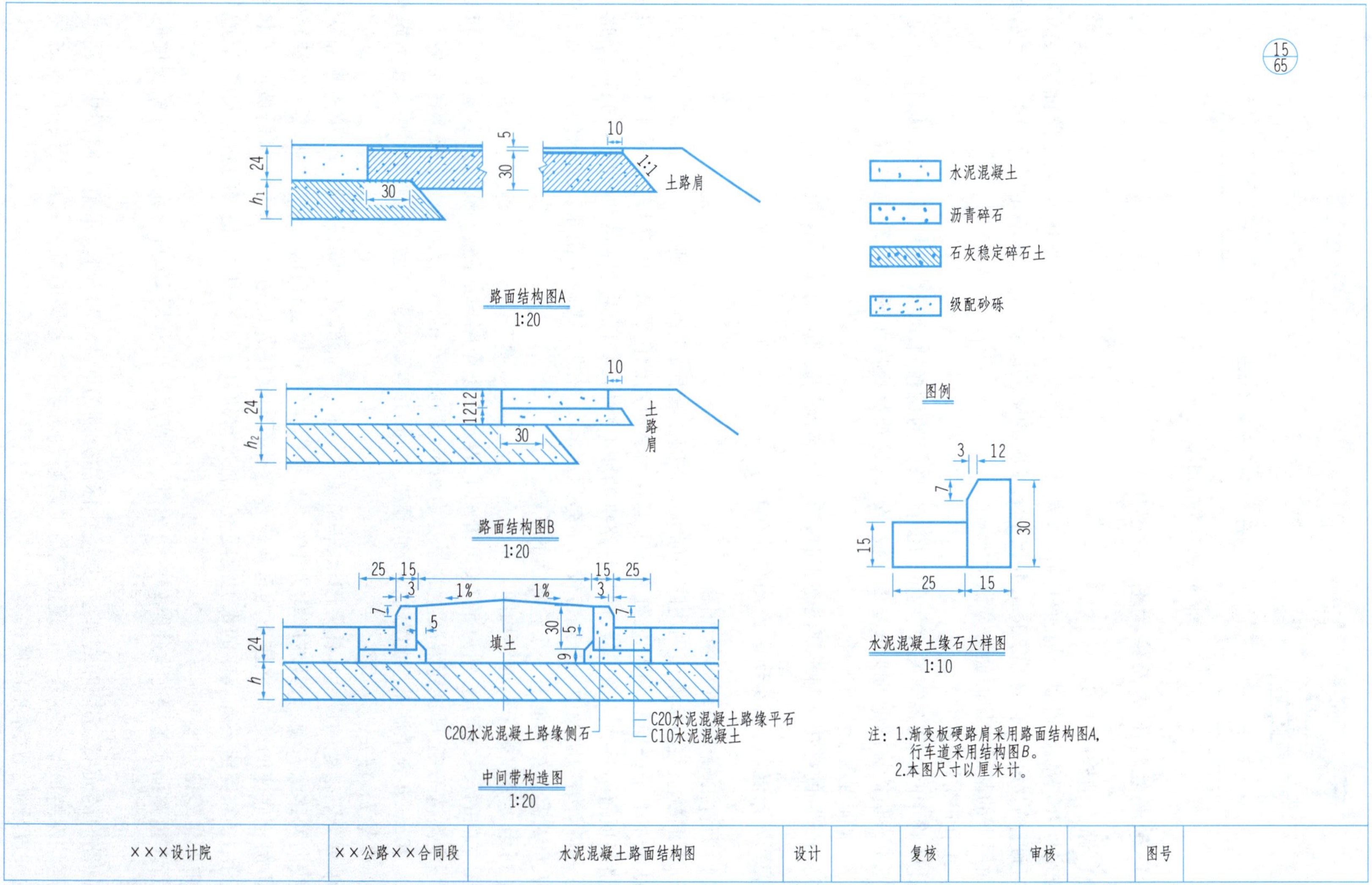

图6-10　水泥混凝土路面结构图

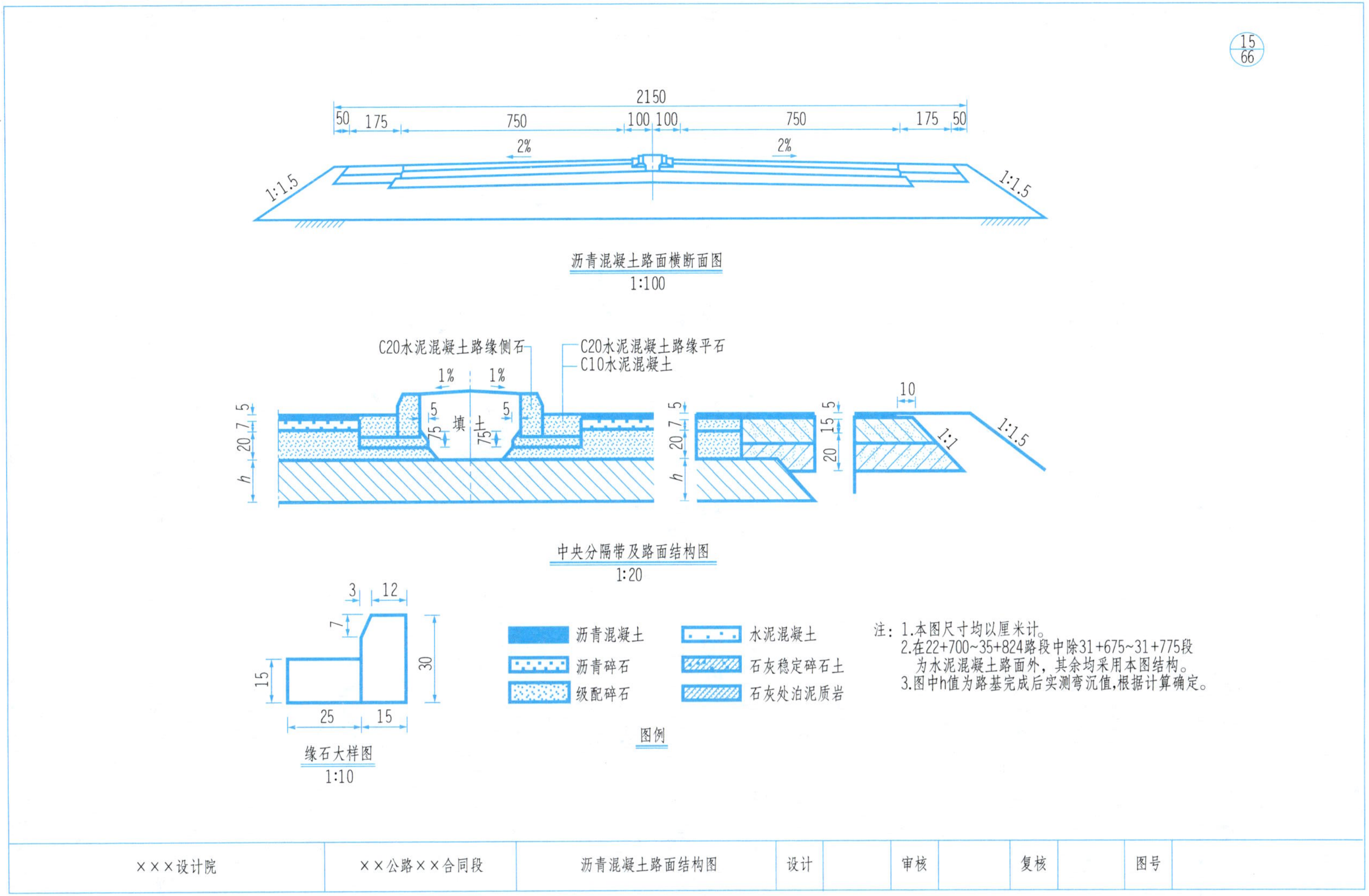

图 6-11　沥青混凝土路面结构图

(3)缘石大样图

此图的目的是在预制或现浇施工时,施工人员能按此图制作安装模板。

6.2 公路交叉口

道路与道路(或铁道)相交时所形成的共同空间部分称为交叉口。

根据通过交叉道路所处的空间位置可分为平面交叉、立体交叉两大类。

一、平面交叉口

1 平面交叉口的形式

常见的平面交叉口形式有十字形、X 字形、T 字形、Y 字形、错位交叉、复合交叉等,如图 6-12 所示。

2 环形交叉口

为了提高平面交叉口的通过能力,常采用环形交叉口。环形交叉(俗称转盘)是在交叉口中央设置一个中心岛,用环道组织交通,使车辆一律绕岛按逆时针单向行驶,直至离岛驶出。中心岛的形状有圆形、椭圆形、卵形、方角圆形、菱角圆形等,如图 6-13 所示。

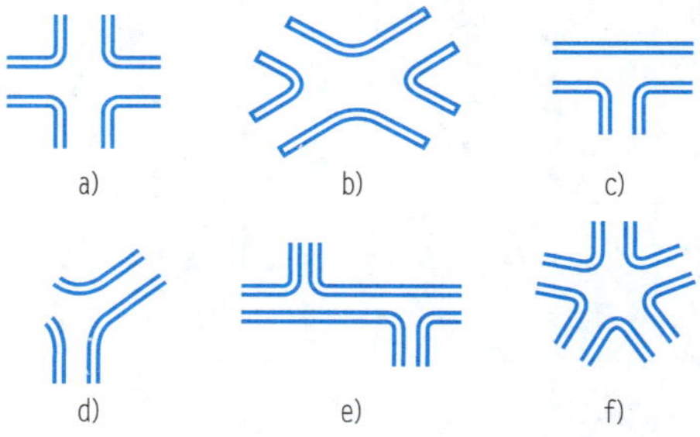

图 6-12　平面交叉口的形式

a)十字形;b)X 字形;c)T 字形;d)Y 字形;

e)错位交叉;f)复合交叉

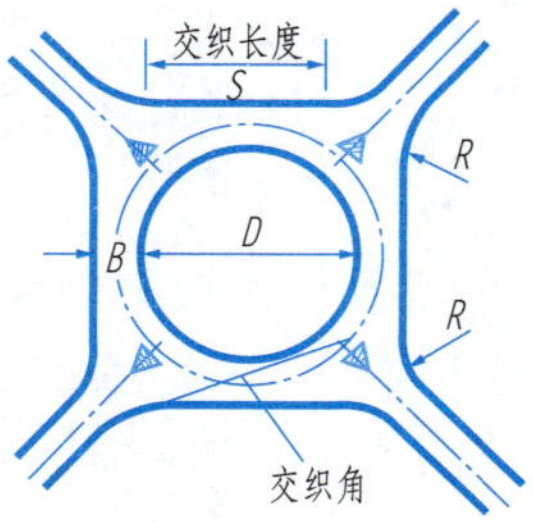

图 6-13　环形交叉

二、立体交叉口

当平面交叉口仅用交通控制手段无法解决交通要求时,可采用立体交叉,以提高交叉口的通过能力和车速,解决各向车流在交叉口处的冲突。立体交叉口由相交道路、跨线桥、匝道、通道和其他附属设施组成。

1 分类

(1)按跨越方式,分为上跨式和下穿式,如图 6-14a)、b)所示。

（2）按交通功能，分为分离式（图 6-15）和互通式。互通式立交，按交通流线的交叉情况和道路互通的完善程度分为完全互通式、不完全互通式、环式。互通式立体交叉口常见类型有三路相交喇叭形、四路相交二层式苜蓿叶形、四路相交三层式苜蓿叶形和四路相交四层式环形，如图 6-16 所示。

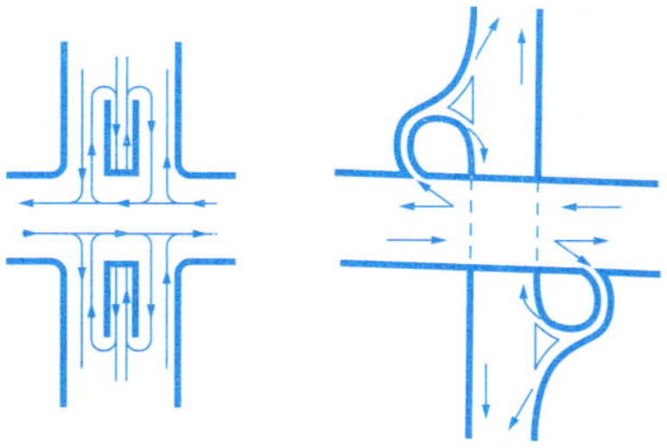

a)　　b)

图 6-14　立体交叉的基本类型

a）下穿式；b）上跨式

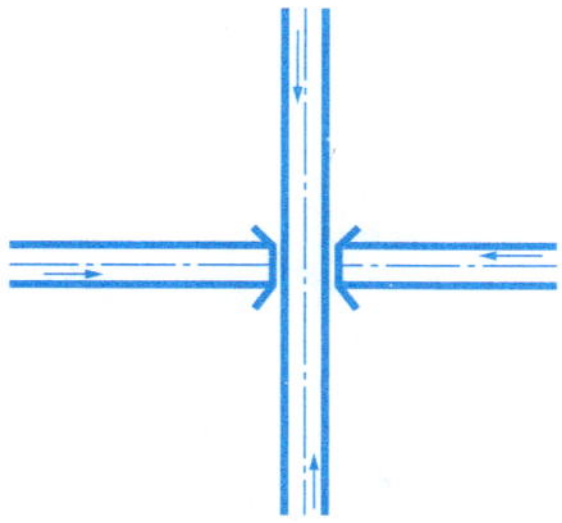

图 6-15　分离式立体交叉

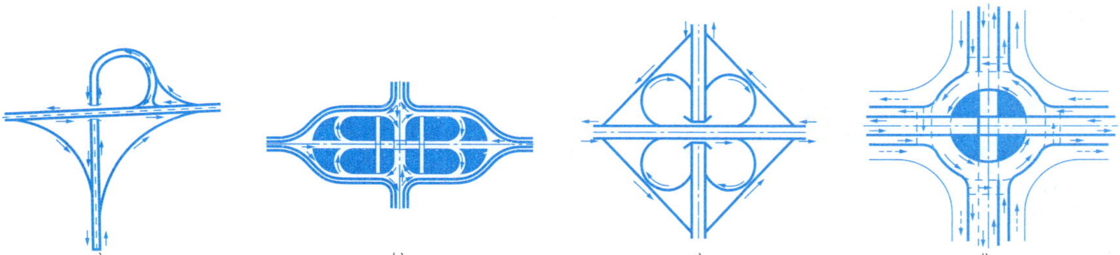

a)　　b)　　c)　　d)

图 6-16　互通式立体交叉口常见类型

a）三路相交喇叭形；b）四路相交二层式苜蓿叶形；c）四路相交三层式苜蓿叶形；d）四路相交四层式环形

2 立体交叉工程图

公路与城市道路立体交叉工程图的内容视分离式还是互通式类型的不同而有所不同。互通式立体交叉工程图主要有下列几种。

（1）平面设计与交通组织图

如图 6-17 所示，图中表示了立体交叉口的平面设计形式、各组成部分的位置关系、地形地物及建设区域内的附属构造物。从图中可以看出，该立体交叉的交叉方式为主线下穿式，平面几何图样为双喇叭形。

在交叉口平面图中，用不同线形的箭头线标出机动车、非机动车和行人等在交叉口处必须遵守的行进路线，这种图样称为交通组织图。图 6-17 中说明交通组织情况为双向互通。

读图（图 6-17）：图中用指北针与大地坐标网表示方位，等高线和地形测点表示地形，城镇与高低压线和临时便道等地物用相应的图例表示，图中标注了各匝道的关系。

（2）纵断面图

立体交叉纵断面图的内容包括主线（ML）、被交道路（G_r）和匝道（R_A）。图 6-18 为立体交叉（东西）主线纵断面图，中间为机动车道，纵坡较大，如粗实线所示。细实线为非机动车道纵断面图，图上方的表示立交桥的宽度。图下方只列出机动车道纵断面资料表。非机动车资料表未列出。图 6-19 为（南北）干道纵断面图，图示方法与前述纵断面相同。

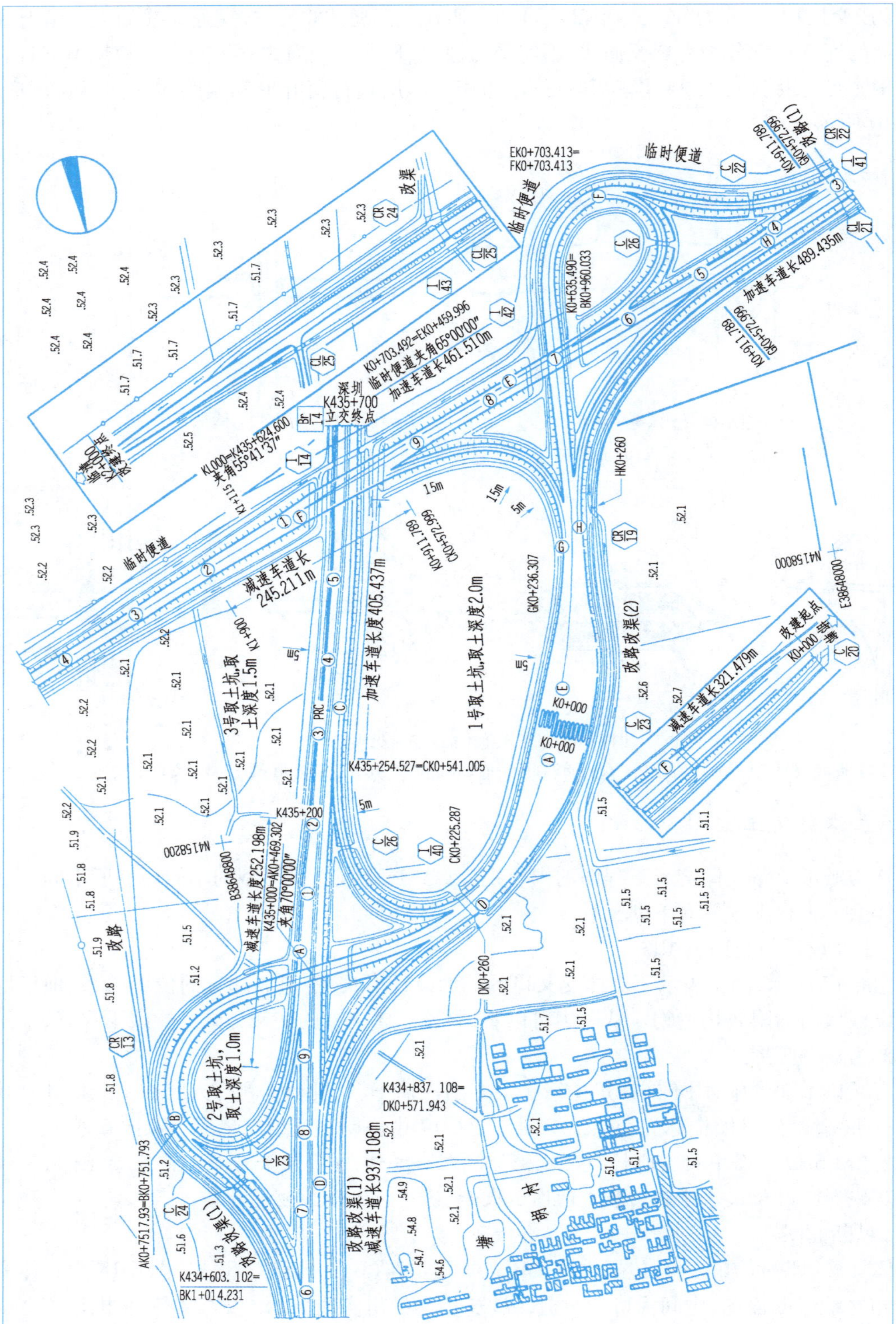

图 6-17　某立体交叉平面设计及交通组织图

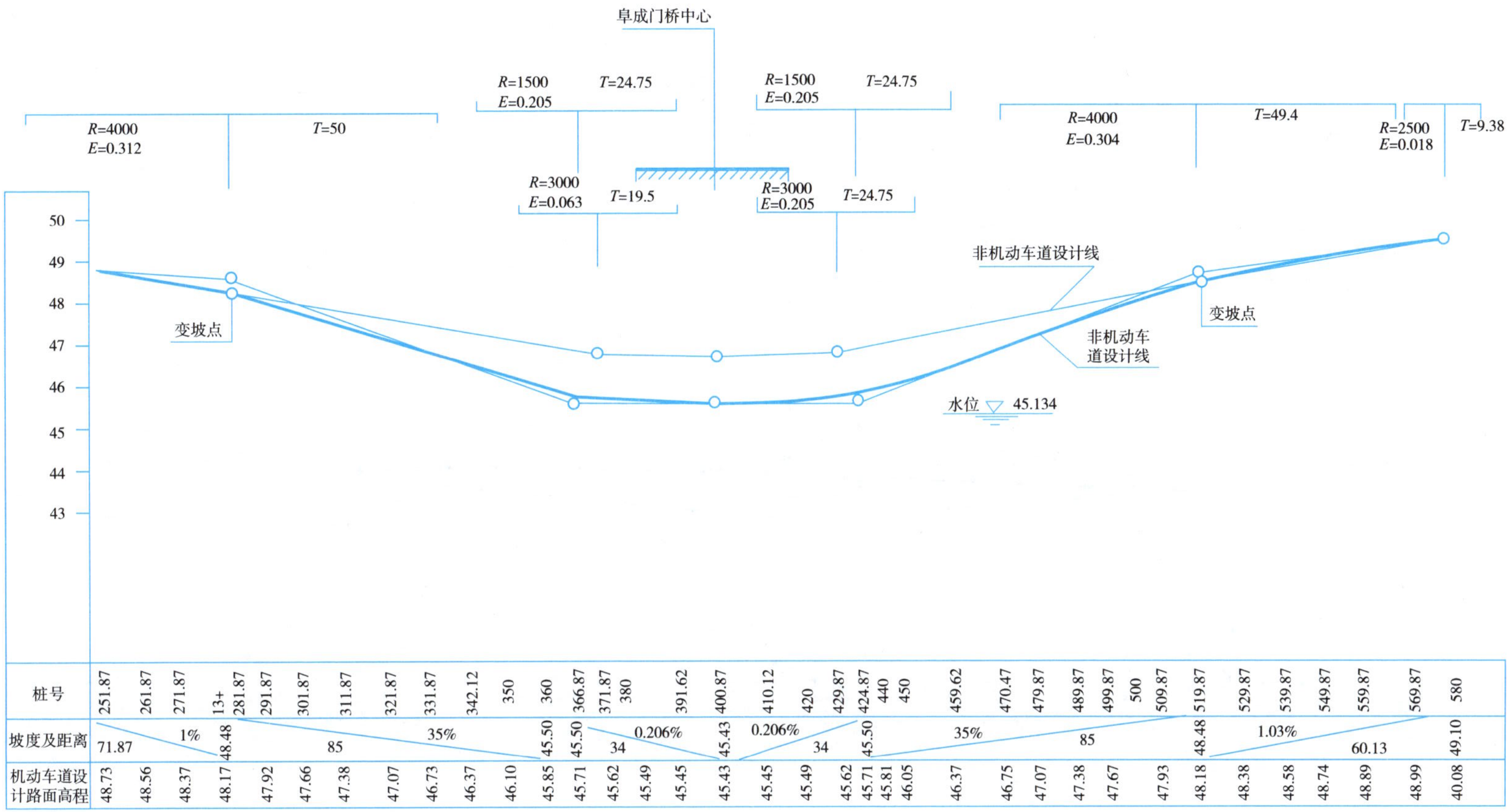

注：本资料表中只图示了机动车坡度及设计路面高程。

图 6-18　某立体交叉（东西）主线纵断面图

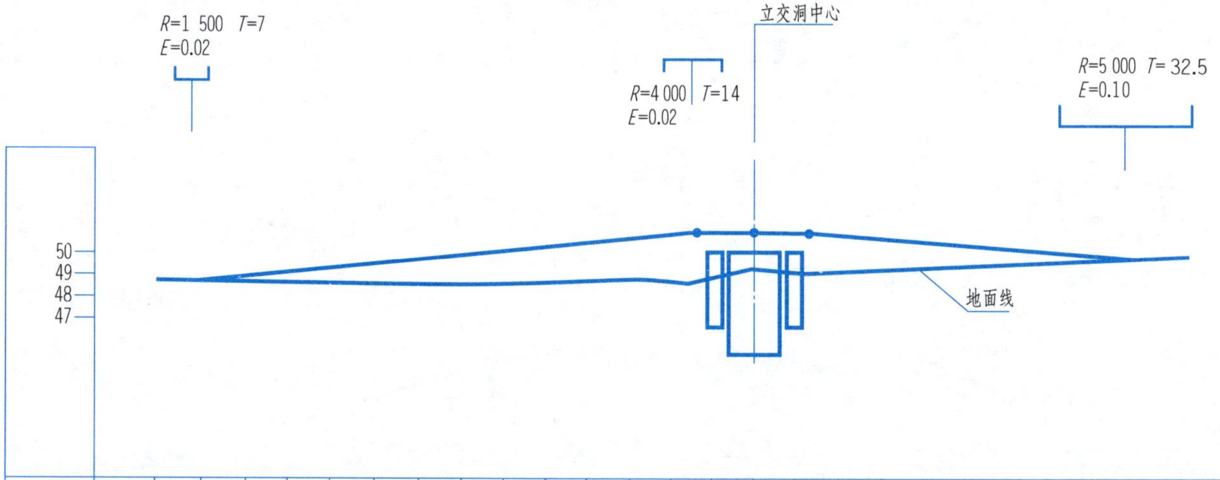

桩号		0.272 270 265	258 240		210	180		150	120		090	069.5 069.5 060	0-044	-030	-016 0+000		0+030			090	120		150 160	170 180	190 200	210 212.5 220	240		270	300
坡度与距离		48.65					0.955% 235							51.01	0.30% 30 51.10	0.30% 330	51.01			150										
地面高程		48.69	48.67		48.58	48.15		48.40	48.50		48.66	48.77		48.77	49.31		49.13			49.44	49.53		49.73	49.85		50.03	50.15		50.25	50.37
设计高程		48.71	48.94		49.23	49.53		49.82	50.12		50.42	50.71	50.87	50.99	51.03		51.01			50.55	50.32		50.09 50.03	49.99 49.96	49.96 49.98	50.03 50.03				

图 6-19　某立体交叉(南北)干道纵断面图

(3)横断面图

图6-20为某立交桥交叉的东西干道的横断面图，图中不仅表示了桥孔的宽度、路面的横坡，还表示了雨水管、雨水口的位置。

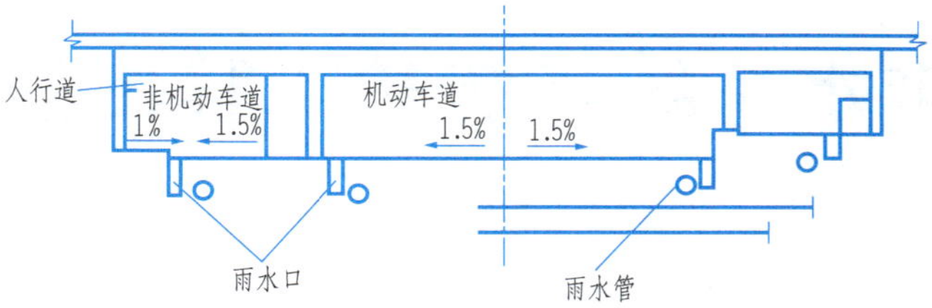

图6-20　某立交桥交叉东西干道横断面图

(4)竖向设计图

交叉口竖向设计图表达交叉口处路面在竖向的高程变化(可标注控制点高程或用等高线表示)，以保证行车平顺和排水通畅，如图6-21所示。

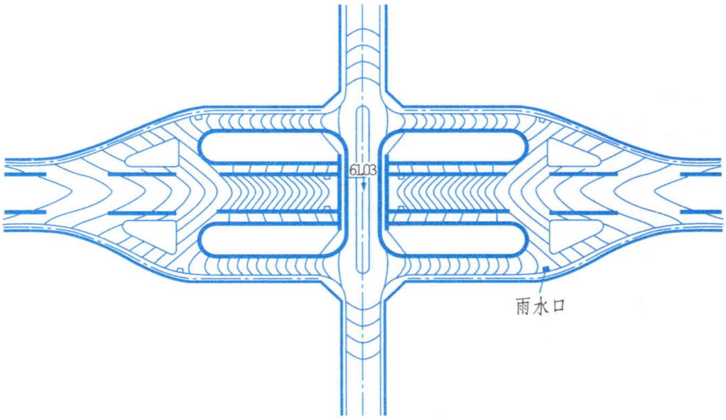

图6-21　某立体交叉竖向设计图

(5)鸟瞰图

鸟瞰图可绘出立体交叉的透视图，供审查设计和方案比较用，如图6-22所示。

图6-22　某立体交叉鸟瞰图

互通式立体交叉工程图除上述图纸外,还有跨线桥桥形布置图、路面结构图、管线及附属设施设计图等。这些图样有的与道路工程图中的图示方法相似,有的与桥涵工程图一致。

6.3 排水系统与防护工程图的识读

一、排水系统工程图

根据公路排水的特点,可将公路排水分为地面排水和地下排水两大类。

地面排水设施主要有边沟、截水沟、排水沟、急流槽等;地下排水设施主要有暗沟、渗沟、渗井等。

1 边沟

边沟一般设置在路堑、矮路堤、零填零挖路基及陡坡路堤边缘外侧或坡脚外侧。边沟的主要作用是汇集和排除路基范围内和流向路基的少量地面水。边沟的横断面形状主要有梯形、矩形、三角形和流线型几种。边沟结构图式如图 6-23 所示。图中Ⅰ、Ⅱ、Ⅲ型适用于挖方边沟;Ⅳ、Ⅴ型适用于填方边沟。

一般情况下,土质边沟宜采用梯形;石质边沟宜采用矩形;矮路堤或机械化施工时可采用三角形;路基旁侧积砂或积雪的宜采用流线型。

高速公路、一级公路边沟的宽度、深度不应小于 0.6m;其他等级公路不应小于 0.4m。图中各种边沟外侧边坡应与挖方边坡一致。

2 截水沟

截水沟一般设置在挖方路基上侧边坡坡顶以外,或山坡路堤上方适当地点。截水沟的主要作用是拦截山坡上方流向路基的地表水,保护挖方边坡和填方坡脚不受流水冲刷。截水沟结构图式如图 6-23 表中Ⅲ-2 型所示。从图中可以看出其断面形式为梯形,底宽和深度一般不宜小于 0.5m,边坡坡度常采用 1:1 ~ 1:1.5。

3 排水沟

排水沟一般设置在距路基坡脚不少于 3 ~ 4m 以外的适当地方。排水沟的作用是将边沟、截水沟、取土坑所汇集的水流或路基附近的积水,引至桥涵或路基范围以外的天然河流、低洼地。排水沟结构图式如图 6-23 表中Ⅲ-2 型所示。

4 急流槽

急流槽一般设置于陡坡或深沟地段。急流槽的作用是将上下游水位差较大的水流,引至桥涵进口或路基下方。急流槽结构图式如图 6-24 所示。从图中可以看出其断面形式为槽形,一般由进口、槽身、出水口三部分组成。进、出水口与槽身连接处因断面不同需设过渡段。槽底可用几个坡度,上段较陡,向下逐渐放缓,以达到降速、消能作用。

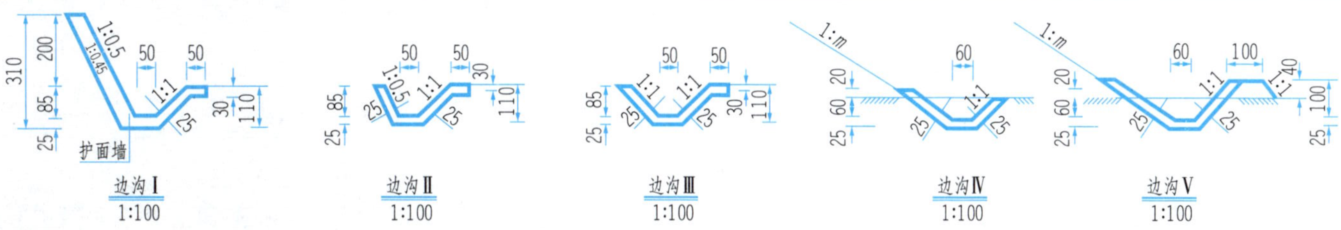

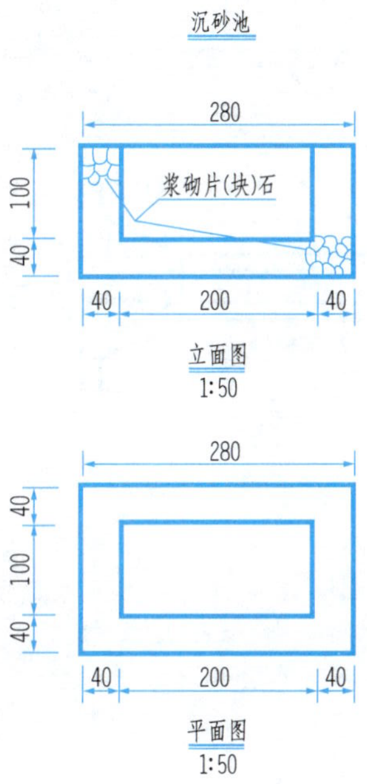

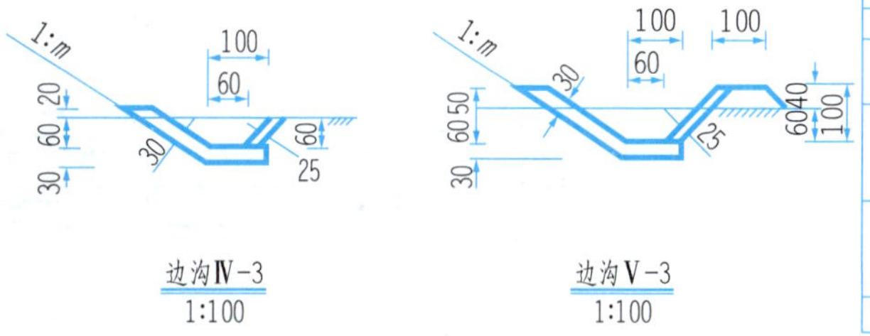

边沟、排水沟沉砂池每延米(个)工程数量表

类型		坡度		每延米(个)工程数量(m^3)			备注
型号	编号	内侧	外侧	边沟、排水沟	沉砂池(个) 砌体	沉砂池(个) 挖基	
Ⅰ	Ⅰ-1	1:1	1:0.5	0.556 0			护面墙边沟
Ⅱ	Ⅱ-1	1:1	1:0.5	0.863 5			
Ⅲ	Ⅲ-1	1:1	1:1	0.929 3			
	Ⅲ-2	1:1	1:1	0.840 4			适于截水沟
Ⅳ	Ⅳ-1	1:1.5	1:1	0.845 7			
	Ⅳ-2	1:1.7	1:1	0.893 7			
	Ⅳ-3	1:2.0	1:1				
Ⅴ	Ⅴ-1	1:1.5	1:1	1.122 3			
	Ⅴ-2	1:1.7	1:1	1.186 3			
	Ⅴ-3	1:2.0	1:1				
沉砂池	M5砂浆砌片块石				5.06	16.00	

注：1. Ⅰ型、Ⅱ型、Ⅲ型为挖方边沟,Ⅲ型中Ⅲ-2型适用于截水沟、横向排水沟,Ⅳ型、Ⅴ型为填方边沟。
2. 施工时各种类型边沟、排水沟衔接或与构造物衔接,应根据沟底高程及地形情况调整尺寸,但沟深不得小于0.6m。纵坡不得小于0.03%。
3. 沉砂池与边沟的衔接处可适当调整排水沟尺寸。
4. 采用M5砂浆砌片(块)石。
5. 本图尺寸以厘米计。

×××设计院	××公路××合同段	路基排水一般结构设计图	设计		复核		审核		图号	

图 6-23 边沟、排水沟、截水沟结构图

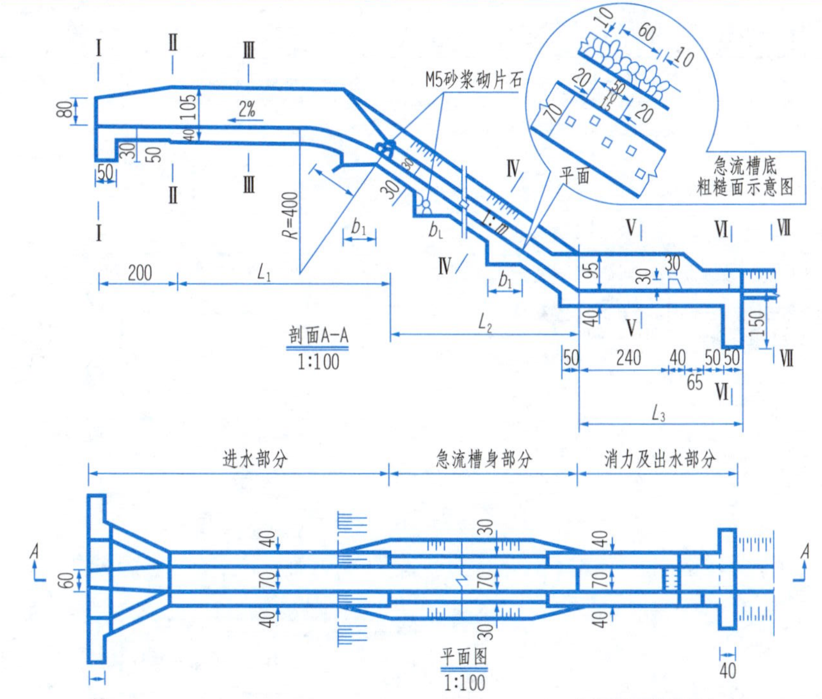

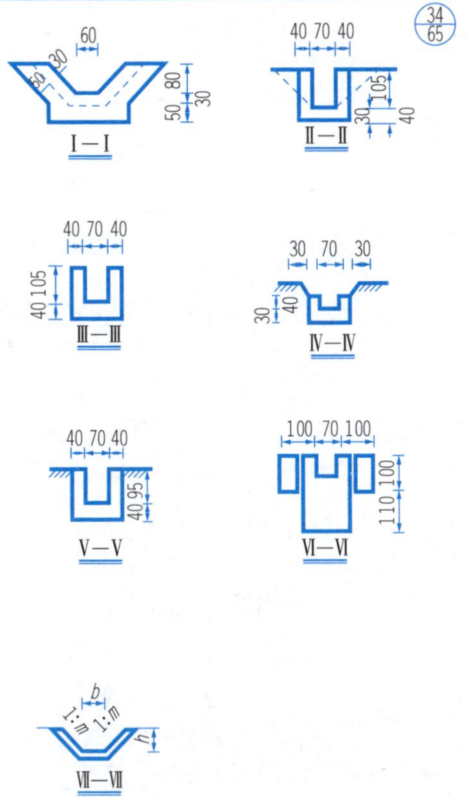

Q=0.5m³/s

急流槽标准图尺寸表部分

尺寸（m）/部位/沟底坡度	进水槽 L_1	急流槽 L_2	过滤段 L_3	防滑平台 b_1	每个平台水平间距 L_4
1:0.75	5.10	≥5.90	3.45	0.80	1.70
1:1.0	3.90	≥4.50	2.25	0.80	1.70
1:1.25	3.35	≥3.90	1.70	0.90	2.00
1:1.5	3.05	≥3.60	1.40	0.90	2.00

Q=0.5m³/s

急流槽标准图数量表

工程项目/材料名称/单位/数量/沟底坡度	进水部分	急流槽身部分			消力及出水部分
		沟底	防滑平台	伸缩缝	
	M5水泥砂浆砌片石			沥青麻絮	M5砂浆砌片石
	m³	m³/m	m³/个	m³/处	m³
1:0.75	14.84	1.06	0.55	0.63	7.94
1:1.0	11.92	0.90	0.42	0.63	7.91
1:1.25	10.50	0.82	0.42	0.63	7.89
1:1.5	9.71	0.77	0.35	0.63	7.88

注：1.施工时,急流槽进、出水口与边沟的衔接，可作适当的调整。
2.本图尺寸以厘米计。

×××设计院	××公路××合同段	路基排水一般结构设计图	设计		复核		审核		图号	

图 6-24　急流槽结构图

5 暗沟

暗沟是设置于地面以下引导水流的沟渠。暗沟的主要作用是把路基范围内的泉水或渗沟所拦截、汇集的水流排到路基范围以外。暗沟的构造图式如图 6-25 所示。暗沟断面形式可分为洞式和管式两大类。图中只表示了洞式这一种形式，其沟宽和管径一般为 20 ~ 30cm，高为 20cm。洞顶填土应大于 50cm。其出口处沟底应高出边沟最高水位 20cm 以上，以防止水流倒灌。

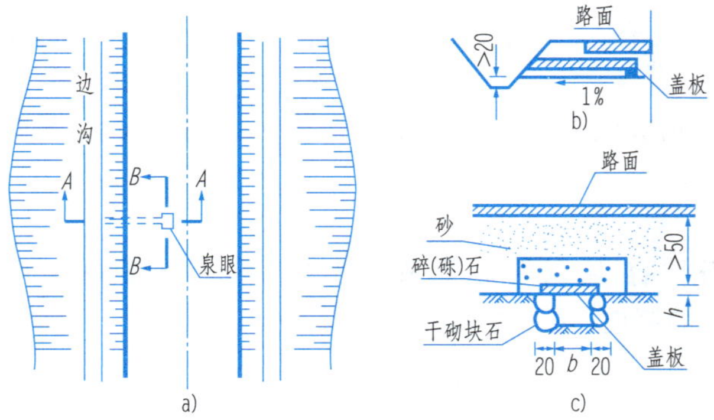

图 6-25　暗沟构造图（尺寸单位：cm）

a）平面；b）剖面（*A*—*A*）；c）剖面（*B*—*B*）

6 渗沟

渗沟是设置于边沟、路肩、路基中线以下或路基上侧山坡适当位置的地下沟渠。渗沟的主要作用是吸收、降低地下水位，汇集和拦截流向路基的地下水，并将其排出路基范围以外。渗沟的结构图式如图 6-26 所示。从图中可以看出，渗沟由碎（砾）石或管（洞）排水层、反滤层和封闭层所组成。按不同的排水层形式，渗沟可分为三种：填石渗沟、管式渗沟和洞式渗沟。沟深在 2m 以内，宽度为 0.6 ~ 0.8m；沟深在 3 ~ 4m，宽度为不小于 1m。洞式渗沟排水洞高度为 20 ~ 40cm；管式渗沟直径 *D* 为 15 ~ 30cm。

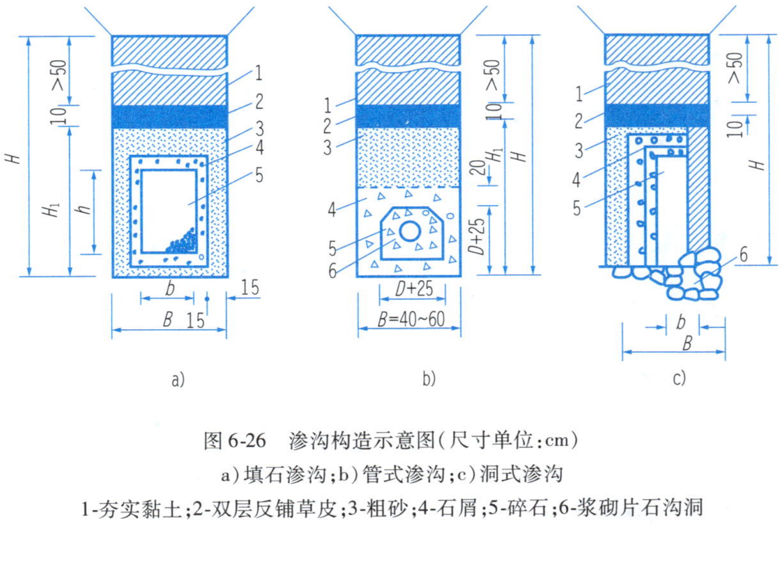

图 6-26　渗沟构造示意图（尺寸单位：cm）

a）填石渗沟；b）管式渗沟；c）洞式渗沟

1-夯实黏土；2-双层反铺草皮；3-粗砂；4-石屑；5-碎石；6-浆砌片石沟洞

7 渗井

渗井是设置于地面以下的排水沟渠。渗井的作用是汇集离地面不深处含水层中地下水，渗入下层，疏干路基土。渗井的结构图式如图 6-27 所示。从图中可以看出，渗井属于立式（竖向）排水设备，井内由中心向四周按层次分别填入由粗到细的砂石材料。粗料渗水，细料反滤。

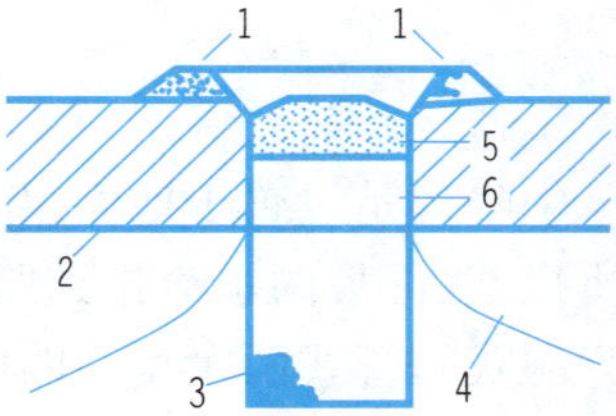

图 6-27　渗井构造示意图

1-防护土堤；2-不透水层；3-碎（砾）石；4-渗透扩散曲线；5-粗砂；6-砾石

二、防护工程图

城市道路防护工程指坡面防护。坡面防护工程一般包括植物防护和砌石防护。

1 植物防护

植物防护可以美化路容，协调环境，调节边坡土的湿度，起到固结和稳定边坡的作用。其方法有种草（图 6-28）、铺草皮（图 6-29）。

2 砌石防护

砌石防护可采用干砌和浆砌两种（图 6-30）。

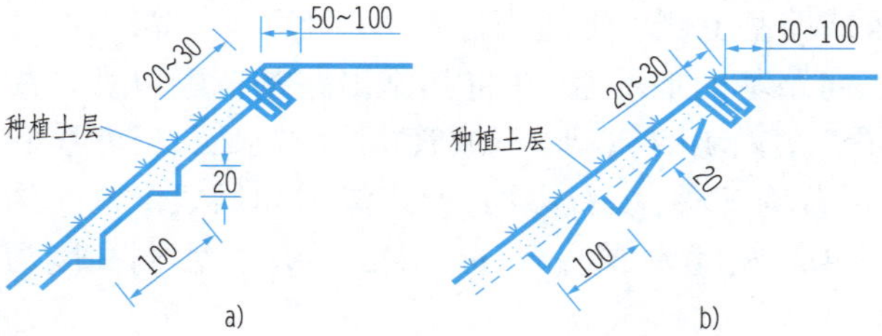

图 6-28　种草护坡（尺寸单位：cm）

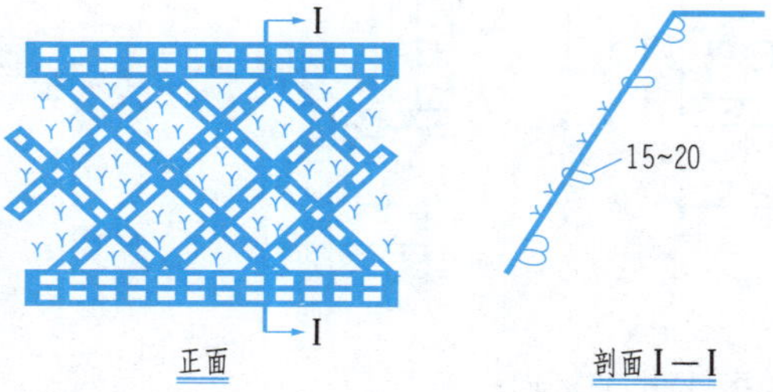

图 6-29　卵（片）石方格草皮（尺寸单位：cm）

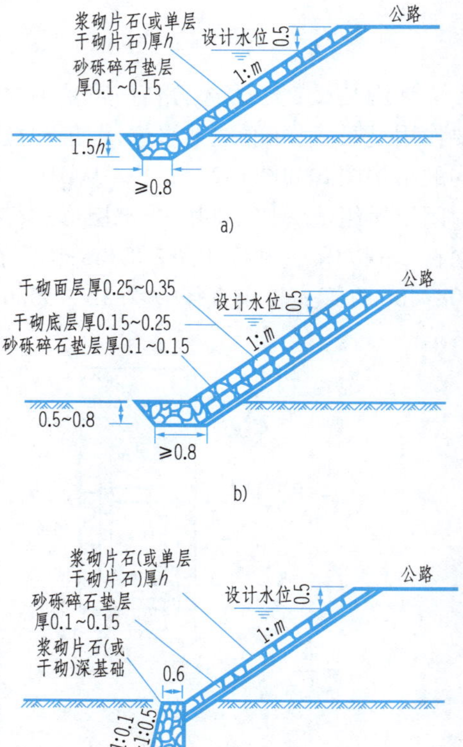

图 6-30　石砌护坡（尺寸单位：m）

单元小结

本单元主要讲述公路工程图(路线平面图、路线纵断面图、路基横断面图)的主要内容与特点,排水系统与防护工程图的主要内容与特点。通过本单元学习,学生应能够读懂公路工程图,能够独立绘制路线纵断面图、路基横断面图。

自我检测

1. 画路线平面图时应注意什么?
2. 路线纵断面图的内容有哪些? 如何绘制路线纵断面图?
3. 路线平面图包括哪些内容?
4. 地面排水系统包括哪些内容?

单元 7

桥梁工程图的识读

学习目标

1. 了解钢筋的基本知识及钢筋结构图的图示内容、图示特点、标注方式；
2. 了解桥位平面图、桥位断面图、桥梁总体布置图的内容与特点；
3. 熟悉桥梁墩台及桥跨(主梁)构造图的内容和特点；
4. 了解钢结构图的内容与特点。

学习任务

1. 掌握钢筋断料长度的计算方法；
2. 读懂钢筋结构图并能抄绘钢筋混凝土梁结构图；
3. 读懂桥位断面图、桥梁总体布置图、墩台构造图及桥跨结构图；
4. 能抄绘桥梁总体布置图、桥梁墩台构造图。

学习指南

桥梁工程图是指导桥梁工程施工的依据。能读懂钢筋结构图、桥梁总体布置图、桥梁墩台构造图及桥跨构造图是每一位桥梁工程技术人员必备的素质。要想读懂桥梁工程图就必须熟悉钢筋的基本知识、钢筋结构图的图示内容与特点，桥梁总体布置图、桥梁墩台构造图、桥跨构造图中包括的内容及各图的特点。每一位学生应按如下流程进行学习：

了解桥梁工程图的名称→熟悉钢筋的基本知识、钢筋结构图的内容及特点→熟悉桥梁总体布置图、桥梁墩台构造图、桥跨构造图路线平面图特点→抄绘桥梁总体布置图、桥梁墩台构造图、桥跨构造图。

教学建议

本单元教学过程中，在尽量结合学生熟悉的生活环境以及实际工作中典型的工程案例，边讲解、边示范、边练习，充分体现“教、学、做”一体化的教学模式。在教学过程中，教师还可以借助课件、动画、视频等数字化资源，使教学内容具体化、直观化、生动化、趣味化，激发学生学习兴趣，提高教学质量和效果，使学生读懂桥位断面图、桥梁总体布置图、墩台构造图及桥跨结构图，并让学生结合某桥梁案例，绘制桥梁总体布置图、墩台构造图及桥跨结构图。

当修筑道路通过江河、山谷和低洼地带时，需要修筑桥梁以保证车辆的正常行驶和宣泄水流，并要考虑船只通行。

本单元介绍桥梁工程图。当前桥梁工程中广泛应用钢筋混凝土作为建筑材料，故先行介绍有关钢筋混凝土的基本知识及它的图示特点，为学习桥梁工程图打好基础。

7.1 钢筋结构图

用钢筋混凝土制成的板、梁、桥墩和桩等构件组成的结构物，称为钢筋混凝土结构。为了把钢筋混凝土结构表达清楚，需要画出钢筋结构图，又称钢筋布置图，简称结构图或钢筋图。

钢筋结构图可表示钢筋布置情况，是钢筋断料、加工、绑扎、焊接和检验的重要依据。钢筋结构图包括钢筋布置图、钢筋编号、尺寸、规格、根数、钢筋成形图和钢筋数量表及技术说明。

一、钢筋的基本知识

1 钢筋种类与符号

按照《公路钢筋混凝土及预应力混凝土桥涵设计规范》（JTG 3362—2018）的规定，公路钢筋混凝土桥涵中的钢筋分为普通钢筋与预应力钢筋，规范分别按钢筋种类不同给予不同的符号，供标注与识别之用。普通钢筋和预应力钢筋种类和符号以及抗拉强度标准值详见表 7-1 和表 7-2。

普通钢筋抗拉强度标准值 表 7-1

钢筋种类	符号	公称直径 d(mm)	f_{sk}(MPa)
HPB300	ϕ	6～22	300
HRB400 HRBF400 RRB400	Φ Φ^F Φ^R	6～50	400
HRB500	$\overline{\underline{\Phi}}$	6～50	500

预应力钢筋抗拉强度标准值 表 7-2

钢筋种类		符号	公称直径 d(mm)	f_{pk}(MPa)
钢绞线	1×7	ϕ^S	9.5、12.7、15.2、17.8	1 720、1 860、1 960
			21.6	1 860

续上表

钢筋种类		符号	公称直径 d(mm)	f_{pk}(MPa)
消除应力钢丝	光面螺旋肋	ϕ^{P} ϕ^{H}	5	1 570、1 770、1 860
			7	1 570
			9	1 470、1 570
预应力螺纹钢筋		ϕ^{T}	18、25、32、40、50	785、930、1080

2 按钢筋作用分类

根据钢筋在整个结构中作用的不同,如图 7-1、图 7-2 所示,钢筋可分为下列几种:

(1)受力钢筋(主筋):用来承受主要拉力。

(2)钢箍(箍筋):固定受力钢筋位置,并承受一部分斜拉力。

(3)架立钢筋:一般用来固定钢筋的位置,用于钢筋混凝土梁中。

(4)分布钢筋:一般用于钢筋混凝土板或高梁结构中,用以固定受力钢筋位置,使荷载分布给受力钢筋并防止因混凝土收缩和温度变化出现的裂缝。

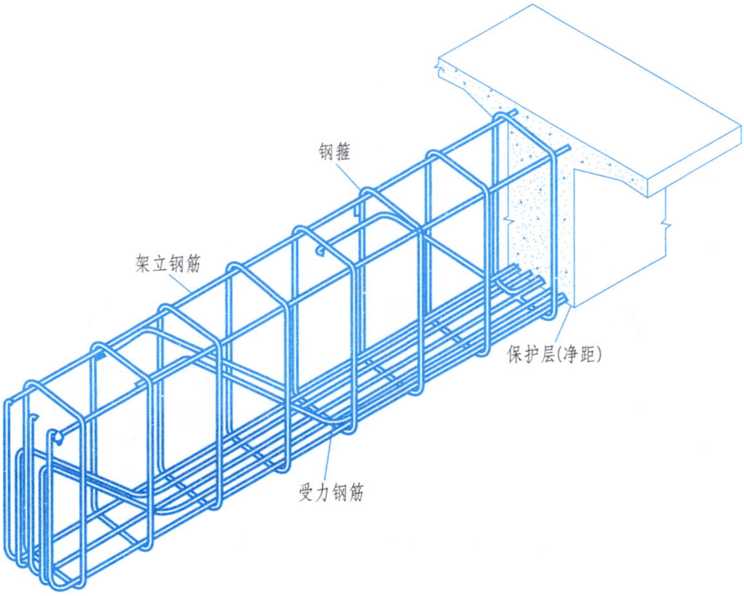

图 7-1 钢筋混凝土梁钢筋配置立体图

3 钢筋的弯钩和弯起

(1)弯钩。对于受力钢筋,为了增加它与混凝土的黏结力,将钢筋的端部做成弯钩。标准弯钩的形式有半圆、直弯钩和斜弯钩(180°、90°、135°)三种,如图 7-3 所示。根据需要,钢筋的断料长度应为设计长度加上其相应弯钩的增长数值。标准弯钩增长数值为 $6.25d$、$4.9d$ 或 $3.5d$。为了方便钢筋断料,标准钢筋弯钩的增长值见表 7-3。

如图 7-2 所示,1 号 $\phi10$ 钢筋两端半圆钩端点的长度为 126cm,查表 7-3 得弯钩长度为 6.3cm,即:$126 + 2 \times (6.3) = 126 + 12.6 = 138.6 \approx 139$(cm)

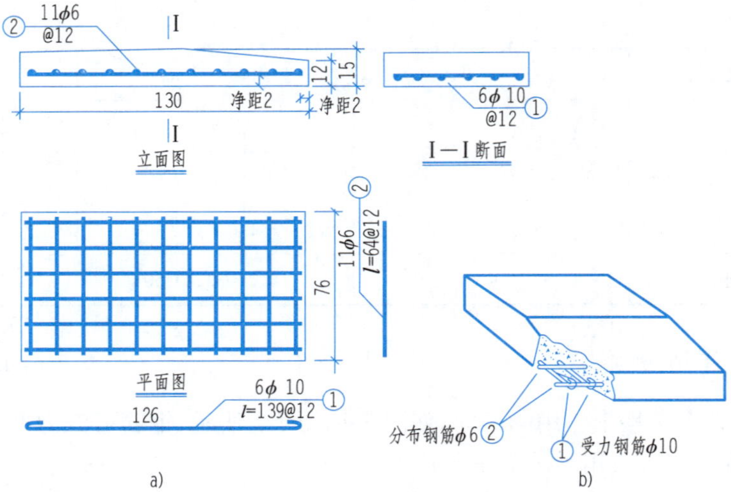

图 7-2　盖板钢筋布置图(尺寸单位:cm)

a)投影图;b)立体图

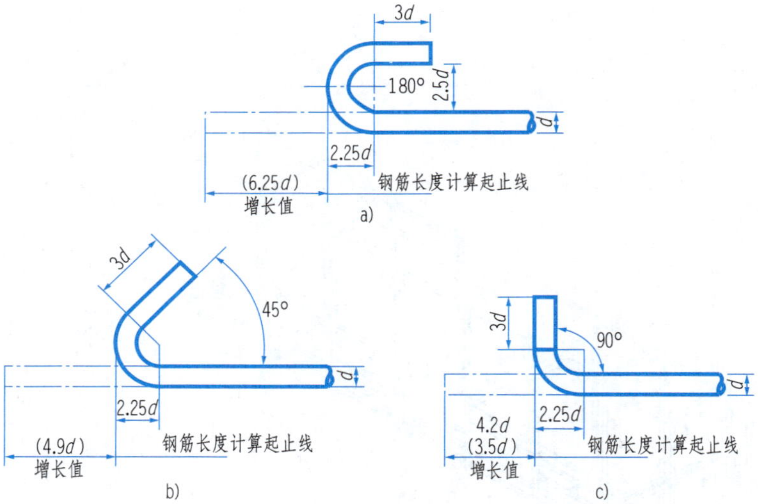

注:图中括号内数值为光圆钢筋的增长值。

图 7-3　钢筋的弯钩

a)半圆形弯钩;b)斜弯钩;c)直角形弯钩

标准钢筋弯钩增长值　　表 7-3

钢筋直径(mm)	弯钩增长值(cm)				理论质量(kg/mm)	螺纹钢筋外径(mm)
	光圆钢筋			螺纹钢筋		
	180°	135°	90°	90°		
10	6.3	4.9	3.5	4.2	0.671	11.3
12	7.5	5.8	4.2	5.1	0.888	13.0
14	8.8	6.8	4.9	5.9	1.210	15.5
16	10.0	7.8	5.6	6.7	1.580	17.5

续上表

钢筋直径(mm)	弯钩增长值(cm)				理论质量(kg/mm)	螺纹钢筋外径(mm)
	光圆钢筋			螺纹钢筋		
	180°	135°	90°	90°		
18	11.3	8.8	6.3	7.6	2.000	20.0
20	12.5	9.7	7.0	8.4	2.470	22.0
22	13.8	10.7	7.7	9.3	2.980	24.0
25	15.6	12.2	8.8	10.5	3.850	27.0
28	17.5	13.6	9.8	11.8	4.830	30.0
32	20.0	15.6	11.2	13.5	6.310	34.5
36	22.5	17.5	12.6	15.2	7.990	39.5
40	25.0	19.5	14.0	16.8	9.870	43.5

(2)弯起。根据结构受力要求,有时需要将部分受力钢筋弯起,这时的弧长比两切线之和短些,如图7-4所示,受力钢筋中有一部分需要在梁内向上弯起,其计算长度应减去折减数值(钢筋直径小于10mm的可忽略不计)。45°、90°的弯起为标准弯起,标准弯起的折减数值如表7-4所示。

钢筋的标准弯起长度折减值 表7-4

钢筋直径(mm)	弯起折减值(cm)				螺纹钢筋外径(mm)
	光圆钢筋		螺纹钢筋		
	45°	90°	45°	90°	
10	—	0.8	—	1.3	11.3
12	0.5	0.9	0.5	1.5	13.0
14	0.6	1.1	0.6	1.8	15.5
16	0.7	1.2	0.7	2.1	17.5
18	0.8	1.4	0.8	2.3	20.0
20	0.9	1.5	0.9	2.6	22.0
22	0.9	1.7	0.9	2.8	24.0
25	1.1	1.9	1.1	3.2	27.0
28	1.2	2.1	1.2	3.6	30.0
32	1.4	2.4	1.4	4.1	34.5
36	1.5	2.7	1.5	4.6	39.5
40	1.7	3.0	1.7	5.2	43.5

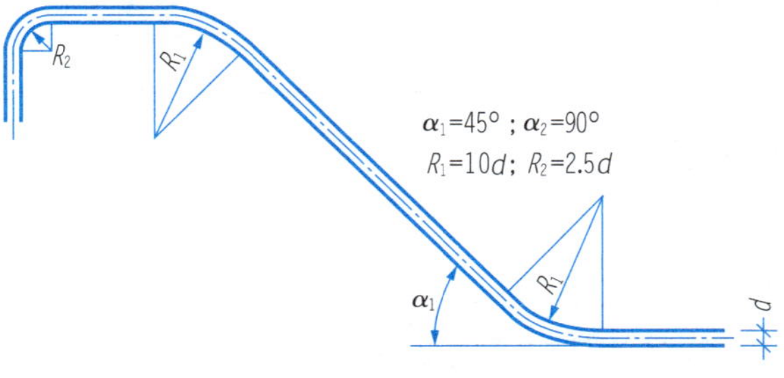

图7-4 钢筋的弯折

如图7-5所示,4号$\phi 22$的钢筋长度为728cm+65cm×2,查表7-3、表7-4得180°弯钩长度增长值为13.8cm,90°弯起长度为1.7cm,则其实际断料长度为:728+65×2+2×(13.8−

1.7) = 882.2 ≈ 882(cm)。

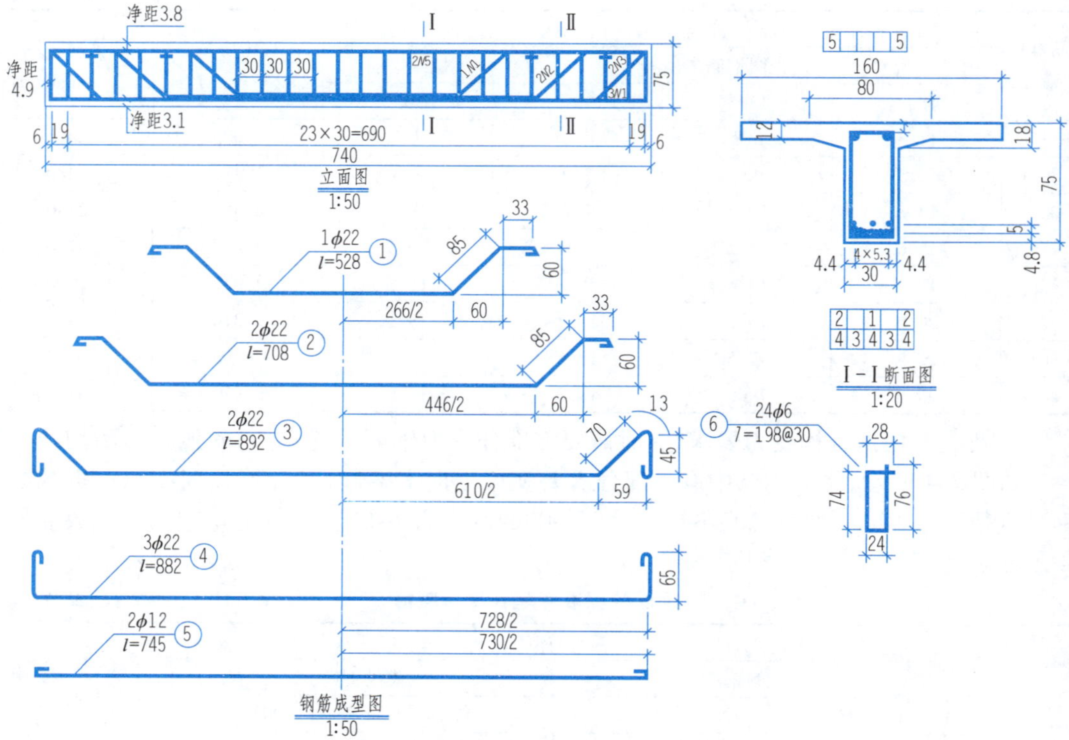

图 7-5　钢筋混凝土梁结构图(尺寸单位:cm)

4 钢筋的保护层

为了防止钢筋裸露在大气中受锈蚀,钢筋外表面到混凝土表面应有一定的厚度,这一层混凝土称为钢筋的保护层,也称为净距(如图 7-2 中的立面图)。根据《混凝土结构设计规范》(GB 50010—2010)的规定,保护层最小厚度应符合表 7-5 的规定,且不应小于受力筋的直径。

受力钢筋的混凝土保护层最小厚度　　表 7-5

环境类别		板、墙、壳			梁			柱		
		≤C20	C25 ~ C45	≥C50	≤C20	C25 ~ C45	≥C50	≤C20	C25 ~ C45	≥C50
一		20	15	15	30	25	25	30	30	30
二	*a*	—	20	20	—	30	30	—	30	30
	b	—	25	20	—	35	30	—	35	30
三		—	30	25	—	40	35	—	40	35

二、钢筋结构图内容

1 钢筋结构图的图示特点

(1)钢筋结构图主要是表达构件内部钢筋的布置情况,所以把混凝土假设为透明体,结构外形轮廓画成细实线。

(2)钢筋纵向画成粗实线(钢箍为中实线);在断面图中,钢筋被剖切后,用小黑圆点表示;钢筋重叠时可以用小圆圈来表示。

(3)钢筋弯钩和净距的尺寸都比较小，画图时不能严格按照比例画，以免线条重叠。要考虑适当放宽尺寸，以清楚为度，称为夸张画法。同理，在立面图中遇到钢筋重叠时，也要放宽尺寸使图面清晰。

(4)钢筋结构图不一定三个投影图都画出来，而是根据需要来决定。例如画钢筋混凝土梁的钢筋图，一般不画平面图，只用立面图和断面图表示。

2 钢筋的编号

在钢筋结构图中为了区分各种类型和不同直径的钢筋，应将不同类型的钢筋，按直径大小和钢筋的主次加以编号并注明数量、直径、长度和间距。钢筋编号和尺寸标注方式如下：

(1)编号标注在引出线一侧的细实线圆圈内，圆圈直径 4 ~ 8mm，如图 7-5 中的①、②、③、④、⑤、⑥。

(2)编号标注在与钢筋断面图对应的细实线方格内，如图 7-5 中的 Ⅰ—Ⅰ 断面图所示。

(3)编号标注在 N 字之后，钢筋根数标注在 N 字之前，如图 7-5 中的立面图所示 2N5、1N1 、2N2。

3 钢筋的尺寸标注方式

②$\frac{10\phi22}{l=789@12}$，其中②表示编号为 2 的钢筋，10$\phi$22 表示直径 22mm 的 R235 光圆钢筋共 10 根，l = 789 表示每根钢筋的断料长度为 789cm，@ 12 表示相邻钢筋轴线之间的距离为 12cm。

例如：图 7-5 中注有 $\frac{2\phi22}{l=708}$②，表示编号为 2 的钢筋为直径 22mm 的 R235 光圆钢筋，共 2 根，断料长度为 708cm。

图 7-5 中，立面图中的 2N3 表示编号为 3 的钢筋有 2 根。

钢筋结构图中，钢筋直径的尺寸单位采用 mm，其余尺寸单位采用 cm，图中无须注出单位。

4 钢筋成形图及钢筋数量明细表

在钢筋结构图中，为了能充分表明钢筋的形状以便于配料和施工，在钢筋的成形图中应注明钢筋的符号、直径、根数、弯曲尺寸和断料长度等，如图 7-5 所示。有时为了节省图幅，可把钢筋成形图画成示意图放在钢筋数量明细表内。钢筋数量表内容包括钢筋的编号、直径、每根长度、根数、总长及质量等，必要时可加画略图，如图 7-5 及表 7-6 所示。

钢筋混凝土梁钢筋数量明细表 表 7-6

编号	钢号和直径 (mm)	长度 (m)	根数	共长 (m)	每米质量 (kg/m)	共重 (kg)
1	ϕ22	528	1	5.28	2.984	15.76
2	ϕ22	708	2	14.16	2.984	42.25
3	ϕ22	892	2	17.84	2.984	53.23
4	ϕ22	882	3	26.43	2.984	78.87
5	ϕ12	745	2	14.90	0.888	13.23
6	ϕ 6	198	24	47.52	0.222	10.55
总计						213.89
绑扎用铅丝 0.5%						1.07

三、钢筋结构图识读示例

图 7-5 所示为一根钢筋混凝土梁的钢筋结构图，从Ⅰ—Ⅰ断面图可以看出梁的断面为“T”形，称为 T 形梁，梁内有六种钢筋，它的形状和尺寸在钢筋成形图上均已表达清楚。

从立面图可以看出梁的跨径为 740cm；Ⅰ—Ⅰ断面图中可以看出钢筋排列的位置及数量。Ⅰ—Ⅰ断面图的上方和下方画有小方格，格内注有数字，用以表明钢筋在梁内的位置及其编号。

如立面图中的 2*N*5 是表示有两根编号为 5 的钢筋，安置在梁内的上部，对应在Ⅰ—Ⅰ断面图中则可以看出这两根编号为 5 的钢筋在梁内上部对称排列，结合钢筋成形图可以看出此钢筋为直径 12mm 的 R235 光圆钢筋，180°弯钩，断料长度为 745cm。

又如④号钢筋 3 根分别分布在 T 形梁下部两侧与中间，为直径 22mm 的 R235 光圆钢筋，并在梁的两侧具有 90°的弯起和 180°的弯钩。

想一想

立面图中还设有Ⅱ—Ⅱ断面位置线，Ⅱ—Ⅱ断面图钢筋排列位置和Ⅰ—Ⅰ断面不同，请读者自行思考。

表 7-6 是钢筋表，表中所列“每米质量（kg/m）”一栏数字，可以从有关工程手册中查得。表中所列铅丝是用来绑扎钢筋的，铅丝数量按规定为钢筋总质量的千分之五。如不用铅丝绑扎而采用电焊时，则应注出电焊长度和厚度。

7.2 钢筋混凝土梁桥工程图

桥梁由上部结构（主梁或主拱圈和桥面系）、下部结构（桥台、桥墩和基础）及附属结构（栏杆、灯柱等）三部分组成。

桥梁的形式很多，常见的有梁桥、拱桥、桁架桥等；采用的建筑材料有砖、石、混凝土、钢料和木料等多种。无论其形式和建筑材料如何不同，但在画图方面，均采用前面所讲的理论和方法。这一单元我们将运用这些理论和方法，结合桥梁专业图的图示特点来阅读和绘制桥梁工程图。

建造一座桥梁需用的图纸很多，但一般可以分为桥位平面图、桥位地质纵断面图、总体布置图、构件图和大样图等几种。

一、桥位平面图及桥位地质断面图

1 桥位平面图

桥位平面图主要表明桥梁和路线连接的平面位置，通过地形测量绘出桥位处的道路、河流、水准点、钻孔及附近的地形和地物（如房屋、老桥等），以便作为设计桥梁、施工定位的根据。这种图一般采用较小的比例，如 1∶500、1∶1 000、1∶2 000 等。

如图 7-6 所示为××桥的桥位平面图。除了表示路线平面形状、地形和地物外，还表明了

××大桥桥位平面图

JD	α		R	l	T	L	E	ZY	QZ	YZ
	Z	Y								
30	21°15′25.5″		659.784		311.476	615.790	28.973	87+622.703	87+950.598	88+238.493

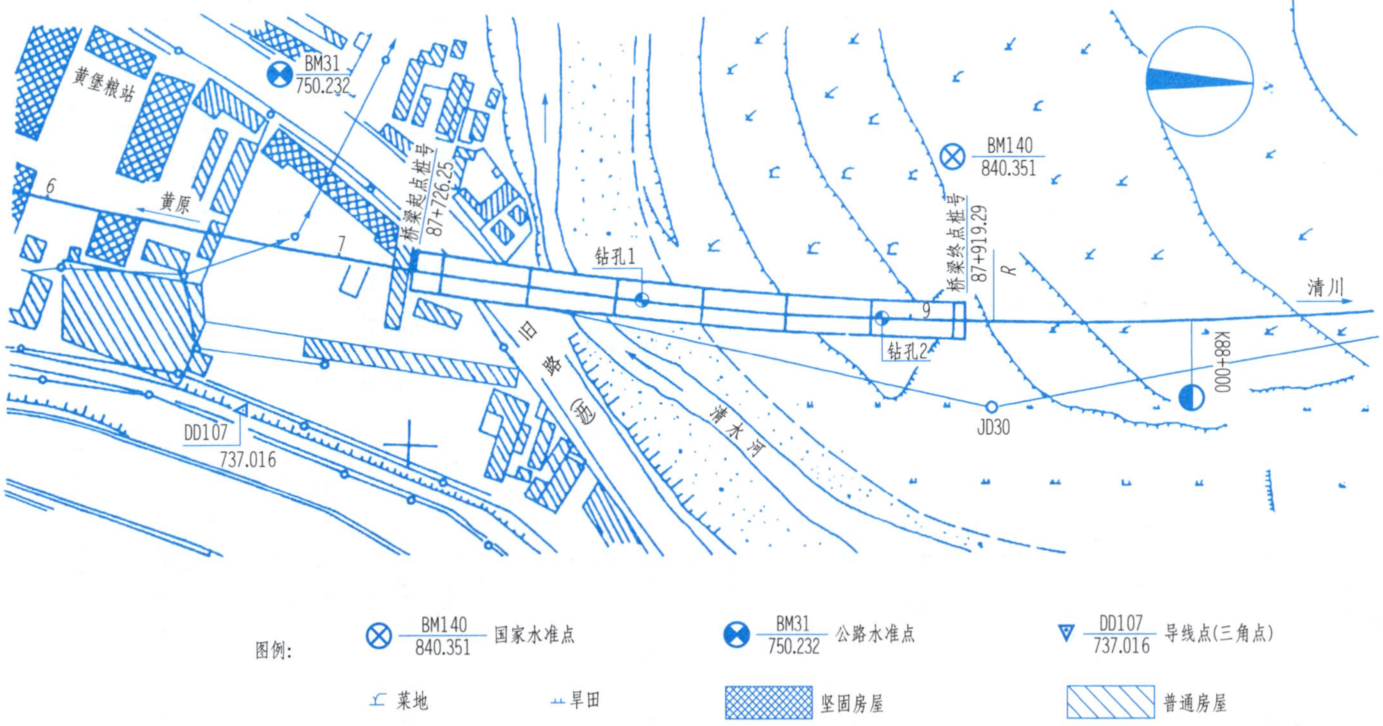

图7-6　××桥的桥位平面图

钻孔、里程、水准点的位置和数据(BM)。

识读图7-6,图中的粗实线表示路线平面形状,道路在跨越清水河时修一座桥梁,图中有两个高程控制点。BM31为公路水准点,其高程为750.232m;BM140为国家水准点,其高程为840.351m。新建桥梁的起点桩号为K87+726.25,终点桩号为K87+919.29。在新建桥梁的中心线上标注了两个钻孔的平面位置。根据桥位平面图中指北针指向,可知图中的桥梁走向为西偏北走向。

2 桥位地质断面图

根据水文调查和钻探所得的地质水文资料,绘制桥位所在河床位置的地质断面图,包括河床断面线、最高水位线、常水位线和最低水位线,作为设计桥梁、桥台、桥墩和计算土石方工程数量的根据。地质断面图为了显示地质和河床深度变化情况,特意把地形高度(高程)的比例较水平方向比例放大数倍画出。常用的水平方向比例为1:200~1:5 000,垂直方向比例为1:20~1:500。如图7-7所示,地形高度的比例采用1:500,水平方向比例采用1:2 500。

二、桥梁总体布置图

桥梁总体布置图主要表明桥梁的形式、跨径、孔数、总体尺寸、各主要构件的相互位置关系,桥梁各部分的高程、材料数量以及总的技术说明等,作为施工时确定墩台位置、安装构件和控制高程的依据。

如图7-8所示为某桥梁的桥位总体布置图,它由平面图、立面图、横断面图组成。本桥梁属于总长度为68m的立交匝道桥,其上部结构为4孔16m的钢筋混凝土空心板,下部结构为双柱式墩台,桩基础。该匝道桥与二级专用路夹角80°,其交点中心桩号为K0+314.024,二级专用路正线桩号为K11+930。本图采用比例:立面图和平面图的比例均采用1:300,横断面图则采用1:50。

1 立面图

由于该桥为斜桥,立面图采用与斜桥纵轴线平行方向的剖面投影来表示。桥跨径、耳墙长度均采用立面图中的斜投影尺寸,墩台的宽度采用正投影尺寸。该桥的第一、四孔局部位于曲线范围,其立面采用平行于平面图的直线部分,以桥面中心线展开绘制,展开后的桥墩、台间距即为跨径长度。如图7-8中跨径长度为1 600cm。立面图可以反映桥梁的特征和桥型,该桥共有4孔,是4孔跨径均为16m的简支板桥,桥梁总长为68m。在比例较小时,立面图的人行道和栏杆可不画出。

两端桥台为双柱式轻型桥台,河床中间有三个双柱式桥墩,全部为直径120cm的桩基础。右侧墩台直径与桩基础相同,其余墩台直径均为110cm。由于桩基部分埋入土中,故用虚线表示。

总体布置图还反映了河床地质断面及水文情况,桩和桥台基础的埋置深度、桥台和桥中心的高程尺寸。图上方还把桥梁两端和桥墩的里程桩号标注出来,以便读图和施工放样之用。

2 平面图

由于该桥为斜桥,其平面图为主要视图,表明了水流方向、斜交角度、桥面宽度及各结构布局。对照横剖面图可以看出桥面净宽为7.5m,两边各设有宽50cm的防撞护栏。路中心线与桥中心线不重合。

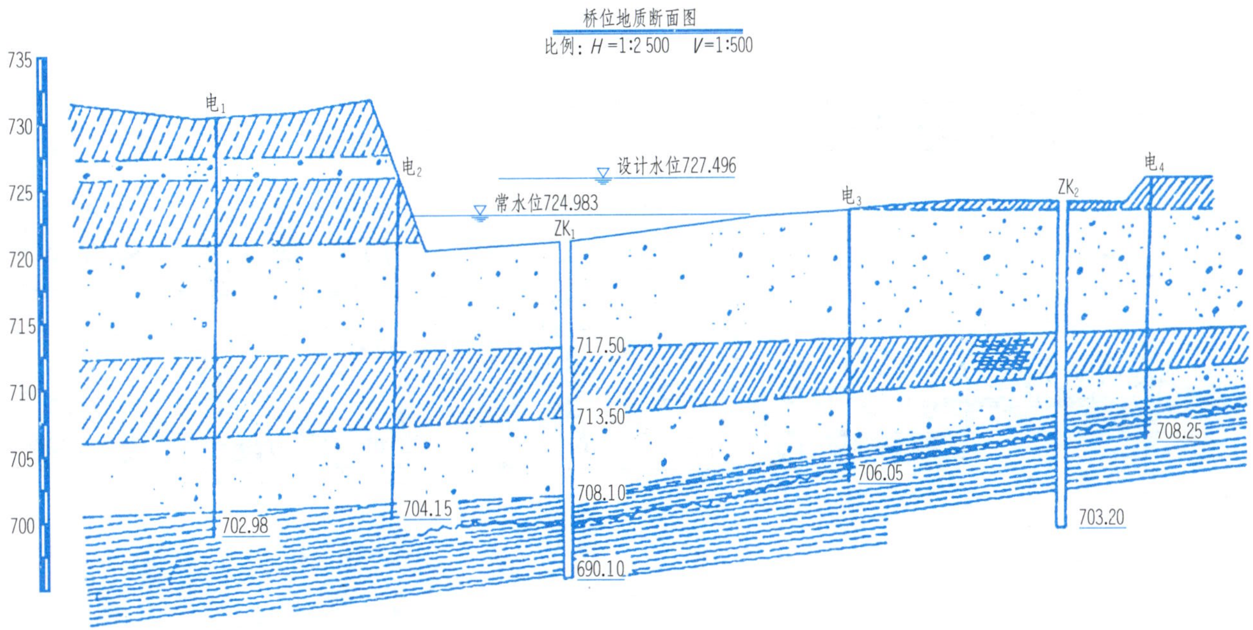

地质情况	上部为黄色亚黏土　下部为卵砾石		砂　砾		上部为轻亚黏土　下部为砂砾石		
地面高程	732.4	723.5	723.2	726.0	726.5	727.4	
里程桩号	+030	+059	+085	+138	+175	+288	

图例　ZK1 钻孔及编号　电1 电探孔及编号　轻亚黏土　712.10 地质界线及高程(m)　砾卵石　21.5 地质植状及深度(m)　亚黏土　推测风化界线　页岩

图7-7　××桥桥位地质断面图

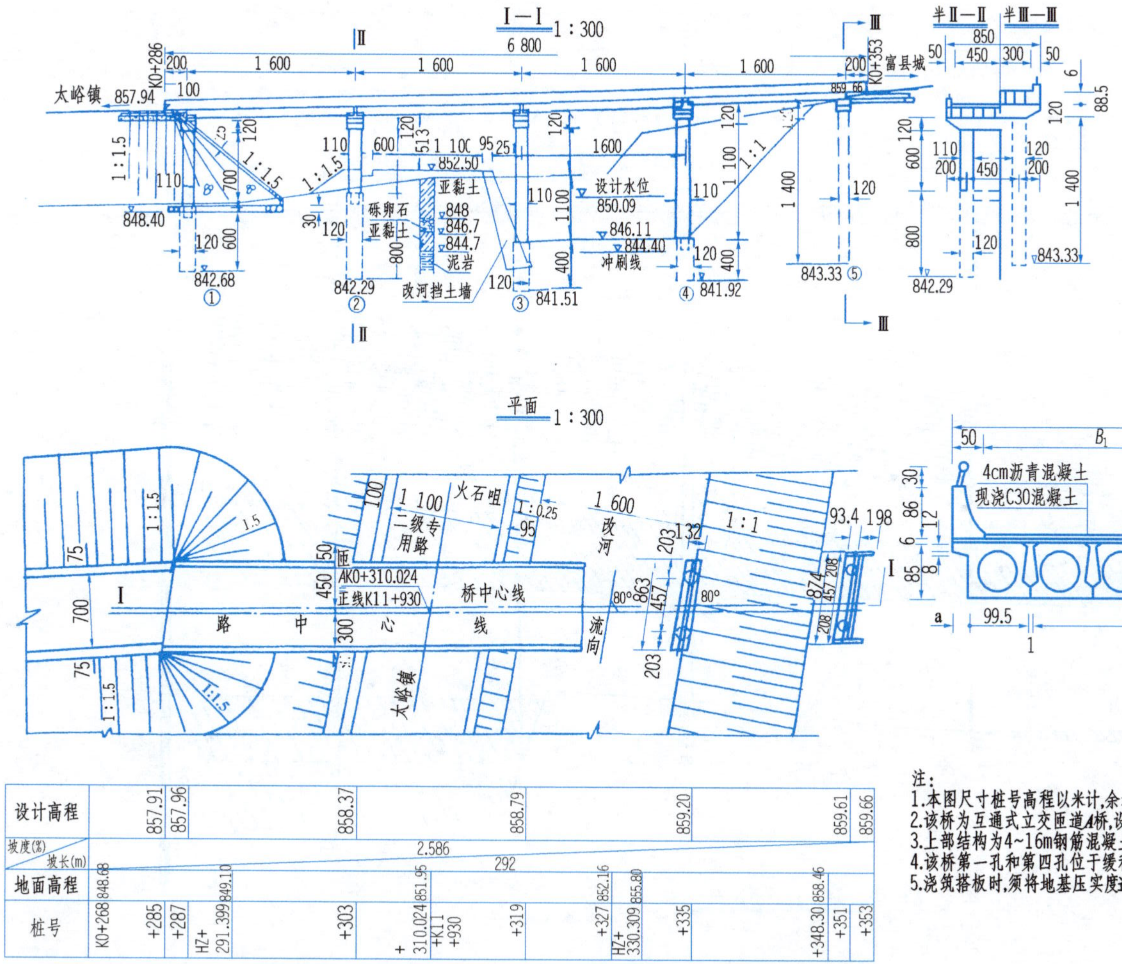

尺寸表

位置 \ 符号	B	B_1	a	i_1	i_2
1号台	850	450	25	0.02	0.02
2号墩	850	450	25	0.02	0.02
3号墩	850	450	25	0.02	0.02
4号墩	852	452	25	0.024	0.01
5号台	861	461	25	0.041	-0.026

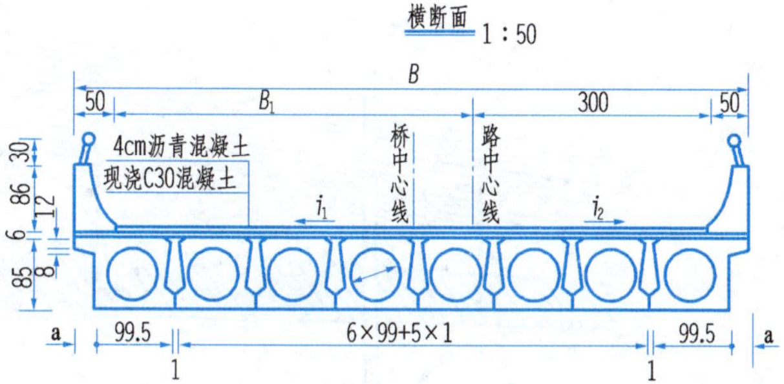

注：
1.本图尺寸桩号高程以米计,余均以厘米计。
2.该桥为互通式立交匝道A桥,设计荷载为汽车-20级、挂车-100。
3.上部结构为4~16m钢筋混凝土空心板,下部结构为双柱式墩台桩基础。
4.该桥第一孔和第四孔位于缓和曲线上,行车道板等宽,平曲线防护栏调整。
5.浇筑搭板时,须将地基压实度达到93%以上进行。

图7-8　桥位整体布置图

本图的特点是从左往右采用分段揭层画法来表达。左半部分表现了半个桥的桥面及行车系的布置，右半部分采用折断线假想切开桥面部分，移去上部结构，可以看出④号墩的盖梁及柱的情况，⑤号台的台帽、耳墙及桩基础的布置情况。

本图左侧桥头设有斜圆锥坡，右侧未设。该桥与二级专用路及新改河道夹角为80°，河道右岸边坡1∶1，左岸紧靠净宽11m的二级专用路，并设有面坡1∶0.25的挡土墙，墙顶宽95cm。对照立面图，二级专用路位于匝道桥的第二孔，改河河道位于第三孔，河底净宽为16m。

3 横剖面图

横剖面图是由半Ⅱ—Ⅱ和半Ⅲ—Ⅲ剖面图合并而成，由于路中心线与桥中心线未重合，故采用路中心为半剖中心线。事实上以此中心线为轴并不对称，为了表达方便，也是一种习惯画法。另外由于该桥为坡桥，Ⅱ—Ⅱ和Ⅲ—Ⅲ剖切位置处桥面高程不同，故在剖面图中，桥面高程错位画出。

从图中可以看出桥面总宽、净宽及桥面铺装，桥两边的防撞护栏的断面形状及该桥跨部分板梁的断面。梁的上部结构是由八片梁板组成，由于比例较小，对板空心部分圆截面没有画出。为了更清楚地表示横剖面图，允许采用比立面图和平面图放大的比例（1∶50）画出钢筋混凝土空心板上桥面铺装层的断面。

三、构件结构图

在总体布置图中，桥梁的构件都没有详细完整地表达出来，因此，单凭总体布置图是不能进行制作和施工的，为此还必须根据总体布置图采用较大的比例把构件的形状、大小完整地表达出来，才能作为施工的依据，这种图称为构件结构图，简称构件图。由于采用较大的比例故也称为详图。它主要表明构件的外部形状及内部构造，如桥台图、桥墩图、主梁图和栏杆图等。构件图的常用比例为1∶10～1∶50。

当构件的某一局部在构件中不能清晰、完整地表达时，则应采用更大的比例如1∶3～1∶10等来画局部放大图。

1 桥台图

桥台是桥梁的下部结构，一方面支承梁，另一方面承受桥头路堤填土的水平推力。常见的有重力式U形桥台、埋置式桥台、轻型桥台、组合式桥台等几种形式。它由盖梁、耳墙、背墙、肋板和扩大基础组成。桥台的构造图用剖面图、平面图和侧面图表示。

（1）剖面图。采用剖面图代替立面图，显示了桥台内部构造和材料。

（2）平面图。设想主梁尚未安装，后台也未填土，这样就能清楚地表示出桥台的水平投影。

（3）侧面图。是由台前和台后两个图合成。所谓台前，是指人站在河流的一边顺着路线观看桥台前面所得的投影图；所谓台后，是站在堤岸一边观看桥台背后所得的投影图。

图7-9所示为双柱式桥台构造图，图中表达了桥台各部分的结构形状，并给出了各部分的详细尺寸。

2 桥墩图

桥墩和桥台一样同属桥梁的下部结构，常用的有重力式桥墩和桩柱式桥墩等。

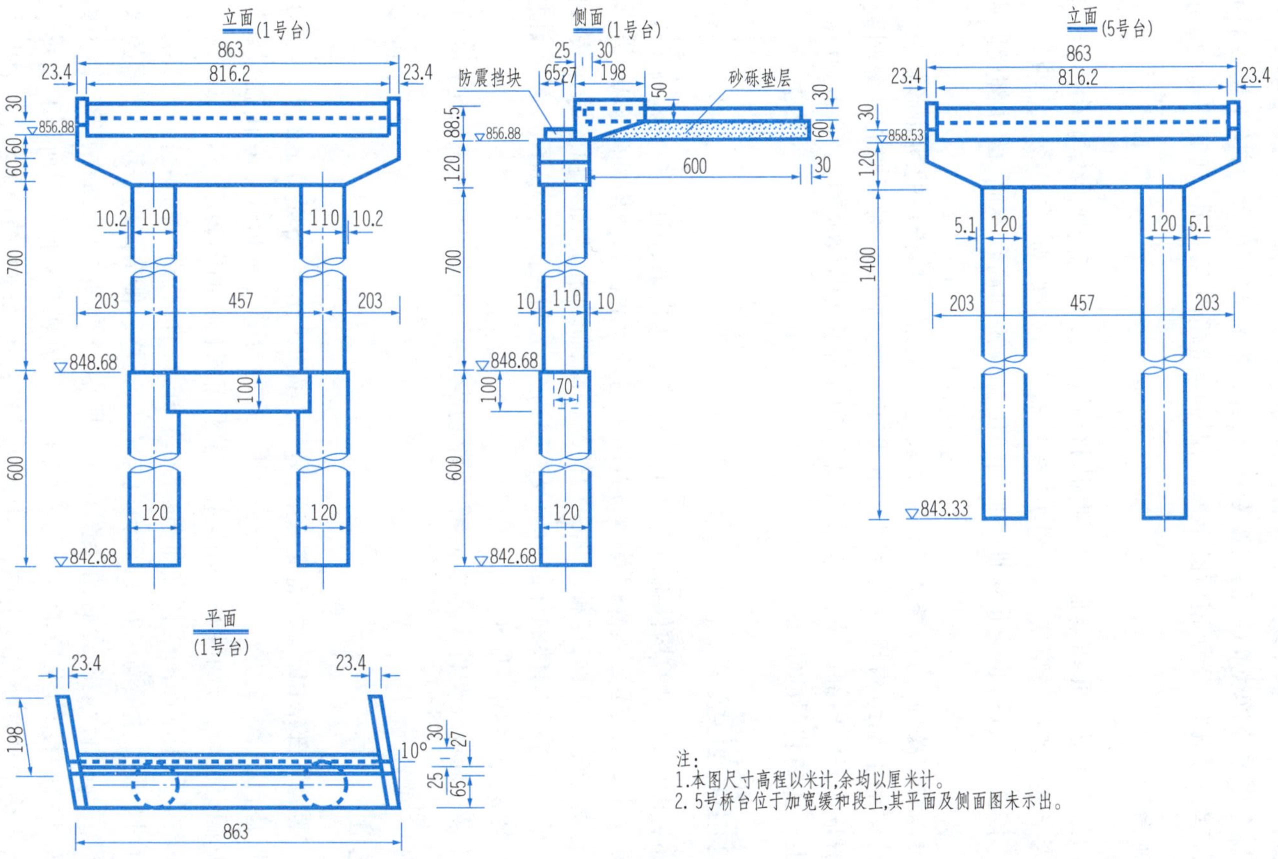

注：
1.本图尺寸高程以米计，余均以厘米计。
2. 5号桥台位于加宽缓和段上，其平面及侧面图未示出。

图 7-9　双柱式桥台构造图

(1)桥墩结构图。如图7-10所示为双柱式桥墩结构图。从图中可以看出,桥墩是由盖梁、柱、承台、桩等几部分组成,用立面图、平面图和侧面图表示。图中反映了柱、桩、盖梁、承台等的高度和宽度等,由于柱、桩较长,采用了折断画法。图中对不同位置桥墩的高度尺寸列表给出。

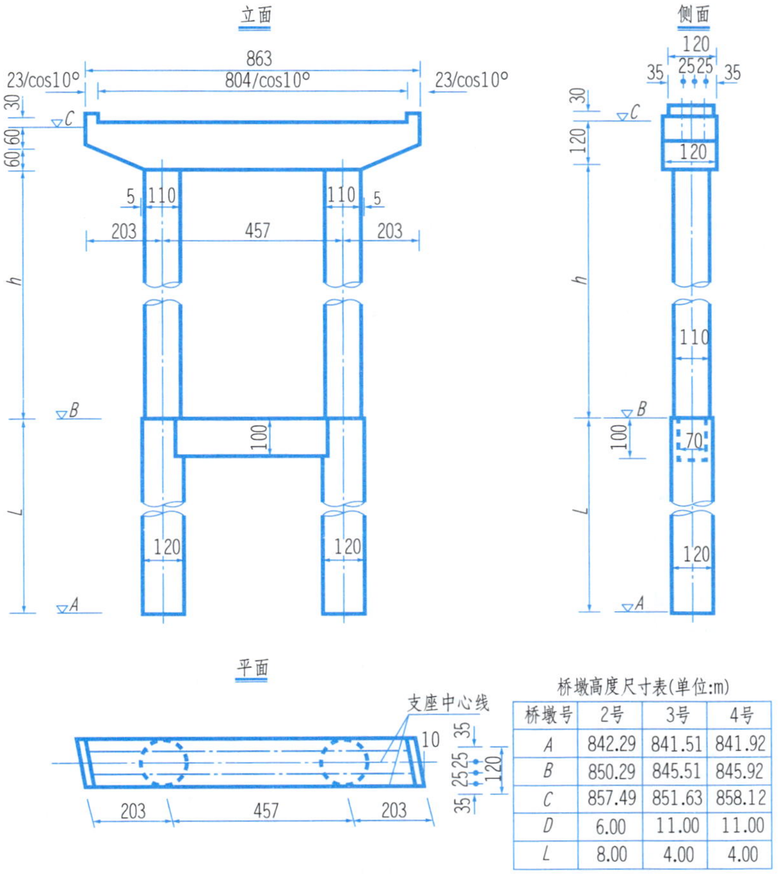

桥墩高度尺寸表(单位:m)

桥墩号	2号	3号	4号
A	842.29	841.51	841.92
B	850.29	845.51	845.92
C	857.49	851.63	858.12
D	6.00	11.00	11.00
L	8.00	4.00	4.00

图7-10　双柱式桥墩构造图(尺寸单位:cm)

(2)盖梁钢筋结构图。如图7-11所示为上述桥墩的盖梁钢筋结构图,由于盖梁结构左右对称,图中采用的半立面和半平面及Ⅰ—Ⅰ、Ⅱ—Ⅱ两个断面表示了该结构钢筋的布置情况。为了说明防震挡板的钢筋布置,另外画出挡板侧面,使图形表达更为清晰。

从图7-11中可以看出,①、②、③、④、⑤号筋为直径20mmHRB335带肋受力钢筋,⑥、⑦为直径8mmHPB235光圆箍筋,⑧号筋为直径8mmHPB235光圆分布筋,⑨、⑩为挡板处构造筋。读图时,对照立面图及②、③钢筋的成形大样即可读懂。另外图中还附有材料数量表。本图比例采用1:50。

(3)桥墩基桩钢筋结构图。如图7-12所示为桥墩基桩钢筋结构图,包括立面图、Ⅰ—Ⅰ断面图、Ⅱ—Ⅱ断面图及钢筋详图及一根桩材料数量表。

从图中可以看出,①、②号钢筋为直径20mm的HRB335主筋,③、④号钢筋为直径16mm的HRB335定位箍筋,⑤、⑥号钢筋为直径8mm的HPB225螺旋分布筋,⑦号钢筋为直径12mm的HRB335骨架定位筋。

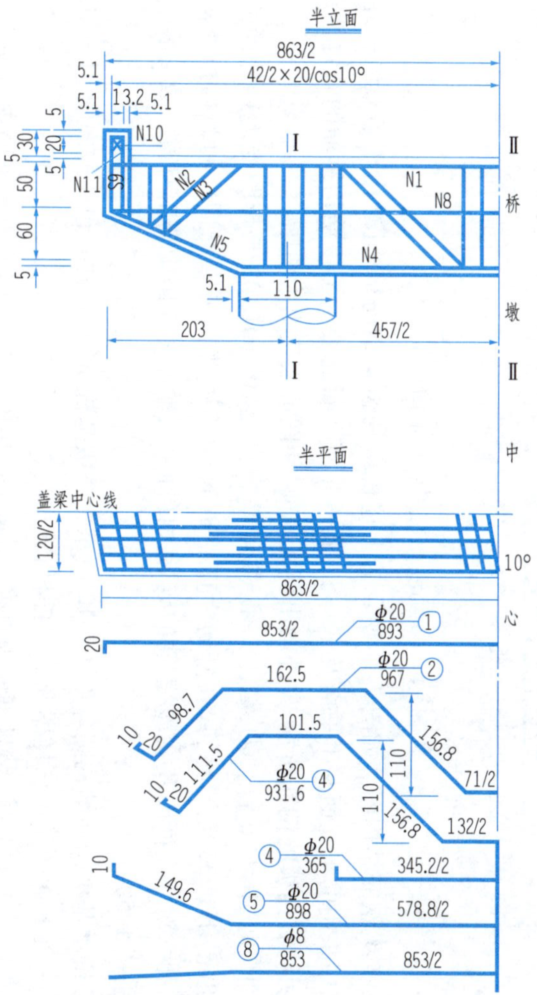

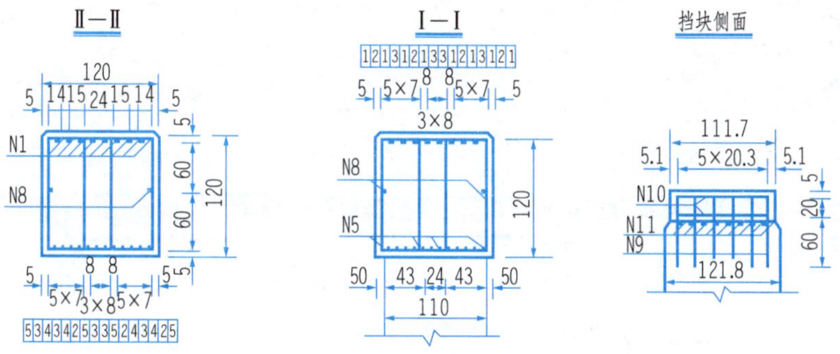

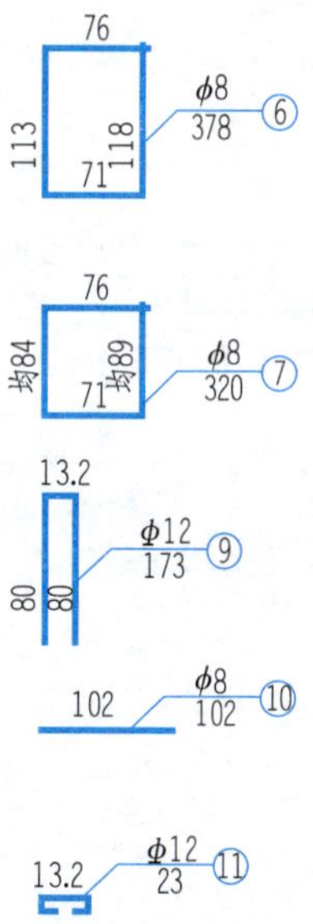

一个墩材料数量表

编号	直径(mm)	每根长(cm)	根数	共长(m)
1	φ20	893	8	74.11
2	φ20	967	4	38.68
3	φ20	931.6	4	37.26
4	φ20	365	4	14.60
5	φ20	898	4	35.92
6	φ8	378	58	219.24
7	φ8	320	28	89.60
8	φ8	853	2	17.06
9	φ12	173	12	20.76
10	φ8	102	8	816
11	φ12	23	12	2.76

材料表(一个墩)

直径(mm)	共长(m)	共重(kg)	C25混凝土(m^3)
φ20	200.57	495.4	11.57
φ12	23.52	20.9	
φ8	334.06	132.0	
合计		648.3	

注:
1.本图尺寸除钢筋直径以毫米计外,余均以厘米计。
2. 7号钢筋长度为其平均值,不作为施工长度。

图 7-11　盖梁钢筋结构图

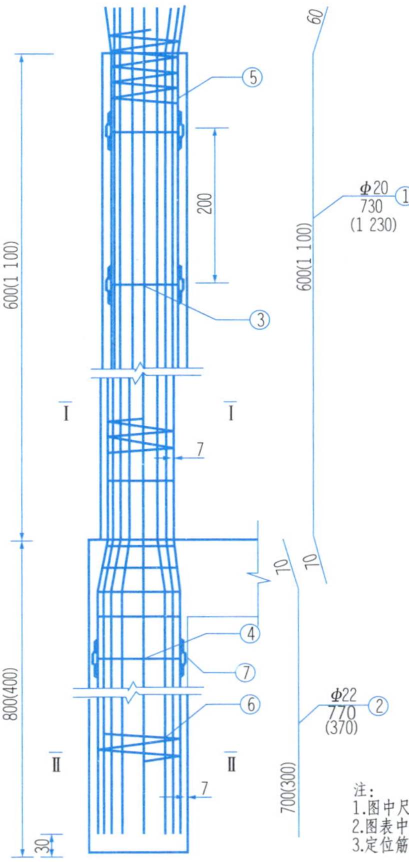

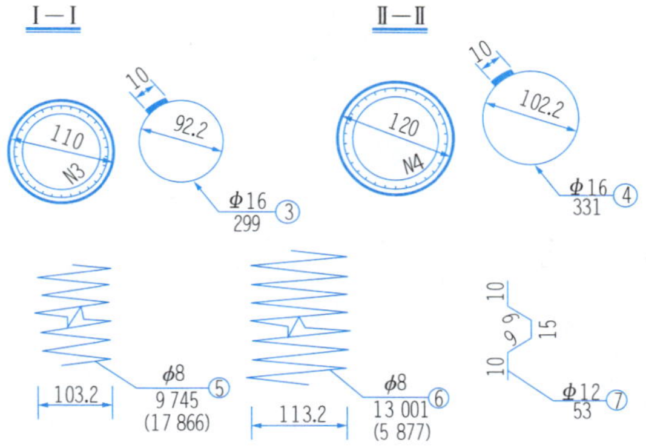

一根桩材料数量表

编号	直径(mm)	每根长(cm)	根数	共长(m)	共重(kg)	C25混凝土(m^3)
1	Φ20	730 (1230)	24	175.20 (295.20)	432.7 (729.1)	14.75 (14.98)
2	Φ22	770 (370)	24	184.80 (88.80)	550.7 (264.6)	
3	Φ16	299	4 (6)	11.96 (17.94)	18.9 (28.3)	
4	Φ16	331	5 (3)	16.55 (9.93)	26.1 (15.7)	
5	φ8	9745 (17866)	1	97.45 (178.66)	38.5 (70.6)	
6	φ8	13001 (5 877)	1	130.01 (58.77)	51.4 (23.2)	
7	Φ12	53	36 (36)	19.08 (19.08)	16.9 (16.9)	

注：
1.图中尺寸钢筋直径以毫米计,余均以厘米计。
2.图表中尺寸带括号者，括号内数字用于3号、4号桥墩,括号外数字用于2号桥墩。
3.定位筋7号钢筋每隔2m沿圆周等间距布设四根。

图 7-12 桥墩基桩钢筋结构图

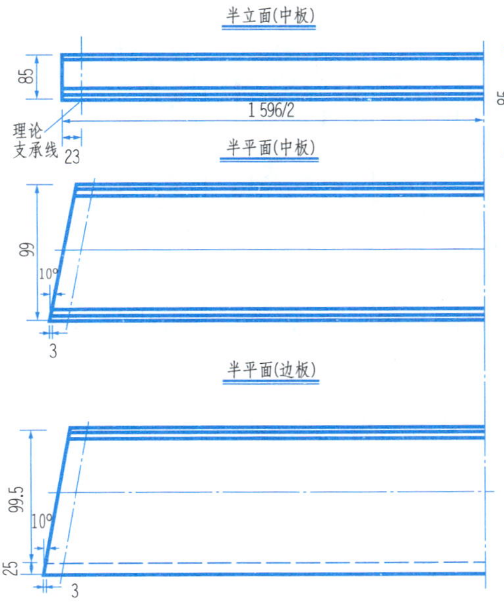

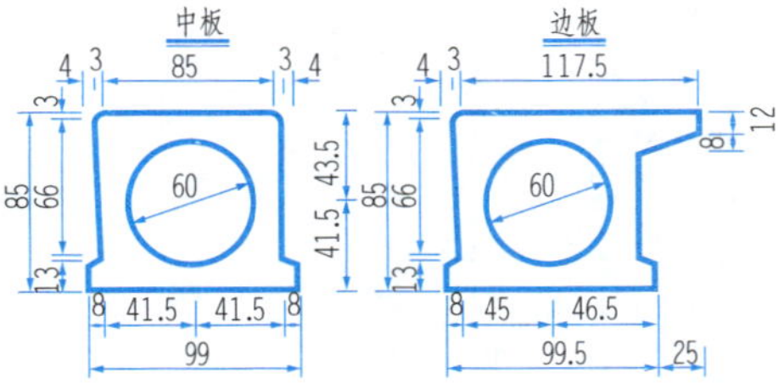

注：
1.本图尺寸均以厘米为单位。
2.板在安装前,用C25小石子混凝土将板两端50cm段圆孔填实,放预制板时,应在圆孔对应的顶板上预留直径为8cm孔洞,由此洞浇入混凝土,以保证填塞密实。

图 7-13 预制板梁一般构造图

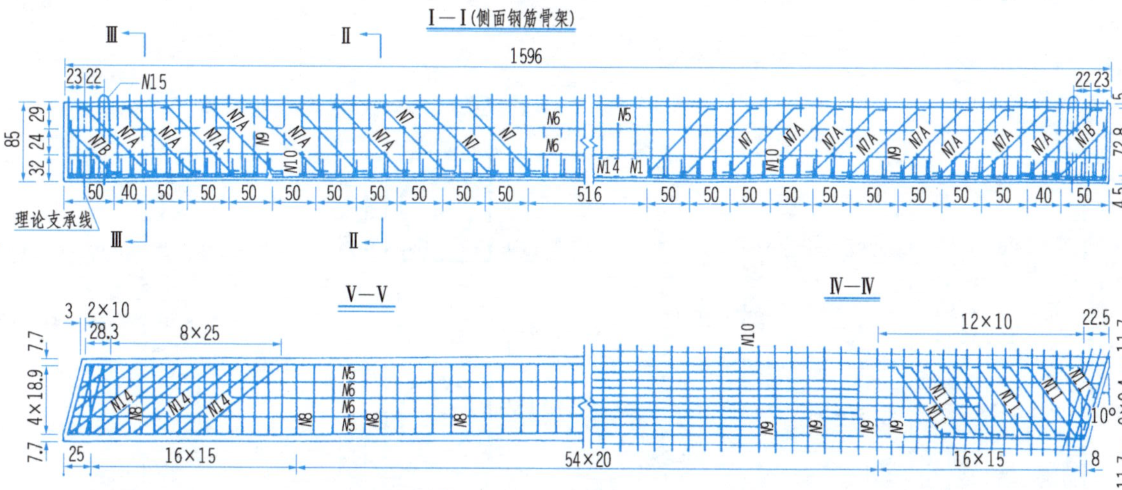

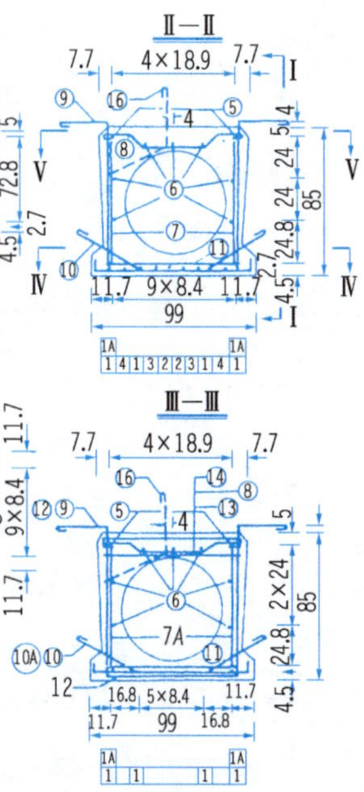

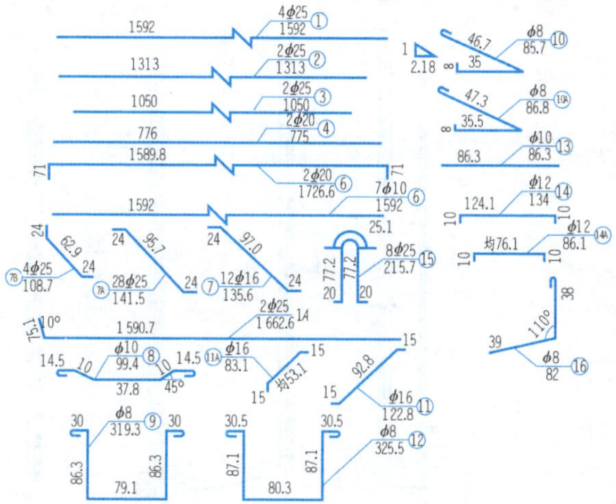

一块板钢筋明细表及材料数量表

编号	直径(mm)	每根长(cm)	根数	共长(m)	共重(kg)	C25混凝土(m³)
1	φ25	1 592	4	63.68	245.2	预制: 7.55 现浇: 1.07
2	φ25	1 313	2	26.26	101.1	
3	φ25	1 050	2	21.00	80.9	
4	φ20	776	2	15.52	38.3	
5	φ20	1 726.6	2	34.53	85.3	
6	φ10	1 592	7	111.44	68.8	
7	φ16	135.6	12	16.27	25.7	
7A	φ25	141.5	28	39.62	152.5	
7B	φ25	108.7	4	4.35	16.7	
8	φ10	99.4	87	86.48	53.4	
9	φ8	319.3	87	277.79	109.7	
10	φ8	85.7	174	149.11	58.9	
10A	φ8	86.8	6	5.21	2.1	
11	φ16	122.8	20	24.56	38.8	
11A	φ16	83.1	6	4.99	7.9	
12	φ8	325.5	6	19.53	7.7	
13	φ10	86.3	6	5.18	3.2	
14	φ12	134	14	18.76	16.7	
14A	φ12	86.1	4	3.44	3.1	
15	φ25	215.7	8	17.26	66.4	
16	φ8	82	93	76.26	30.1	
1A	φ25	1 662.6	4	33.25	128.0	

注：
1.本图尺寸钢筋直径以毫米计，余均以厘米计。
2.N7、N7A、N7B钢筋与底板外侧上层主筋N1A及顶板N5钢筋焊成骨架，采用双面焊，焊缝长度不小于5倍钢筋直径。
3.N11、N11A钢筋与底板外侧上层主筋N1A亦采用双面焊，焊缝长度不小于5倍钢筋直径。
4.施工时，将N8钢筋的两端弯钩稍加板扭，让其同时钩住N5及其相应的N9钢筋。

图 7-14　中板梁钢筋结构图

3 主梁构造图

(1)预制板梁一般构造图

如图 7-13 所示为斜角 10°、跨径 16m 的预制空心板梁一般构造图。

其图示特点是立面以 1:50 的比例画出,中板的半立面表达了空心板梁的高、长及理论支承线的位置。平面图分别画出中板、边板的半平面,给出了中板与边板的宽度与倾斜角,侧面同时画出中板、边板的断面形状。为表达清晰,平面及侧面采用了 1:20 的比例画出,使各细部构造能够完整表达。

(2)预制板梁钢筋结构图

由于中梁与边梁一般构造形状不同,故钢筋构造图也会有所不同。以中梁板为例说明钢筋结构图,如图 7-14 所示为中板梁钢筋结构图。

图 7-14 采用Ⅰ—Ⅰ剖面即板梁侧面钢筋骨架为立面图,用半Ⅴ—Ⅴ和半Ⅳ—Ⅳ剖面的合成图作为平面图。由于板梁较长,中间采用折断画法,为保证长度对正,立面图与平面图采用同一比例。由于Ⅴ—Ⅴ和Ⅳ—Ⅳ的剖切位置不同,在中间折断处,为保证各纵横向钢筋的对应,产生了Ⅴ—Ⅴ和Ⅳ—Ⅳ剖面图形不等宽的现象。侧面图采用Ⅱ—Ⅱ、Ⅲ—Ⅲ剖面取代,并用较大比例画出,为方便施工画出了钢筋成形图,另附有一块板钢筋明细表及材料数量表。

读图:图 7-14 所示为空心板梁中板,其底纵向主筋①、②、③、④号均为 HRB335 钢筋,除④号钢筋直径为 20mm 外,其余钢筋直径均为 25mm。⑤号钢筋为顶面纵向主筋,⑥号钢筋为侧面纵向主筋。

想一想

图 7-14 中其他编号的钢筋是什么筋?加工形式如何?

知识链接一

T 形梁构造图包括哪些内容?T 形梁主梁与横隔板示意图如图 7-15 所示。

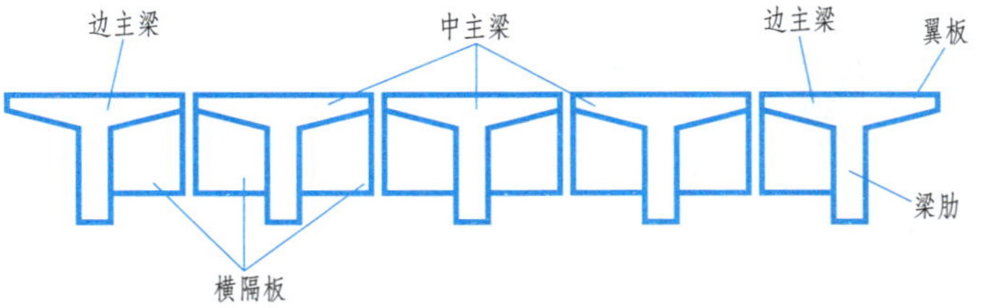

图 7-15 T 形梁主梁与横隔板示意图

(1)T 形梁骨架构造图

如图 7-16 所示是跨径为 10m 的一片 T 形梁骨架构造图。其中,图 a)为 T 形梁骨架图,其中③号钢筋为 2 根直径为 22mmHRB335,①号钢筋为 2 根直径为 32mmHRB335,共 4 根组成架立钢筋;⑧号钢筋为 8 根直径为 8mmHPB225 的纵向钢筋,⑦号钢筋为 38 根直径 8mm 的 HPB225 箍筋,⑧与⑦绑扎在一起,以增加梁的刚度及防止梁发生裂缝。除跨端和跨中外,钢筋间距均为 26cm。②、④、⑤、⑥号钢筋均为受力钢筋。图中一并注出各构件的焊缝尺寸如 8、16,及装配尺寸如 60、78、79.7 等。图 b)是钢筋成形图,把每根钢筋单独画出来,并详细注明加工尺寸。

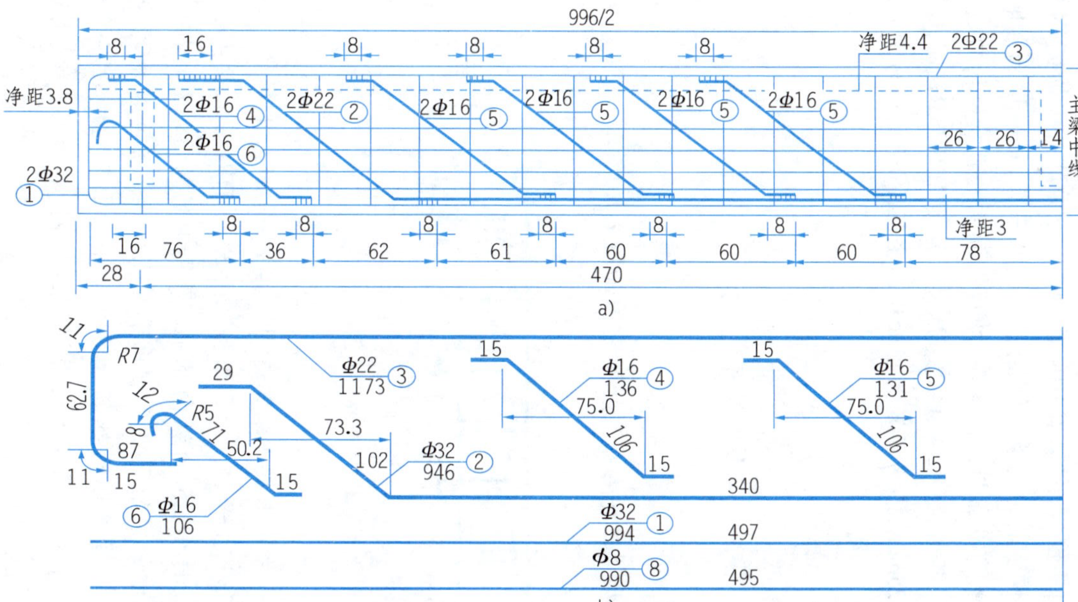

a)

b)

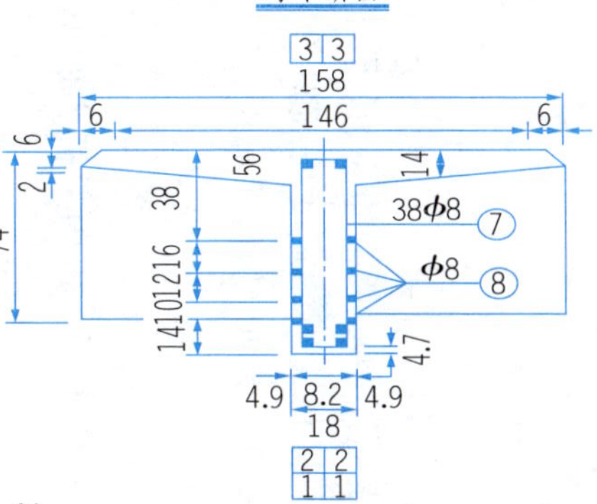

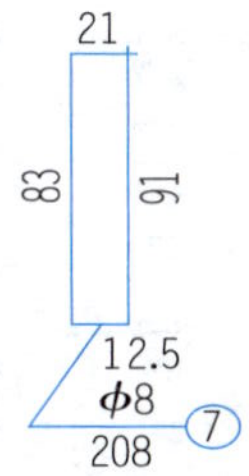

注：
1.本图尺寸除钢筋直径以**毫米**计外，其余均以**厘米**计。
2.本图钢筋焊缝均为手工双面焊。一片主梁的焊缝 δ=4mm，总长度为13.4m。
3.一片平面骨架的质量为0.18t。

一片主梁钢筋明细表

编号	直径(mm)	每根长度(cm)	数量(根)	总长(m)
1	Φ32	994	2	19.88
2	Φ32	946	2	18.92
3	Φ22	1173	2	23.46
4	Φ16	136	4	5.44
5	Φ16	131	16	20.95
6	Φ16	106	4	4.24
7	Φ8	208	38	79.04
8	Φ8	990	8	79.20

一片主梁钢筋总表

直径(mm)	总长(m)	单位质量kg/m	总质量(kg)	钢筋种类
32	33.80	6.313	244.9	HRB335
22	24.46	2.984	10.0	HRB335
16	30.64	1.578	48.3	HRB335
8	158.24	0.395	62.5	R235
32、22、16	小计		363.2	HRB335
8	小计		62.5	R235
总计			424.7	

图7-16　T形梁骨架构造图

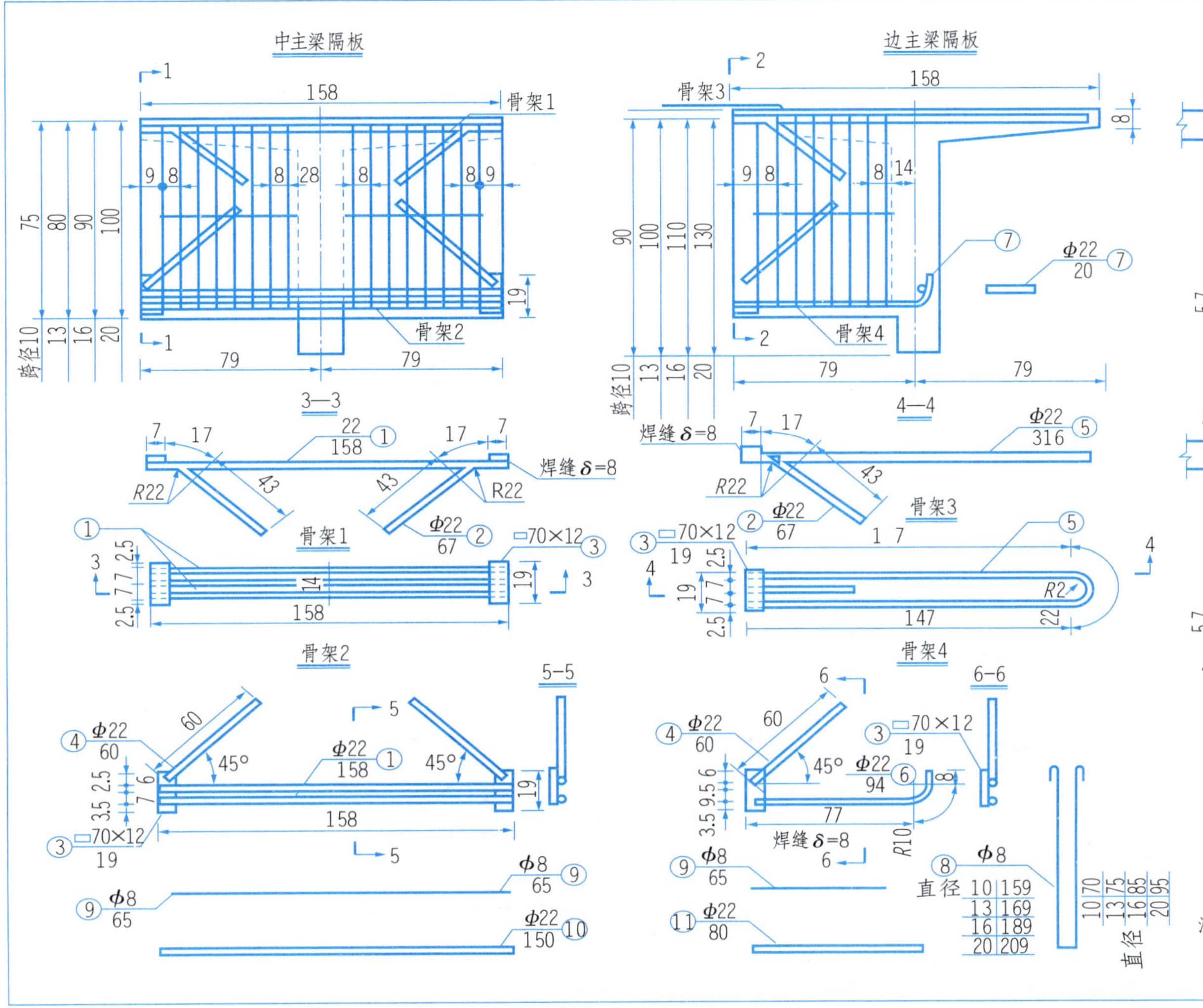

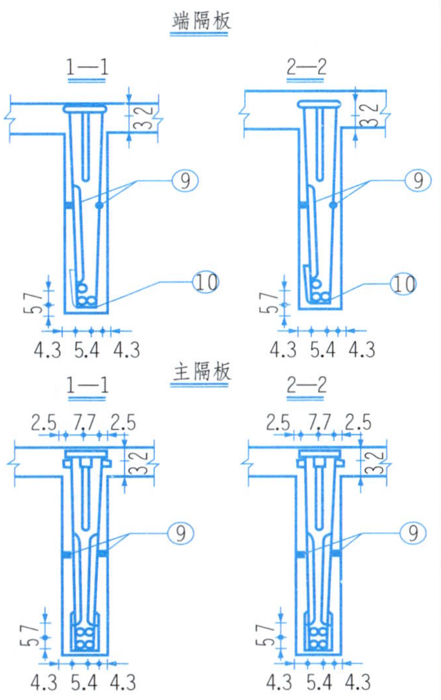

一片主梁隔板焊缝长度表

跨径(m)	中主梁(δ=8mm)(m)	边主梁(δ=8mm)(m)
10	5.9	2.4
13	8.5	3.4
20	10.9	4.4
26	10.9	4.4

注：本图钢筋直径、焊缝和钢板断面尺寸以**毫米**计，跨径尺寸以**米**计，其余尺寸均以**厘米**计。

图 7-17　T 形梁横隔板构造图

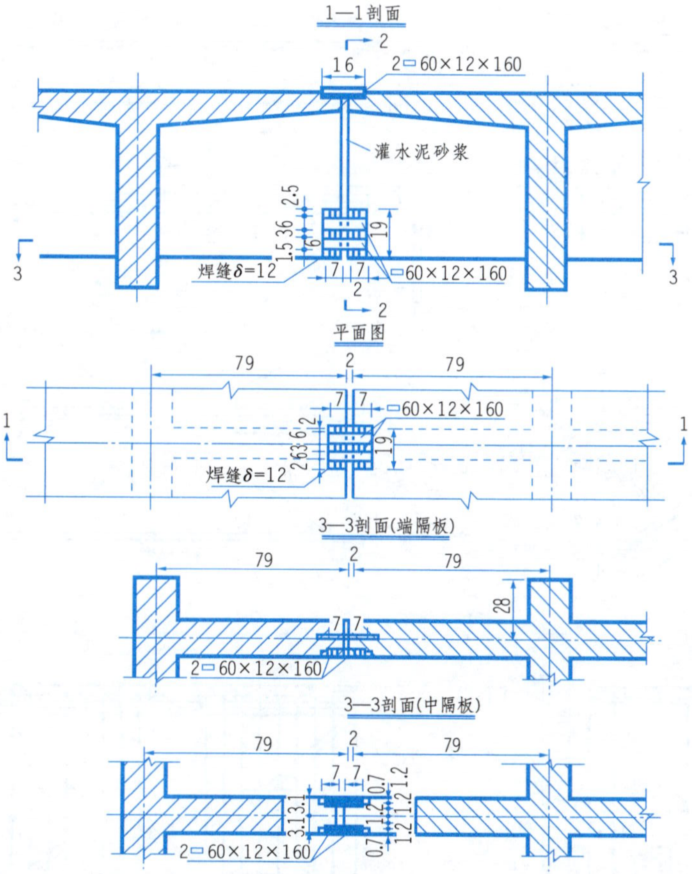

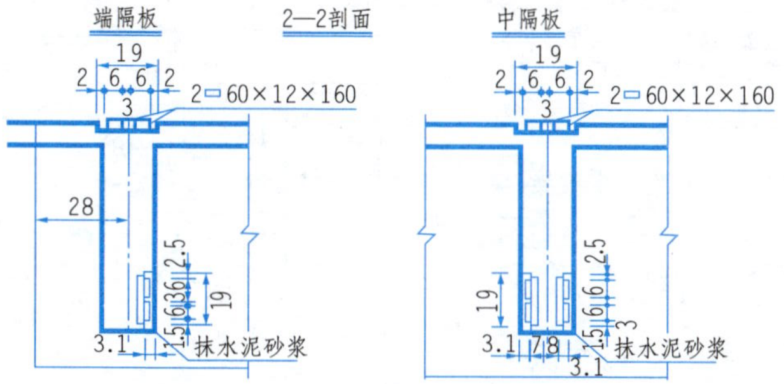

1个接头所需水泥砂浆用量

跨径 (m)	水泥砂浆（m³）	
	墙隔板	中隔板
10	0.0026	0.0028
13	0.0027	0.0030
16	0.0030	0.0033
20	0.0033	0.0036

1个接头钢板明细表

接头位置	构件名称	断面尺寸（mm²）	长度（mm）	数量（块）	总长（m）	单位质量 (kg·m⁻¹)	总质量（kg）	钢标号	焊缝长度 (δ=12mm)（m）
端隔板	钢板	60×12	160	4	0.64	5.652	3.6	16锰	1.1
中隔板	钢板	60×12	160	6	0.96	5.652	5.4	16锰	1.7

注：
1.本图尺寸除钢板,焊缝厚度以**毫米**计外,其余均以**厘米**计。
2.接头钢板焊毕后,应将其表面锈渍除净,并抹以水泥砂浆。

图 7-18　T 形梁横隔板接头构造图

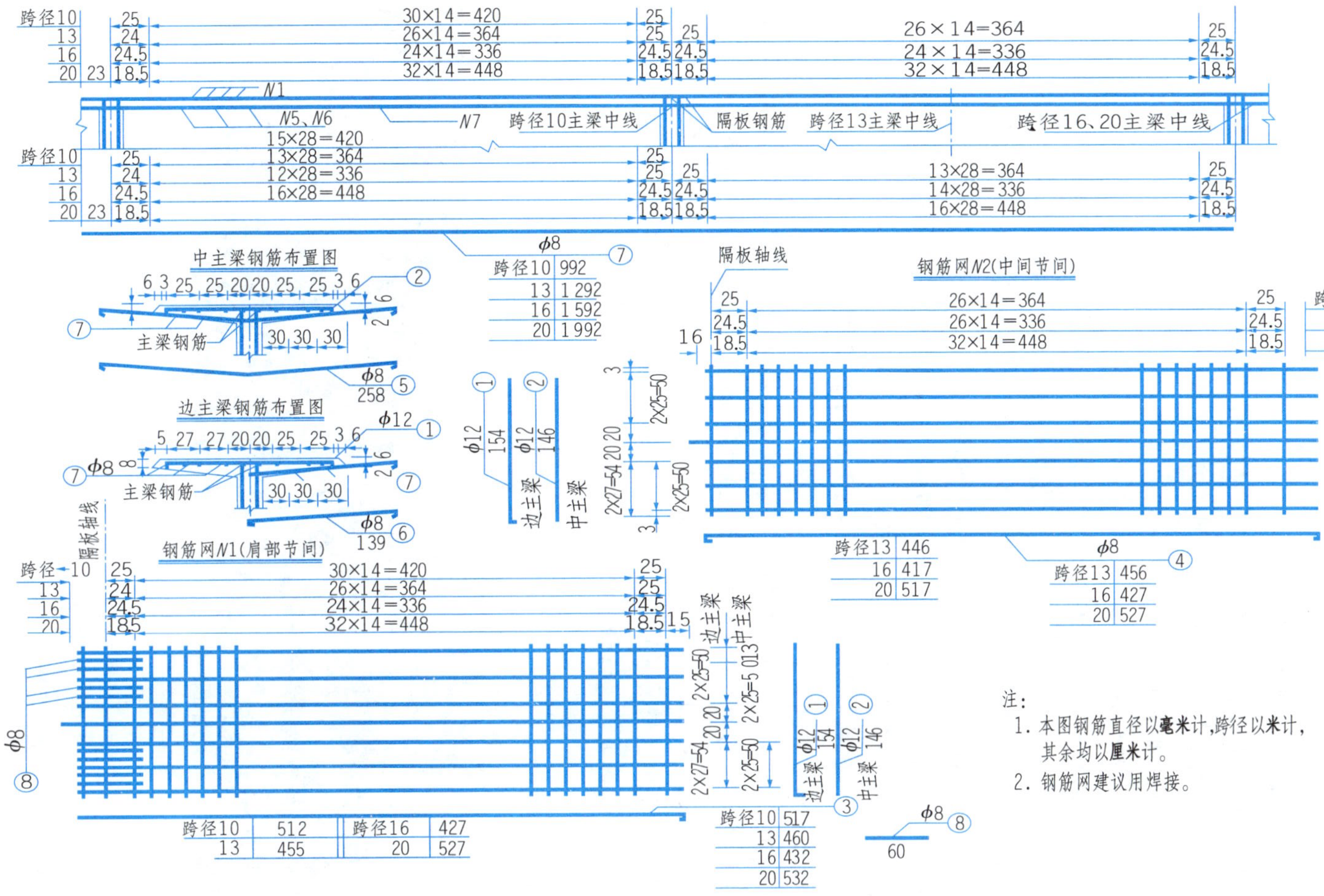

注：

1. 本图钢筋直径以**毫米**计，跨径以**米**计，其余均以**厘米**计。
2. 钢筋网建议用焊接。

图 7-19　T 形梁翼板构造示意图

在钢筋布置立面图中，对于重叠在一起的钢筋，如图 7-16 所示跨中断面图中②号钢筋和①号钢筋重叠在一起，为了表示清楚也可以把重叠在一起的钢筋用小圆圈表示。图 7-16a）主梁骨架图上钢筋③、①和②、④、⑤、⑥等钢筋端部重叠并焊接在一起，但画图的时候，为了便于读图，故意分开来画使线条分清。

（2）T 形梁横隔板（横隔梁）构造图

有横隔板的 T 形梁能保证主梁的整体稳定性，横隔板在接缝处都预埋了钢板，在架好梁后通过预埋钢板焊接成整体，使各梁能共同受力。如图 7-17 所示为 T 形梁横隔板构造图，为了便于读图，还列出了骨架 1、2、3、4 四种钢筋成型图。

（3）T 形梁横隔板接头构造图

如图 7-18 所示为横隔板接头的构造图，上缘接头钢板设在桥面上，下缘接头钢板设在侧面。在近墩台一面端隔板的外侧，因为不好焊接故没有做钢板接头，在中隔板内、外两侧均可布置接头。投影图的处理，是先根据平面图作出 1—1 剖面图，然后再根据 1—1 剖面图作出 2—2 剖面和 3—3 剖面图，为了节省图幅，这里又分为端隔板和中隔板两种。

当 T 形梁架好后，如图 7-18 所示，另用钢板将横隔板接缝处的预埋钢板焊牢连成整体，上面接头用两块□60 × 12 × 160 钢板，下面接头两侧各用两块□60 × 12 × 160 钢板，端横隔板外侧近墩台处，不好焊接，故只焊内侧一块，如图 7-18 的 2—2 剖面图。

（4）T 形梁翼板构造图

如图 7-19 所示为 T 形梁翼板钢筋布置图，纵方向的钢筋如③、④、⑦号钢筋为受力钢筋，①、②号钢筋为分布钢筋，⑤、⑥号钢筋为预埋钢筋。当梁架好后，把⑤、⑥号钢筋弯起和行车道铺装钢筋网连成整体。①、②号钢筋和⑤、⑥号钢筋系沿 T 形梁全长进行配置，习惯上仅画两端部，当中空掉不画。钢筋网 $N1$ 和钢筋网 $N2$ 是相互搭接的，为了便于读图，在平面图中故意把它们分开来画，而通过隔板轴线把两块钢筋网联系起来。

知识链接二

如图 7-20 所示，箱梁构造图包括哪些内容？

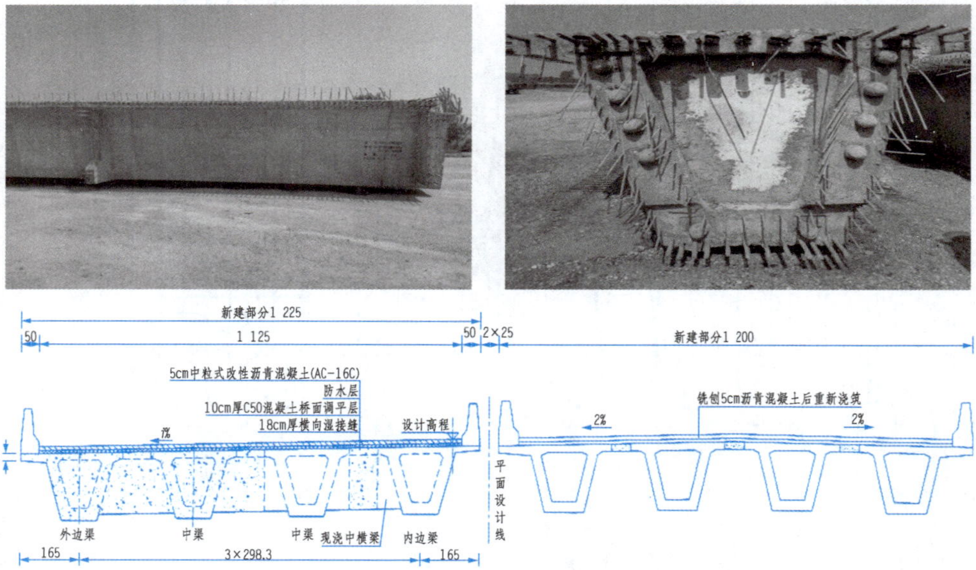

图 7-20　箱梁实体示意图及横断面图

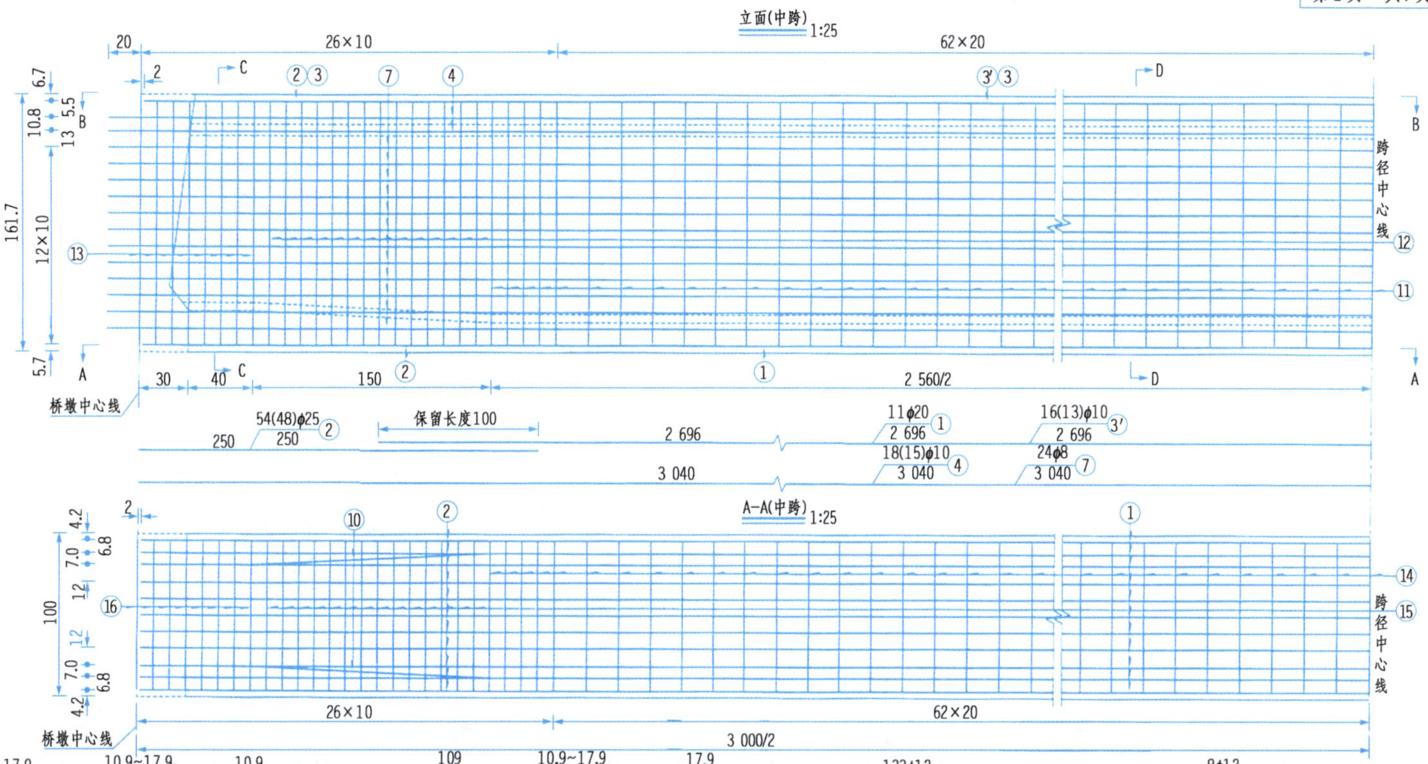

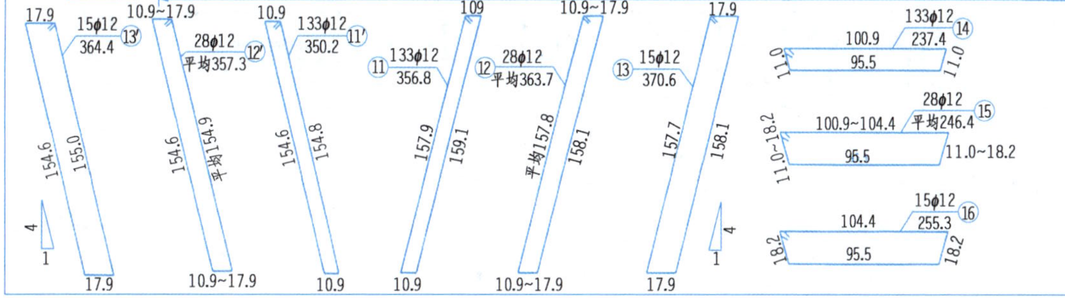

注：
1.图中尺寸除钢筋直径以毫米计外，余均以厘米计。
2. N10钢筋设置在腹板变化段箍筋角隅处。
3.立面图中的尺寸为高侧腹板的尺寸,其低侧腹板构造见《预制箱梁普通钢筋构造图》第3页,腹板箍筋间距同底板箍筋间距。
4.图中数字由括号并列表示者，括号内、外数字分明用于中梁和边梁，其余数字共用。

图 7-21

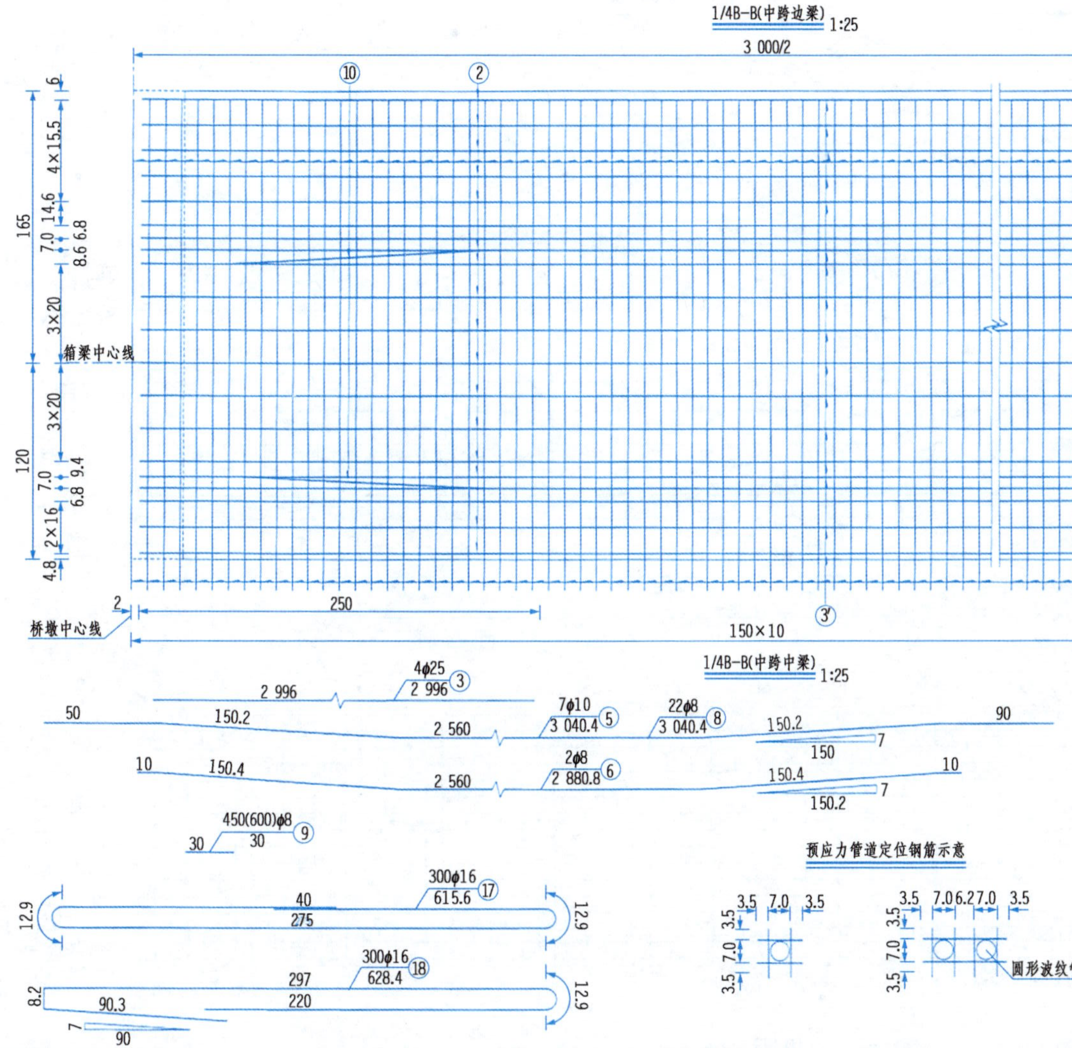

注:

1.本图尺寸均以厘米为单位。

2.图中数字有括号并列表示者，括号内、外数字分别用于中梁和边梁，其余数字共用。

3.B-B截面未示出顶板束张拉预留槽口位置,预制箱梁时，桥面板顶层纵、横向钢筋可在顶板束张拉预槽口处截断，以方便施工，另外，预制箱梁时，严禁截断顶板束张拉预留槽口处箱梁顶板下层纵、横向钢筋，张拉负弯矩钢束时也不宜随便截断该钢筋，传负弯矩钢束张拉完毕后，务必将截断的钢筋采用等强度原则予以补强。

4.预应力管道定位钢筋本图仅为示意,施工时可按直线段100cm设置一组，曲线段50cm设置一组。

图 7-21

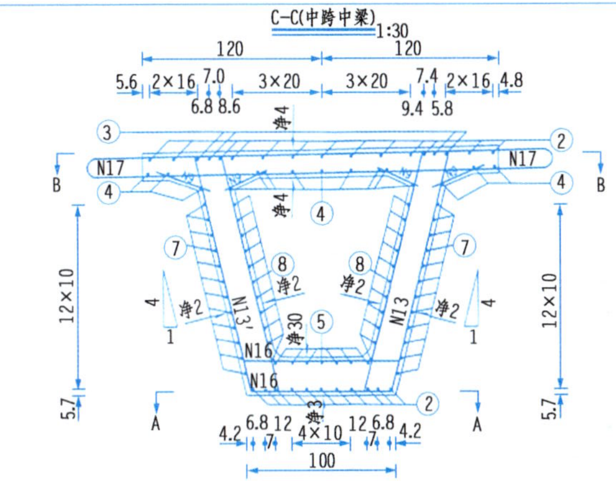

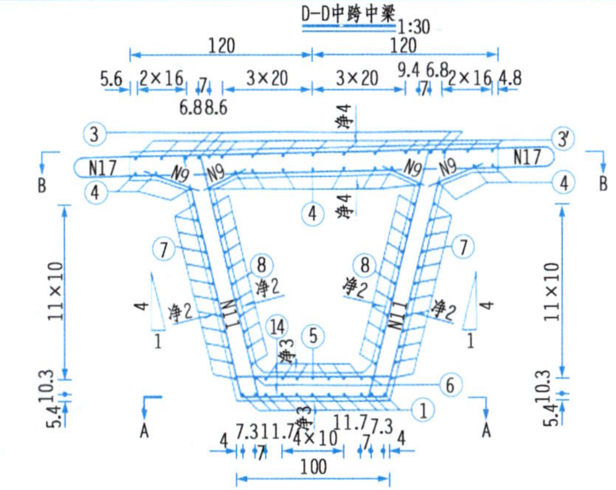

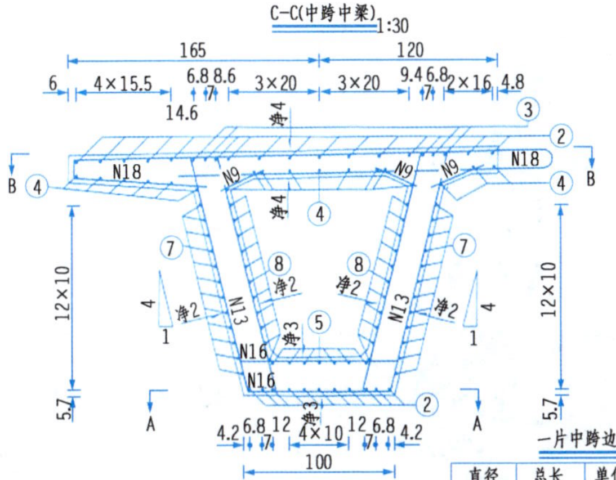

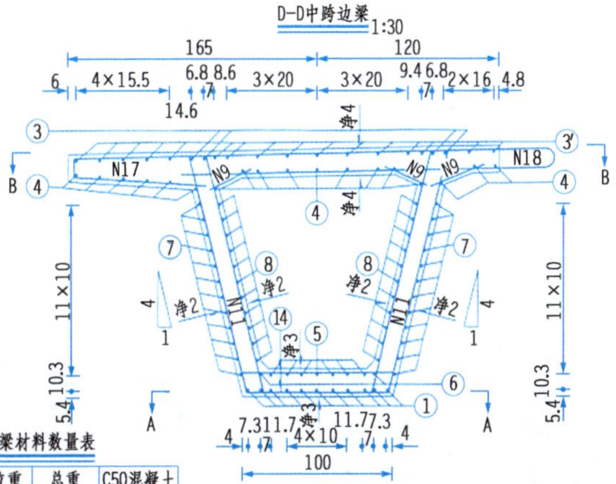

钢筋明细表

编号	直径(mm)	每根长(cm)	根数	共长(m)
1	ф20	2 696	11	296.556
2	ф25	250	54(48)	135.00(120.00)
3	ф25	2 996	4	119.84
3′	ф10	2 696	16(13)	431.38(350.48)
4	ф10	3 040	18(15)	547.20(456.00)
5	ф10	3 040.4	7	212.83
6	ф10	2 880.8	2	57.62
7	ф8	3 040	24	729.60
8	ф8	3 040.4	22	668.89
9	ф8	30	450(500)	135.00(180.00)
10	ф12	160	8	12.80
11	ф12	356.8	133	474.54
11′	ф12	350.2	133	465.77
12	ф12	平均363.7	28	101.84
12′	ф12	平均357.3	28	100.04
13	ф12	370.6	15	55.59
13′	ф12	364.4	15	54.66
14	ф12	237.4	133	315.74
15	ф12	平均246.4	28	68.99
16	ф12	255.3	15	38.30
17	ф16	(615.8)	(300)	(1 847.4)
18	ф16	628.4	300(0)	1 885.2(0.00)

一片中跨中梁材料数量表

直径(mm)	总长(m)	单位重(kg/m)	总重(kg)	C50混凝土(m^3)
25	239.8	3.850	923.2	32.3
20	296.6	2.470	732.6	
16	1 847.4	1.580	2 918.9	
12	1 688.3	0.888	1499.2	
10	1 076.9	0.617	664.4	
8	1 578.5	0.395	623.5	
ф8定位钢筋			109	

一片中跨边梁材料数量表

直径(mm)	总长(m)	单位重(kg/m)	总重(kg)	C50混凝土(m^3)
ф25	254.8	3.850	981.0	35.2
ф20	296.6	2.470	732.6	
ф16	1 885.2	1.580	2978.6	
ф12	1 688.3	0.888	1499.2	
ф10	1 249.0	0.617	770.6	
ф8	1 533.5	0.395	605.7	
ф8定位钢筋			109	

注：
1.本图尺寸均以厘米为单位。
2.图中数字有括号并列表示者，括号内、外分别适用于中梁和边梁，其余数字共用。
3.N9钢筋每间隔20cm设置一组。

图7-21 箱梁普通钢筋构造图

如图7-21所示为箱梁普通钢筋构造图，即是跨径为30m的一片箱形梁普通钢筋构造图。以D－D断面中跨中梁为例进行读图。本断面的钢筋如下：①号钢筋为11根直径20mm的HRB400热轧带肋钢筋，③号钢筋为4根直径为22mm的HRB400热轧带肋钢筋，③号钢筋为13根（D—D断面中跨边梁为16根）直径10mm的HPB235光圆钢筋，④号钢筋为15根（D－D断面中跨边梁为18根）直径10mm的HPB235光圆钢筋，⑤号钢筋为7根直径10mm的HPB23光圆钢筋，⑦号钢筋为24根直径8mm的HPB235光圆钢筋，⑧号钢筋均为22根直径8mm的HPB235光圆钢筋，⑨号钢筋为600根直径8mm的HPB235光圆钢筋，⑪、⑪′、⑭钢筋均为133根直径12mm的HRB400热轧带肋钢筋，⑰号钢筋为300根直径16mm的HRB400热轧带肋钢筋。

①号钢筋是分布在底板下层的纵向受力钢筋，③号钢筋是分布在顶板上层的纵向架立钢筋，③′、④、⑤、⑦、⑧号钢筋均为纵向分布钢筋，⑨号钢筋是设置在上顶板下侧与侧面边缘、每隔20cm设置一组的横向连接钢筋，⑪、⑪′、⑭钢筋为箍筋，⑰钢筋即是横向连接钢筋，也为箍筋。

①、⑤号钢筋固定在14号箍筋上形成箱梁底板，⑦、⑧钢筋固定在⑪、⑪′箍筋上形成箱梁侧板，①、⑤、⑦、⑧、⑪、⑪′连接在一起形成箱梁的两侧板与底板，③、③′、④号钢筋固定在⑰上形成箱梁顶板。⑰、⑪、⑪′、⑭号钢筋连接在一起形成箱梁骨架，为了增加箱梁的稳定性，用⑨号钢筋对上顶板与两侧板进行进一步的连接。

四、钢结构图

钢结构图常用的有：总图、节点图、杆件图及零件图。图7-22为下承式钢桁架梁的立体图。

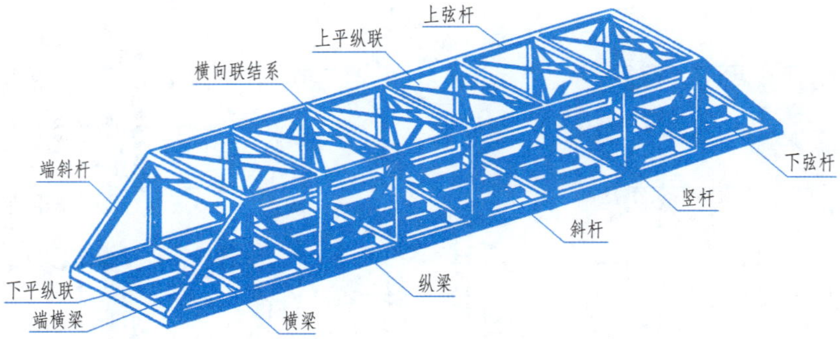

图7-22　下承式钢桁架梁的立体图

1 总图

钢结构总图通常采用单线示意图或简图，用以表达钢结构形式、各杆件的计算长度等，图7-23为跨度64m下承式钢桁梁示意图。

（1）主桁架图

主桁架图桥梁纵方向的立面图表示前后两片主桁架的形状与大小，主桁架是主要承重结构，它由上弦杆、下弦杆、斜杆和竖杆共同组成。

（2）上平纵联图

指上平纵联平面图，通常画在主桁架图的上面，表示桁架顶部的上平纵联的结构形式，其作用是保证桁架的侧向稳定及承担作用于桥上的水平力，也称为上风架。

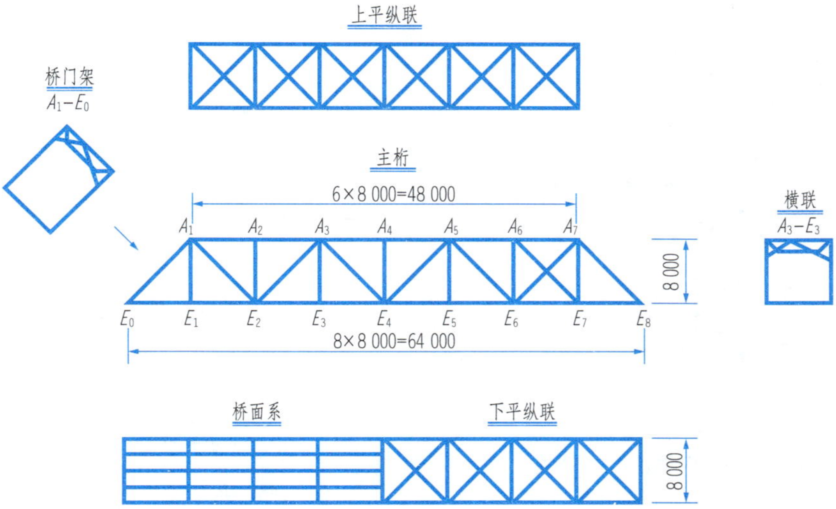

图 7-23　下承式钢桁架梁示意图(尺寸单位:mm)

(3)下平纵联图

指下平纵联平面图,通常画在主桁架图的下面,它的右边一半表示下平纵联的结构形式,也称为下风架,它的左边一半表示桥面系的纵横梁位置和结构形式。

(4)横联

是钢桁架梁的横断面图,它表示两片主桁架之间横向联系的结构形式,图中表示了 $A_3\sim E_3$ 处的横向连接形式。

(5)桥门架

是采用辅助斜投影法把桥门($A_3\sim E_0$)的实形画出来。它设在主梁两端支座上,主要作用是将上风架所承受的水平力传递到桥梁支座上去。

2 钢节点构造图

钢节点表达了该节点处各杆件的连接结构。如图 7-24 所示为钢桁架梁的下弦节点 E_2 的构造立体图。

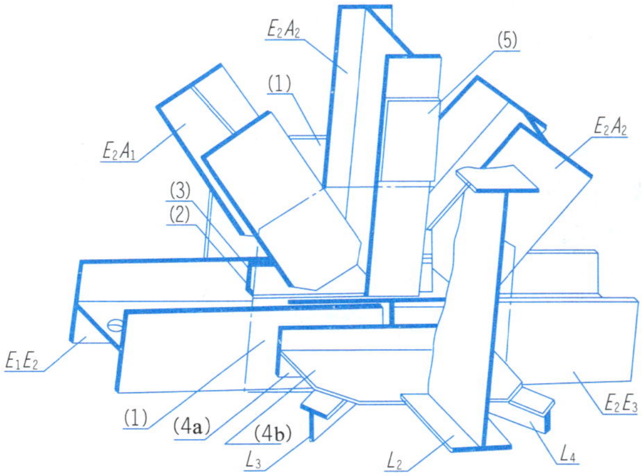

图 7-24　节点 E_2 的构造立体图

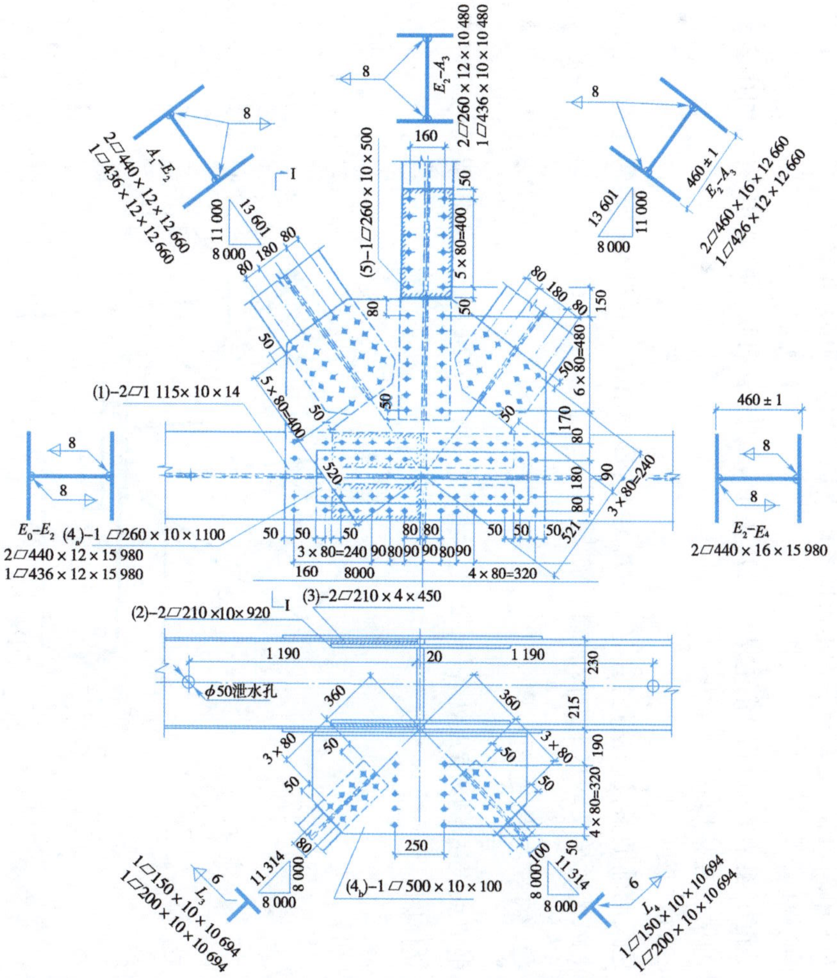

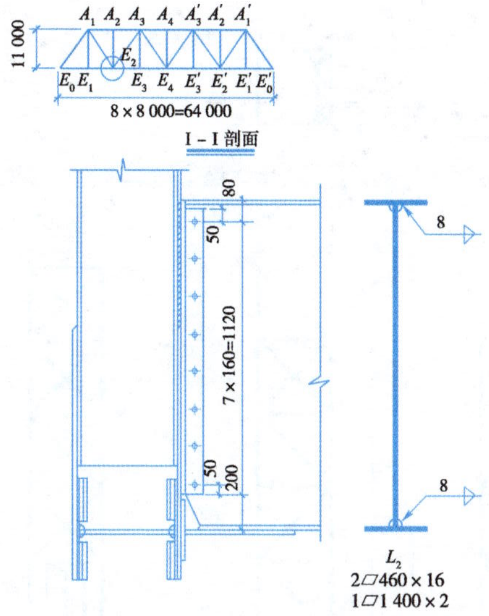

说明：

1.本图尺寸均以毫米计。

2.图中符号：

⊕ 表示 ϕ 22的高强螺栓孔；

焊缝高度为 6 mm和 8 mm，都是半自动焊。

3.未注明长度的焊缝，均全长焊接。

4.材料：16锰钢。

5.各构件细部尺寸，在构件图中表达。

图 7-25　钢结构节点 E_2 详图

下弦节点 E_2 是通过两块节点板(1)(前面一块节点板用双点画线表示)、接板(2)、填板(3)和高强螺栓将主桁架的下弦杆(E_1E_2、E_2E_3)、斜杆(E_2A_1、E_2A_3)和竖杆(E_2A_2)连接组成的。节点 E_2 除了连接主桁架上述交汇杆件外,还通过接板(4a)、(4b)、填板(5)和角钢(图中没有画出)把横梁 L_2(采用局部断裂画法)和下风架 L_3、L_4 连接起来。

钢节点结构详图除采用常用的正投影图外,还配合用剖、断面图和斜视图等方法来表示,钢节点图的尺寸均采用 mm,常用比例为 1∶10 ~ 1∶20。

如图 7-25 是钢结构节点 E_2 详图。

(1)立面图

是节点图的主要投影图,它没有把横梁与下风架画出,只画出其接板,这样可以更清楚地显示各杆板连接的构造。螺孔用小黑圆点表示,注出了螺孔的定位尺寸和杆件的装配尺寸。在立面图周围(包括平面图和侧面图),画出了各杆件的断面图及构造尺寸,如在 E_2A_3 中的 2▱460 × 16 × 12 660、1▱426 × 12 × 12 660,表示该杆件是由两块尺寸为 460 × 16 × 12 660 和一块 426 × 12 × 12 660 的钢板通过焊接组成工字梁形式。

(2)平面图

采用拆卸画法把竖杆和斜杆移去,画出下弦杆和节点板、接板、填板的连接构造,在图中一般不画剖面线,而对于填板不论剖切与否,均画上剖面线。

(3)侧面图

采用Ⅰ—Ⅰ剖面和拆卸画法移去斜杆,把竖杆和节点板的连接、竖杆和横梁的连接表示出来。

在施工图中,对于非标准构件还必须单独画出并注明尺寸及连接方法,这种图也称为杆件图或零件图。

单元小结

本单元主要讲述钢筋结构图的内容与特点,钢筋混凝土梁桥工程图(桥位平面图、桥位地质断面图、桥梁总体布置图、桥梁墩台构造图、桥跨结构图及钢筋布置图)的主要内容及特点。通过本单元学习,学生应能够读懂钢筋结构图桥梁总体布置图、墩台结构图、桥跨结构图,能够抄绘钢筋混凝土梁桥分布图、桥梁总体布置图、桥梁墩台结构图、桥跨构造图。

自我检测

1. 钢筋结构图的主要内容有哪些?
2. 简述桥梁工程图的主要图样类型和特点。
3. 简述构件钢筋构造布置图的内容(以图 7-17 为例)。

单 元 8

涵洞工程图的识读

学习目标

1. 了解涵洞的概念与分类；
2. 了解涵洞(圆管涵、钢筋混凝土盖板涵、石拱涵)工程图的内容与特点；
3. 熟悉圆管涵、钢筋混凝土盖板涵、石拱涵的纵剖面图、平面图、侧面图的表达内容；
4. 能够抄绘圆管涵、钢筋混凝土盖板涵、石拱涵的纵剖面图、平面图、侧面图。

学习任务

1. 读懂圆管涵、钢筋混凝土盖板涵、石拱涵工程图；
2. 能够抄绘圆管涵、钢筋混凝土盖板涵、石拱涵的纵剖面图、平面图、侧面图。

学习指南

涵洞工程图是指导涵洞放样与施工的依据。能读懂和抄绘圆管涵、钢筋混凝土盖板涵、石拱涵纵剖面图、平面图、侧面图是每一位公路工程技术人员应有的素质。要想读懂涵洞工程图就必须掌握圆管涵、钢筋混凝土盖板涵、石拱涵的纵剖面图、平面图、侧面图包括的内容及各图的特点。每一位学生应按如下流程进行学习：

了解涵洞的名称与分类→熟悉圆管涵、钢筋混凝土盖板涵、石拱涵的纵剖面图、平面图、侧面图内容及图中各符号的意义→抄绘圆管涵、钢筋混凝土盖板涵、石拱涵的纵剖面图、平面图、侧面图。

教学建议

本单元教学过程中，应尽量结合学生熟悉的生活环境以及实际工作中典型的工程案例，边讲解、边示范、边练习，充分体现“教、学、做”一体化的教学模式。在教学过程中，教师还可以借助图片、课件、动画、视频等数字化资源，使教学内容具体化、直观化、生动化、趣味化、激发学生学习兴趣，提高教学质量和效果，使学生读懂圆管涵、钢筋混凝土盖板涵、石拱涵的纵剖面图、平面图、侧面图，并让学生结合某涵洞的纵剖面图、平面图、侧面图进行抄绘。

8.1 涵洞的分类

一、涵洞的概述

涵洞是宣泄小量流水的工程建筑物，它同桥梁的区别在于跨径的大小。根据《公路工程技术标准》（JTG B01—2014）规定，凡单孔跨径小于5m、圆管涵、箱涵，不论管径或跨径大小、孔径多少，均称为涵洞。

二、涵洞的分类

1 按建筑材料分

涵洞按建筑材料分为砖涵、石涵、混凝土涵、钢筋混凝土涵、木涵、陶瓷管涵、缸瓦管涵等。

2 按构造形式分

涵洞按构造形式分为圆管涵、盖板涵、拱涵、箱涵等。

3 按断面形状分

涵洞按断面形状分为圆形涵、卵形涵、拱形涵、梯形涵、矩形涵等。按孔数可分为单孔、双孔和多孔。

4 按有无覆土分

涵洞按有无覆土分为明涵和暗涵。

三、洞口的形式

涵洞由基础、洞身和洞口组成，洞口包括端墙、翼墙或护坡、截水墙和缘石等部分。图8-1是圆管涵洞立体分解图。

洞口是保证涵洞基础和两侧路基免受冲刷，使水流顺畅的构造。一般进出水口均采用同一形式，常用的洞口形式有端墙式（又名一字墙式）（图8-1）和翼墙式（又名八字墙式）两种。另外还有阶梯式洞口、斜交式洞口、上游边沟跌水井洞口等。

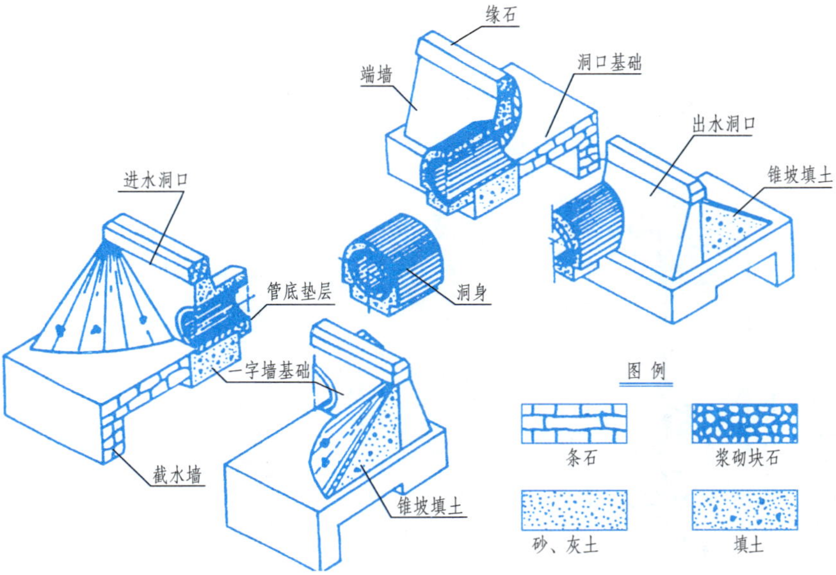

图 8-1　圆管涵洞立体分解图

8.2 涵洞工程图的识读

由于涵洞是狭而长的工程构造物,故以水流方向为纵向,并以纵剖面图代替立面图。为了使平面图表达清楚,画图时不考虑洞顶的覆土,如进、出水口形状不一时,则要把进、出水口的侧面图画出。有时平面图与侧面图以半剖形式表达,水平剖面图一般沿基础顶面剖切,横剖面图则垂直于纵向剖切。除上述三种投影图外,还应画出必要的构造详图,如钢筋布置图、翼墙断面图等。

涵洞体积较桥梁小,故画图所选用的比例较桥梁图稍大。

现以常用的圆管涵、钢筋混凝土盖板涵和石拱涵三种涵洞为例,说明涵洞工程图的表示方法。

一、圆管涵

图 8-2 所示为钢筋混凝土圆管涵构造图,比例为 1∶50,洞口为端墙式,端墙前洞口两侧有 20cm 厚干砌片石铺面的锥形护坡,涵管内径为 75cm,涵管长为 1 060cm,再加上两边洞口铺砌长度,得出涵洞的总长为 1 335cm。由于其构造对称,故采用半纵剖面图、半平面图和侧面图来表示。

1 半纵剖面图

由于涵洞进出洞口一样,左右基本对称,所以只画半纵剖面图,以对称中心线为分界线。纵剖面图中表示出涵洞各部分的相对位置和构造形状,如管壁厚 10cm、防水层厚 15cm、设计流水坡度 1%,涵身长 1 060cm、洞底铺砌厚 20cm 和基础、截水墙的断面形式等;路基覆土厚度 >50cm,路基宽度 800cm;锥形护坡顺水方向的坡度与路基边坡一致,均为 1∶1.5。各部分所用材料均于图中表达出来,但未示出洞身分段。

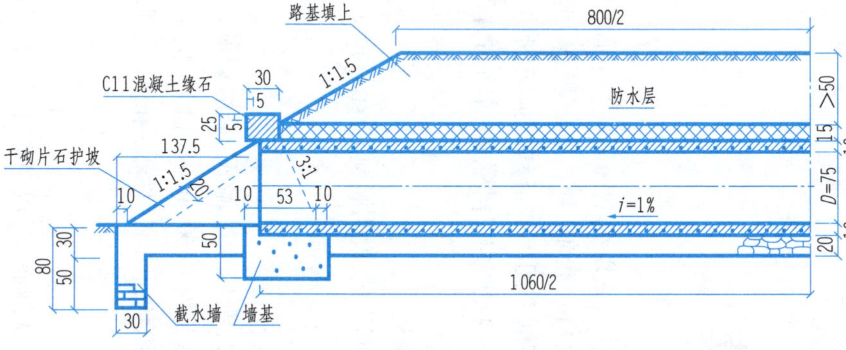

半纵剖面图

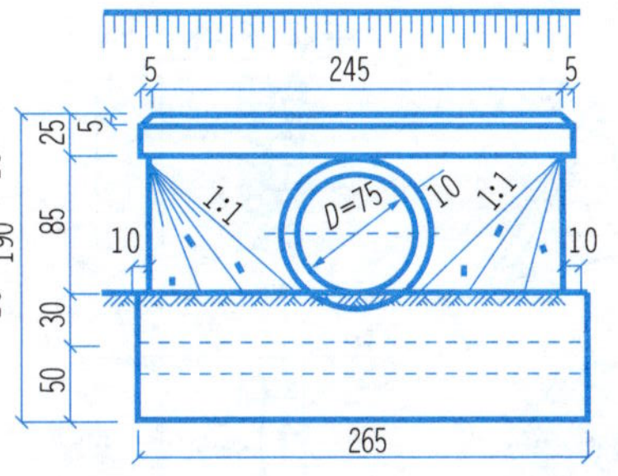

洞口正面图

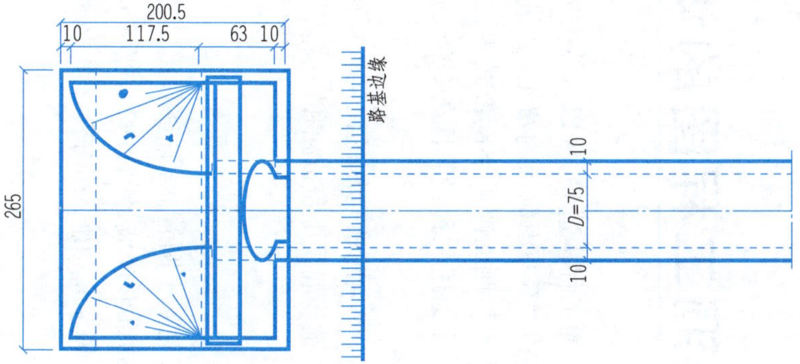

半平面图

洞口工程数量表(一端)

项别 工程数量 管径	C11混凝土缘石 (m^3)	M3砂浆砌片石墙身 (m^3)	M3砂浆砌片石基础 (m^3)	干砌片石护坡 (m^3)
75	0.191	0.552	2.200	0.275

注:1.图中尺寸以厘米计。
2.洞口工程数量指一端,即一个进水口或一个出水口。

端墙式圆管涵单孔构造图	公路—Ⅱ级
	比例1:50
	图号11/30

图 8-2 钢筋混凝土圆管涵构造图

2 半平面图

为了同半纵剖面图相配合，故平面图也只画一半。图中表达了管径尺寸与管壁厚度，以及洞口基础、端墙、缘石和护坡的平面形状和尺寸，涵顶覆土做透明体处理，但路基边缘线应予画出，并以示坡线表示路基边坡。

3 侧面图

侧面图主要表示圆管涵孔径和壁厚、洞口缘石和端墙的侧面形状及尺寸、锥形护坡的坡度等。为了使图形清晰，把土壤作为透明体处理，并且某些虚线未予画出，如路基边坡与缘石背面的交线和防水层的轮廓线等。图8-2中的侧面图，按习惯称为洞口正面图。

二、钢筋混凝土盖板涵

图8-3所示为单孔钢筋混凝土盖板涵立体图。图8-4所示则为其布置图，该涵为一明涵，比例为1:50，其路基宽度为1 200cm，加上洞口铺砌，涵洞总长为1 720cm。洞口两侧为八字翼墙，进水口洞高210cm、出水口洞高216cm，跨径300cm。在视图表达时，采用纵剖面图、平面图，以涵洞洞口正立面图为侧面图，配以必要的涵身及洞口翼墙断面图等来表示。

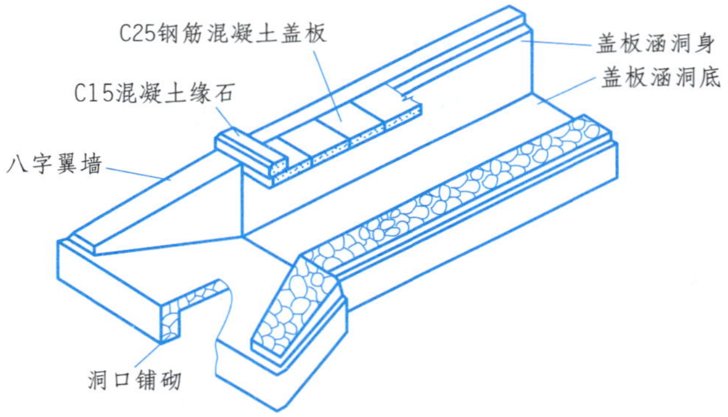

图8-3 单孔钢筋混凝土盖板涵立体图

1 纵剖面图

本图为明涵，涵顶无土覆盖，路基宽度为盖板长度。图中表示了路面横坡以及带有1:1.5坡度的八字翼墙和洞身的连接关系。进水口涵底高程685.19m，出水口涵底高程685.13m，洞高210cm，洞底铺砌厚度30cm，采用M7.5砂浆砌片石或C15混凝土，洞口铺砌长每端260cm，挡水坎深90cm。涵台基础有60cm厚石灰或砂砾地基处理层。图中画出了断面线，并在Ⅰ—Ⅰ位置剖切，画出了断面图。

2 平面图

采用断裂线截掉涵身两侧以外部分，画出路肩边缘及边坡线，路线中心线与涵洞轴线的交点，即为涵洞中心桩号。涵台台身宽50cm，其水平投影被路堤遮挡应画虚线，台身基础宽90cm，同样为虚线。进出水口的八字翼墙及其基础平面图中的投影与尺寸应清晰表示。为方便施工，对八字翼墙的Ⅱ—Ⅱ位置进行剖切，以便放样与施工。

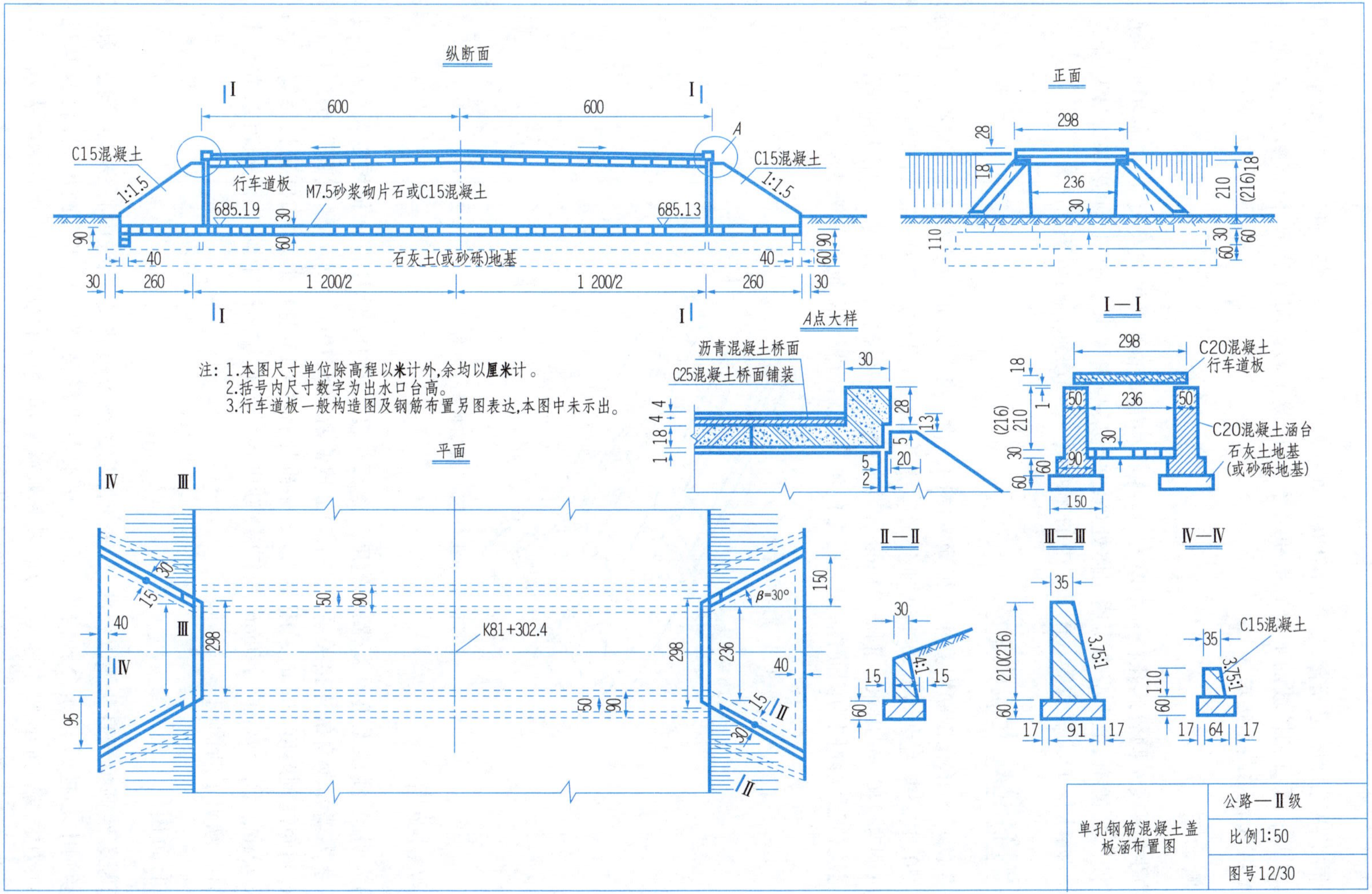

图 8-4　单孔钢筋混凝土盖板涵布置图

3 侧面图

侧面图为洞口正面图，反映洞的高度 210cm 与净跨径 236cm，同时反映缘石、盖板、八字墙、基础等的相对位置和它们的侧面形状。图中地面线以下不可见线条用虚线画出。

三、石拱涵

图 8-5 所示为单孔石拱涵立体图，图 8-6 所示则为单孔石拱涵构造图。石拱涵由洞台、台墙基础、主拱圈和洞口侧墙及八字翼墙等组成。其视图主要由纵剖面图、平面图、洞口立面图、洞身断面图等来表示。

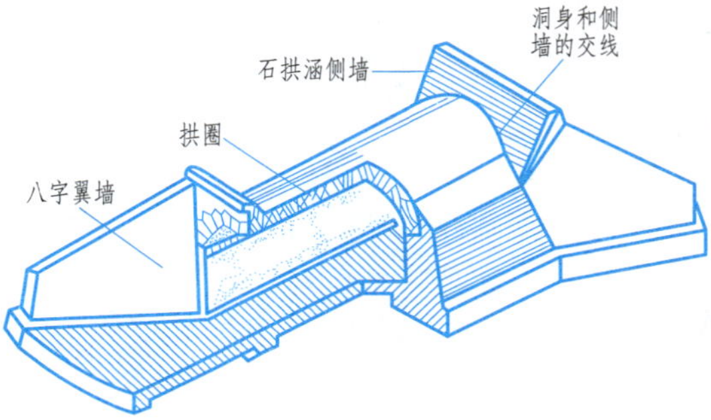

图 8-5　单孔石拱涵立体图

图 8-6 也是斜石拱涵的标准图。图中各可变尺寸以尺寸表的形式给出。使用时可根据具体需要选用。

该图主要由下列图样组成。

1 纵剖面图

本图为台阶式洞口，纵剖面图沿涵洞纵向轴线进行全剖，表达了洞身的内部结构、洞高、洞长、涵底高程基础纵向形状及斜八字翼墙的投影图样。本图洞口的进出水口 40cm × 25cm 的矩形台帽下为帽墙，在纵断面图中有所表示。考虑地基的不均匀沉降，洞身每 4.0 ~ 6.0m 设一道沉降缝。为表示洞身的细部构造，在 Ⅱ — Ⅱ 位置进行剖切，画出洞身断面图。

2 平面图

本图的特点是以洞身轴线正放为基准，将道路中心线倾斜画出，同时路基边缘线及相应的示坡线也倾斜画出，道路中心线与涵洞轴线的夹角 α 即为两者倾斜的角度，两中心线相交处即为涵洞中心桩号。图中画出洞身石拱涵内壁轮廓线的水平投影（可见的为实线，不可见的为虚线），其余线条均未画出。台帽与帽墙的水平投影也作了表达。

3 侧面图

本图采用了洞口正立面，反映了台帽及帽墙的台阶形式及详细尺寸，还反映了拱圈厚度、圆弧半径及起拱线位置，对斜八字墙与基础也作了表达。

为了施工方便，本图画出了斜八字墙后端部截面 Ⅲ — Ⅲ 及斜八字墙中部 Ⅳ — Ⅳ 断面，其剖切位置如平面图中所示。

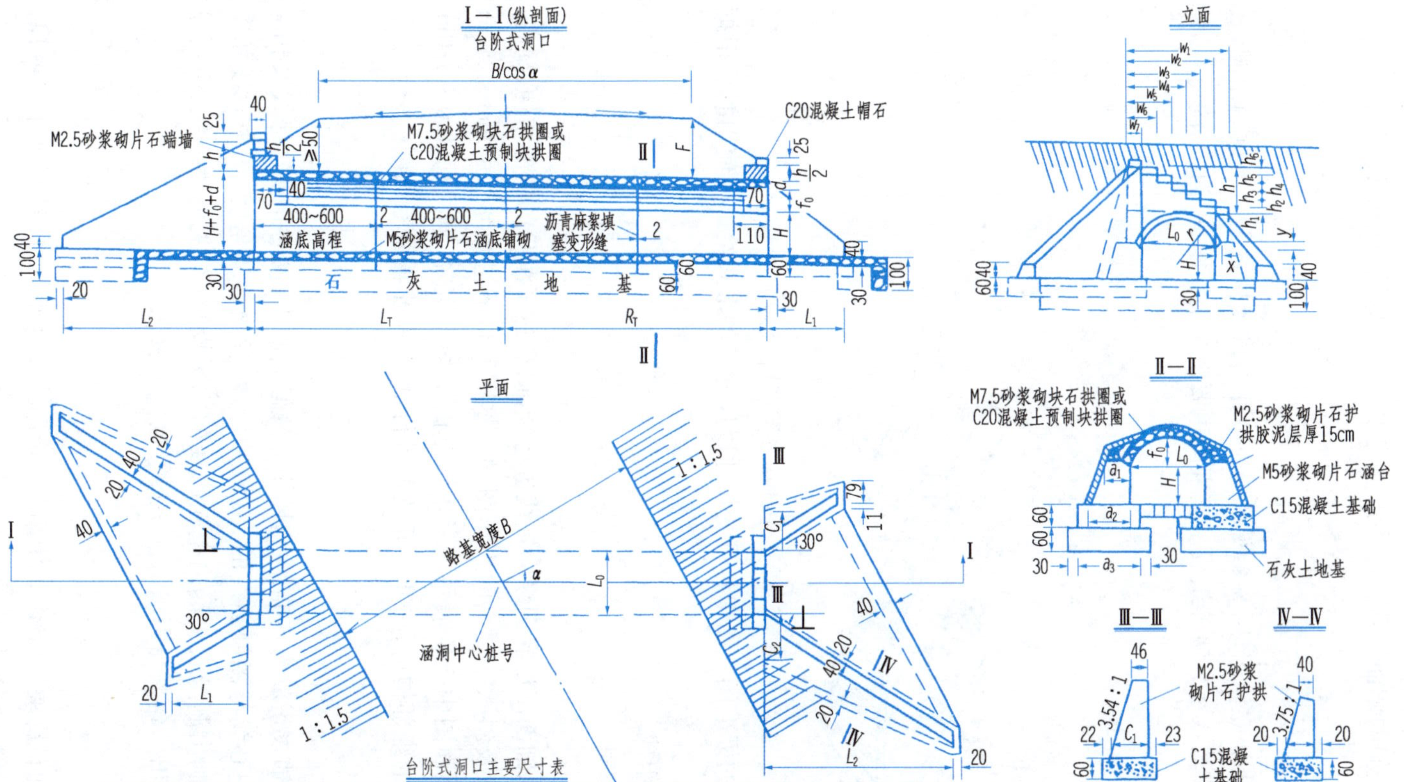

台阶式洞口主要尺寸表

L_0 (cm)	α	β	H (cm)	f_0 (cm)	d (cm)	x (cm)	y (cm)	r (cm)	h (cm)	h_1 (cm)	h_2 (cm)	h_3 (cm)	h_4 (cm)	h_5 (cm)	h_6 (cm)	w_1 (cm)	w_2 (cm)	w_3 (cm)	w_4 (cm)	w_5 (cm)	w_6 (cm)	w_7 (cm)	C_1 (cm)	C_2 (cm)	L_1 (cm)	L_2 (cm)
1.5	30°	30°	120	50	25	23	10	81	84	28	28	28				250	190	125	65				101	125	201	620
2.0	30°	30°	100	67	25	23	10	108	100	25	25	25	25			300	240	180	120	60			100	129	198	655
			150																				114	143	262	784
3.0	30°	30°	200	100	30	28	12	163	132	33	33	33	33			400	320	240	160	80			140	177	376	1092
			250																				154	191	441	1 229
	45°	15°	200						188	32	31	31	31	31	42	400		286	229	171	114	57	140	178	389	1 386

注：
1. 本图尺寸单位除高程以米计外，余均以厘米计。
2. 石灰土地基：石灰：土=3：7。

图 8-6　单孔石拱涵构造图(斜石拱涵构造图)

侧面图反映出洞口外形,横剖面图则表达了洞口的特征和洞身与基础的连接关系。从图上还可看出洞口顶面的构造是一个曲面。

当涵洞在两孔或两孔以上或者跨径较大时,也可选取洞口作为立面图。

单元小结

本单元主要讲述涵洞工程图(圆管涵、钢筋混凝土盖板涵的纵剖面图、平面图、侧面图)的主要内容与特点。通过本单元学习,使学生能够读懂涵洞工程图,能够抄绘圆管涵、钢筋混凝土盖板涵、石拱涵的纵剖面图、平面图、侧面图。

自我检测

1. 涵洞分几类? 主要由哪几部分组成?
2. 钢筋混凝土盖板涵的工程图由几部分组成? 各包括什么内容?

单元 9

隧道工程图的识读

学习目标

1. 了解隧道的特点；
2. 了解隧道工程图包括的内容；
3. 熟悉隧道洞门图、衬砌图、避车洞图的内容和特点。

学习任务

读懂隧道洞门图、避车洞图。

学习指南

隧道工程图是指导隧道放样与施工的依据。能读懂隧道洞门图、避车洞图是每一位公路工程施工技术人员应有的素质。要想读懂隧道工程图就必须掌握隧道洞门图、衬砌图、避车洞图的内容及各图的特点。每一位学生应按如下流程进行学习：

了解隧道工程图包括的内容→熟悉隧道洞门图、避车洞图包括的内容与特点→识读隧道洞门图、避车洞图。

教学建议

本单元教学过程中，应尽量结合学生熟悉的生活环境以及实际工作中典型的工程案例，边讲解，边示范，边练习，充分体现出“教、学、做”一体化的教学模式。在教学过程中，教师还可以借助图片、课件、动画、视频等数字化资源，使教学内容具体化、直观化、生动化、趣味化，激发学生学习兴趣，使学生读懂隧道洞门图、避车洞图，提高教学质量和效果。

一、隧道概述

隧道是路线穿越山岭或水底的工程建筑物，它虽然形体很长，但中间断面形状变化很少。隧道结构由以下几部分组成。

1 洞身

洞身是隧道结构的主体部分，是列车通行的通道，其净空应符合国家规定的隧道建筑限界的要求。其长度由两端洞门的位置来决定。

2 衬砌

衬砌是主要承受地层压力、维持岩体稳定、阻止坑道周围地层变形的永久性支承物。它由拱圈、边墙、托梁和仰拱组成。拱圈位于坑道顶部，呈半圆形，为承受地层压力的主要部分。边墙位于坑道两侧，承受来自拱圈和坑道侧面的土体压力，可分为直墙式和曲墙式两种。托梁位于拱墙和边墙之间，为防止拱圈底部挖空时发生松动开裂，用来支承拱圈。仰拱位于坑底，形状与一般拱圈相似，但弯曲方向与拱圈相反，用来抵抗土体滑动和防止底部土体隆起。隧道衬砌结构示意如图 9-1 所示。

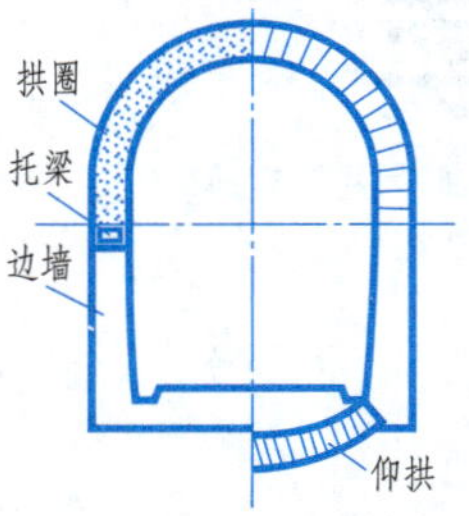

图 9-1　隧道衬砌结构示意

3 洞门

洞门位于隧道出入口处，用来保护洞口土体和边坡稳定，排除仰坡流下的水。它由端墙、翼墙及端墙背部的排水系统所组成。

4 附属建筑物

附属建筑物包括：为工作人员、行人及运料小车避让列车而修建的避人洞和避车洞；为防止和排除隧道漏水或结冰而设置的排水沟和盲沟；为机动车排出有害气体而设置的通风设备；电气化铁道的接触网、电缆槽等。

二、隧道工程图

一般情况下，隧道工程图包括地质图、线形设计图、隧道工程结构图及有关附属工程图四大部分。

隧道地质图用隧道平面图表示，线形设计图用隧道纵断面图表示，隧道工程结构图用隧道门洞图、横断面图（表示洞身形状、衬砌及路面构造）等，隧道附属工程图包括避车洞图或人行横洞图，通风、照明、供电设施及消防设施工程图等。

1 隧道平面图

隧道平面图的内容有：隧道轴线、洞口及各部分组成的平面位置，隧道所处的地形、地物状况及地质情况。隧道平面图比例可用 1:500 或 1:1 000。隧道平面图与路线平面图类似，这里不再讲述。

2 隧道纵断面图

隧道纵断面图主要反映洞口设计高程、纵坡形式、竖曲线及其大小、山体的地面起伏及地质围岩情况、洞身衬砌形式等。路线纵断面图与隧道纵断面图类似，这里不再讲述。

隧道纵断面比例可采用纵向 1∶100、横向 1∶1 000 或纵向 1∶200、横向 1∶2 000 等。

3 横断面图

隧道横断面图主要包括隧道建筑限界标准（隧道横断面净空标准图）、横断面形式、人行道布置和路面结构等。

隧道的建筑限界是为了保证隧道内各种交通的正常运行与安全，在规定的一定宽度与高度的空间限界内不得有任何部件或障碍物，也即隧道横断面净空。图 9-2a）所示为某隧道横断面净空标准图。

隧道的横断面形式，即隧道洞身衬砌内轮廓线。隧道洞身衬砌内轮廓线有以下几种：边墙有直墙式、曲墙式；拱部有单心圆拱、尖顶三心圆拱及坦顶三心圆拱等形式。图 9-2b）所示某隧道洞身断面图为直墙单心圆拱。

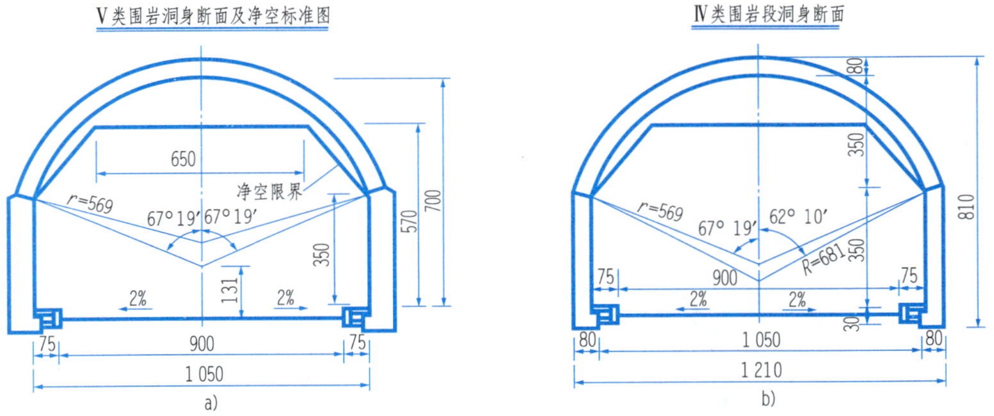

图 9-2　洞身断面及净空标准图（尺寸单位：cm）

4 隧道洞门图

隧道洞门形式很多，常用的有端墙式、翼墙式、柱式、台阶式等。图 9-3 是隧道洞门立体图。图 9-3a）为端墙式洞门立体图，图 9-3b）为翼墙式洞门立体图。

隧道洞门的工程图常采用三面投影图来表达。洞门正面图作为立面图，洞门在正常工作位置的水平投影为平面图，侧面图常用剖面图来表达。图 9-4 为端墙式洞门工程图。

（1）隧道洞门立面图

如图 9-4 所示，隧道洞门立面图表达洞口墙的式样与各细部尺寸。洞门墙顶高出的凸起部分为顶帽，墙顶部的倾斜虚线从左往右下坡表示的是设在墙顶的洞口顶部排水口，注以 2% 的箭头表示排水沟底的纵坡大小及流水方向；洞口衬砌断面采用直墙坦顶三心圆拱，它由两个不同半径（R_1 = 385cm 和 R_2 = 585cm）的三段圆弧和两个直边墙组成，边墙与圈拱厚均为 45cm，洞口净空高为 740cm，宽为 790cm；洞内路面采用 1.5% 的双向横坡，洞口路堑段两边侧上边坡均为 1∶1.5 的斜面，坡脚距洞中心线每边均为 500cm。图中的虚线为不可见轮廓线。

（2）隧道洞门平面图

如图 9-4 所示，采用折断画法，画出洞口外露部分的投影，各斜坡面用示坡线表示出各坡面的倾斜方向，同时将坡面间的交线画出。洞门墙顶帽的宽度，洞顶排水沟的平面构造与洞门口两外侧边沟的位置在本图中也有所表示。

a)　　b)

图 9-3　隧道洞门立体图

a)端墙式;b)翼墙式

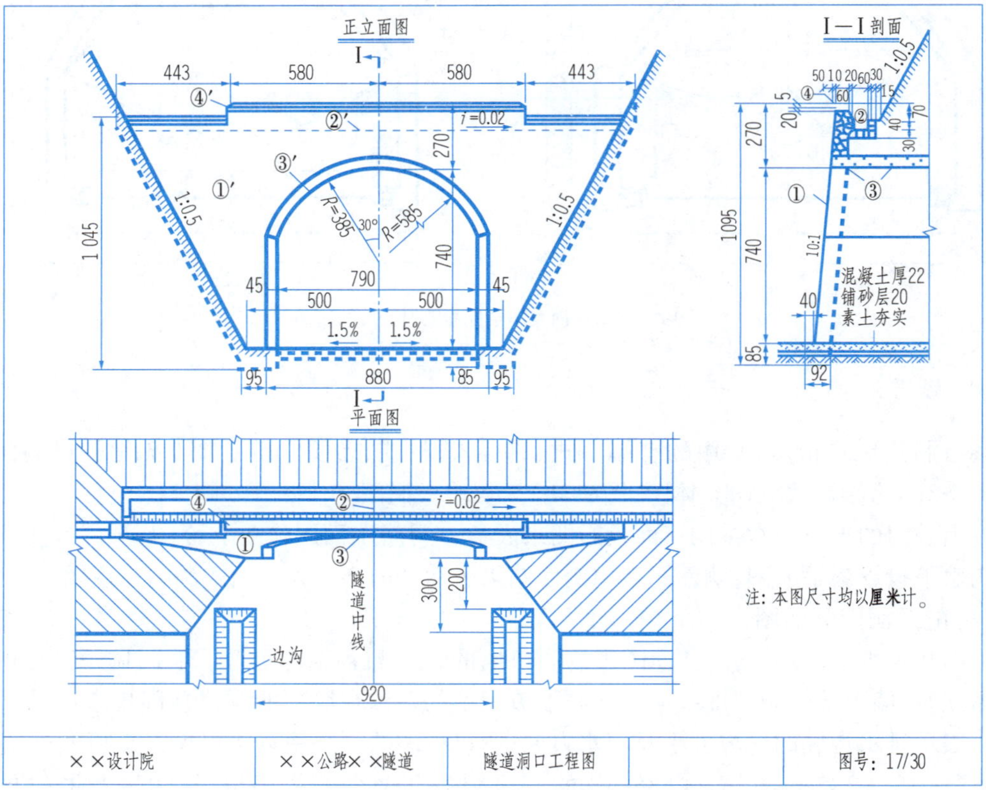

图 9-4　端墙式隧道洞门工程图

(3)隧道洞门剖面图

从图9-4 的 I — I 剖面图中可看出,洞顶上部面墙仰坡为1:0.5,其施工材料为浆砌片石,洞身衬砌为混凝土材料,端墙仰坡为 10:1,端墙厚 60cm,端墙基础底宽 92cm,埋深 85cm,路面为 22cm 厚的混凝土及 20cm 厚的铺砂层。

5 避车洞图

避车洞是供行人和隧道维修人员及维修小车避让来往车辆而设置的构造物，它们沿路线方向交错设置在隧道两侧的边墙上。避车洞分大、小两种。通常情况下，小避车洞每隔 30m 设一道，大避车洞每隔 150m 设一道。

为了表达清楚大小避车洞的相互位置，采用避车洞位置布置图（避车洞平面图与立面图）表示。避车洞平面图表示避车洞在隧道左右两侧的布置情况，立面图用纵剖面图表达一侧避车洞的排列情况，如图 9-5 所示。为了方便，此图的纵横方向采用不同的比例，纵向采用 1∶2 000，横向采用 1∶200。

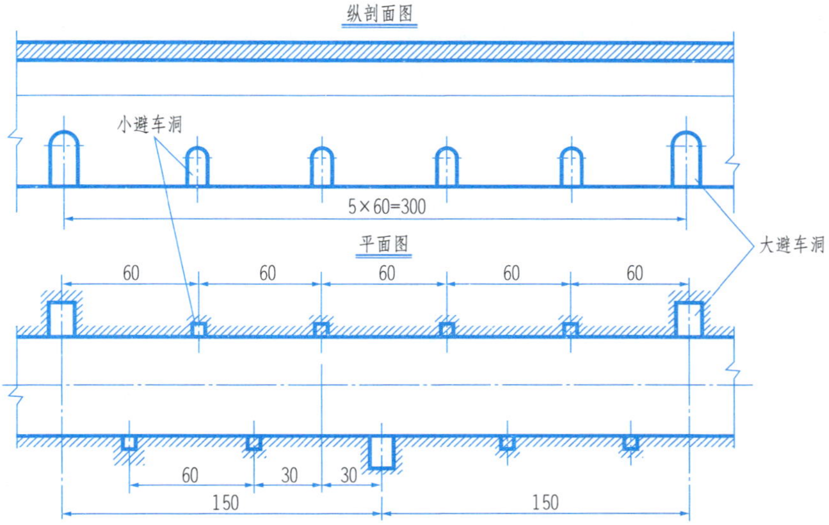

图 9-5　隧道避车洞位置布置图（尺寸单位：m）

图 9-6 为大避车洞示意图。避车洞构造图通常用剖面图或断面图来表达，并用折断线截去其他部分，突出表达避车洞的细部构造，如图 9-7 所示。

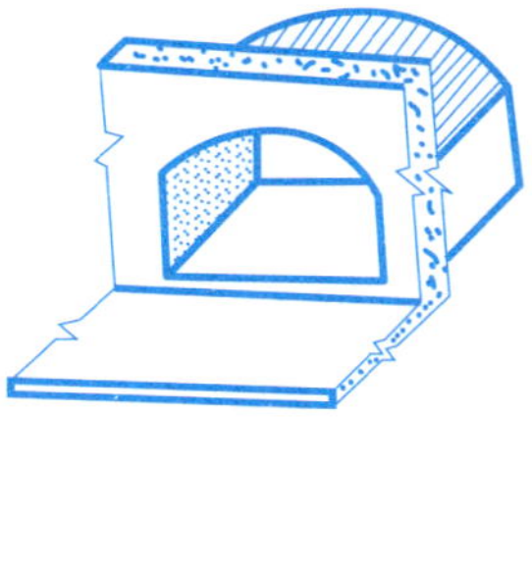

图 9-6　大避车洞示意图

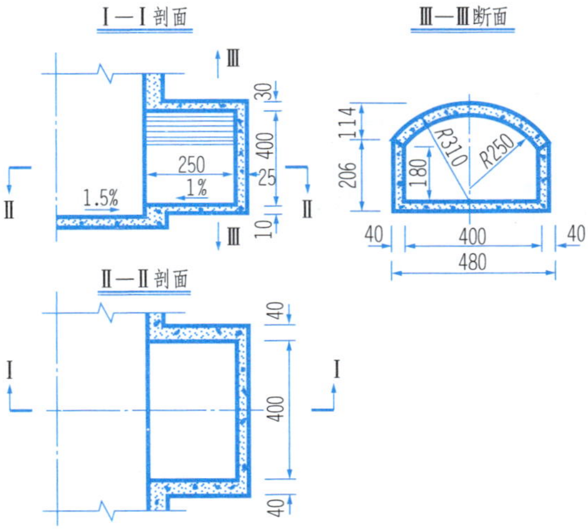

图 9-7　大避车洞构造图（尺寸单位：cm）

单元小结

本单元主要讲述隧道工程图(隧道洞门图的平面图、立面图及剖面图,避车洞图的断面图与剖面图)的主要内容与特点。通过本单元学习,使学生能够读懂隧道工程图,能够利用隧道工程图进行隧道工程施工。

自我检测

1. 隧道工程图由哪些图样组成? 各有什么特点?

2. 隧道洞门工程图由哪些图样组成?

3. 大、小避车洞一般情况下每隔多少米设置一道? 隧道的左右两侧应对称布置还是交错布置?

参考文献

[1] 中华人民共和国国家标准.道路工程制图标准:GB 50162—92[S].北京:中国计划出版社,1996.

[2] 中华人民共和国行业标准.公路钢筋混凝土及预应力混凝土桥涵设计规范:JTG 3362—2018.北京:人民交通出版社股份有限公司,2018.

[3] 梁冰.公路工程识图[M].北京:中国劳动保障出版社,2013.

[4] 汪谷香.道路工程制图与CAD[M].北京:人民交通出版社,2013.

[5] 和丕壮,刘岳军.交通土建工程制图[M].北京:人民交通出版社,1997.

[6] 孙建国.路桥施工图识读指南[M].北京:人民交通出版社,1999.